和田地区——

耕地质量

邢文作 张延新 耿庆龙 主编

中国农业科学技术出版社

图书在版编目（CIP）数据

　　和田地区耕地质量／邢文作，张延新，耿庆龙主编．--北京：中国农业科学技术出版社，2023.1
　　ISBN 978-7-5116-6126-5

　　Ⅰ.①和…　Ⅱ.①邢…②张…③耿…　Ⅲ.①耕地资源-资源评价-和田地区
Ⅳ.①F323.211

　　中国版本图书馆 CIP 数据核字（2022）第 247620 号

责任编辑	张国锋
责任校对	李向荣
责任印制	姜义伟　王思文

出 版 者	中国农业科学技术出版社
	北京市中关村南大街 12 号　　邮编：100081
电　　话	（010）82106625（编辑室）　　（010）82109702（发行部）
	（010）82109709（读者服务部）
网　　址	https://castp.caas.cn
经 销 者	各地新华书店
印 刷 者	北京建宏印刷有限公司
开　　本	185 mm×260 mm　1/16
印　　张	14　　彩插　2 面
字　　数	330 千字
版　　次	2023 年 1 月第 1 版　2023 年 1 月第 1 次印刷
定　　价	120.00 元

《和田地区耕地质量》
编写人员名单

主　　编	邢文作　张延新　耿庆龙
副 主 编	龙晓双　吕彩霞　董美林　赵家芬　张　军
编写人员	李　娜　信会男　李永福　陈署晃　赖　宁

祁　通　葛春辉　尔肯·斯拉木　唐亚莉　段婧婧

艾尼玩·艾则孜　　　　　玛依奴尔·阿卜杜拉

麦麦提艾力·阿塔伍拉　　翟德武　鞠景峰

阿卜杜克热木·热杰普　　刘长卓　盛建明

凯麦尔尼萨·阿卜杜艾尼　热比耶·热杰普

张玉文　布威再乃普·艾力　朱银峰

阿依古丽·买提肉孜　　　阿不都哈里克·巴克

艾则孜·阿卜杜拉　　　　吐尔逊·阿不拉

艾麦尔江·巴拉提　　　　尼扎米丁·麦合木提

穆合塔尔·麦提图尔荪　　阿布来提·马合木提

帕米尔·艾尔肯

前　言

　　为落实"藏粮于地、藏粮于技"战略，按照耕地质量等级调查评价总体工作安排部署，全面掌握和田地区耕地质量状况，查清影响耕地生产的主要障碍因素，提出加强耕地质量保护与提升的对策、措施与建议。2019—2020 年，和田地区农业技术推广中心依据《耕地质量调查监测与评价办法》（农业部令 2016 年第 2 号），应用《耕地质量等级》国家标准，组织开展了和田地区耕地质量区域评价工作。

　　在总结前期和田地区 8 个县市耕地地力评价工作的基础上，和田地区农业技术推广中心组织编写了《和田地区耕地质量》一书。全书分为六章。第一章和田地区概况。介绍了区域地理位置、行政区划、社会经济人口情况、气候条件、地形地貌、植被分布、水文条件、成土母质等自然环境条件，区域种植结构、产量水平、施肥情况、灌溉情况、机械化应用等农业生产情况。第二章耕地土壤类型。对和田地区面积较大的人为土、漠土、半水成土等土纲的灌淤土、棕漠土、草甸土 3 个土类、10 个亚类进行了重点描述。第三章耕地质量评价方法与步骤。系统地对区域耕地质量评价的每个技术环节进行了详细介绍，具体包括资料收集与整理、评价指标体系建立、数据库建立、耕地质量评价方法、专题图件编制方法等内容。第四章耕地质量等级分析。详细阐述了和田地区各等级耕地面积及分布、主要属性及存在的障碍因素，提出了有针对性的对策与建议。第五章耕地土壤有机质及主要营养元素。重点分析了土壤有机质、全氮、碱解氮、有效磷、速效钾、缓效钾、有效铜、有效锌、有效铁、有效锰、有效硼、有效钼、有效硅、有效硫 14 个耕地质量主要性状指标及变化趋势。第六章其他指标。详细阐述了土壤 pH、灌排能力、有效土层厚度、剖面质地构型、障碍因素、林网化程度、盐渍化程度等其他耕地指标分布情况。

　　本书在编写过程中得到了新疆维吾尔自治区土壤肥料工作站、和田地区农业农村局领导的大力支持。和田地区农业技术推广中心、和田地区 8 个县市的农业技术推广中心（站）参与了数据资料收集整理与分析工作，新疆农业科学院土壤肥料和农业节水研究所承担了数据汇总、专题图制作工作，在此一并表示感谢！

　　由于编者水平有限，书中不足之处在所难免，敬请广大读者批评指正。

编　者

2022 年 10 月

目　　录

第一章　和田地区概况

第一节　地理位置与区划

一、地理位置

和田地区位于新疆维吾尔自治区最南端。南越昆仑山抵藏北高原，东部与巴音郭楞蒙古自治州毗连，北部深入塔克拉玛干腹地，与阿克苏地区相邻，西部连喀什地区，西南枕喀喇昆仑山与印度、巴基斯坦接壤，有边界线210km。东西长约670km，南北宽约600km，总面积24.78万km²。和田市距首府乌鲁木齐1 513km，境内有两条沙漠公路分别通往阿拉尔市和库尔勒市。总面积24.78万km²，其中山地占33.3%，沙漠戈壁占63.0%，绿洲仅占3.7%，且被沙漠和戈壁分割成大小不等的300多块。

二、行政区划

和田地区辖和田市、和田县、皮山县、墨玉县、洛浦县、策勒县、于田县、民丰县1市7县、91个乡镇、13个街道办事处、98个社区、1384个行政村，还有生产建设兵团十四师及所属奴尔牧场、47团场、皮山农场及224团场。和田地区行政公署驻和田市。

三、社会经济人口情况

和田地区是以维吾尔族为主体的多民族地区，有维吾尔、汉、回、哈萨克、柯尔克孜、满、蒙古、藏、土家、乌孜别克等22个民族，绝大多数城乡群众信仰伊斯兰教。城镇人口54.86万人，占21.7%；乡村人口198.19万人，占78.3%。城镇居民年人均可支配收入30 586元，农民年人均可支配收入9 733元，城乡居民收入比为3.14∶1。从产业看，第一产业产值为76.49亿元，占地区GDP的18.8%；第二产业产值为59.02亿元，占地区GDP的14.5%；第三产业产值为270.81亿元，占地区GDP的66.7%。

第二节　自然环境概况

一、气候条件

1. 气候分区

由于全区范围大，面积广，不同地形、地貌条件下，生物、气候差异极大，大致可分为南部山区、绿洲平原区、北部沙漠区三种气候类型。

南部山区：包括海拔高度 1 800 ~ 3 000m 的前山河谷地带，属于温带或寒温带气候带，根据策勒县境的奴尔兰干（海拔 1 970m）和西部黑山（海拔 1 800m）气象资料分析，全年平均气温 4.7℃，极端最高气温 30.4 ~ 34.0℃，极端最低气温 -25℃，全年降水量 127.5 ~ 201.2mm，≥10℃ 的活动积温在 3 400℃ 以下。夏季短促，冬季漫长，部分地区逆温层比较明显，冬季气温比平原区高 1 ~ 2℃。海拔 3 000m 以上的山区属寒带气候，气候寒冷，无四季之分，只有冷暖之别，冷季长于暖季。降水量分布极不均匀，一般年平均降水量 300mm 左右。0℃ 以上的生长期有 120 ~ 150 天，海拔 5 500m 以上为终年低于 0℃ 的永久积雪带。

绿洲平原区：春长大风多，夏热且干旱，秋凉降温快，雪少冬不寒，属于暖温带、极端干旱的荒漠气候。年平均气温 11.0 ~ 12.1℃，年降水量 28.9 ~ 47.1mm，年蒸发量 2 198 ~ 2 790mm。

北部沙漠区：气候非常干燥，少雨，日照强烈，冷热剧变，风大多沙，是极为典型的大陆荒漠气候区。

2. 气候特点

（1）年平均气温

和田是全疆最温暖的地区之一。平原区年平均温度 11.6℃，在农作物生长的旺季 6—9 月，拥有非常丰富的热量，其中 ≥10℃ 的积温为 4 200℃，对本地区农业生产极为有利。

（2）无霜期

平原地区无霜期为 182 ~ 226 天，多数在 200 天以上，沙漠和山区初霜期比平原绿洲区终霜期晚，例如，和田塔瓦库勒无霜期在 200 ~ 210 天，黑山约 100 天。

（3）积温

平原地区 ≥0℃ 的积温 4 507.1 ~ 4 783.0℃、≥10℃ 的积温 406.1 ~ 4 311.6℃；沙漠区积温更高，如和田塔瓦库勒 ≥0℃ 的积温 5 000℃，≥10℃ 的积温 4 500℃；山区随着海拔高度的增加积温减少，如和田黑山 ≥0℃ 的积温为 2 453.4℃，≥10℃ 的积温 1 865.2℃；康西瓦 ≥0℃ 的积温为 1 090.3℃，≥10℃ 的积温 293.3℃；甜水海子 ≥0℃ 的积温只有 341.2℃。

（4）日照

和田是我国光能资源较丰富的地区。太阳总辐射量大，平原区年总辐射量为 138.1 ~ 151.5kcal/cm^2，仅次于青藏高原，优于同纬度的华北平原及长江中下游地区。

太阳总辐射量的分布为：南部山区显著高于北部平原区，平原区因浮尘引起的大气透明度不同，东部大于西部。光能利用的最佳时间是6—9月，光总辐射量达61kcal/cm²，占全年总辐射量的42.7%。日照时数长，日照百分率大，全年日照时数达2 470～3 000h，平原区自西向东递增，6—7月日照时数最多，2月最少，全地区年平均日照百分率在58%～60%，最高84%。

（5）降水量

和田地区年均降水量35mm，年蒸发量2 480mm。绿洲平原区年降水量28.9～47.1mm，年蒸发量2 198～2 790mm。冬季降雪量少，平均降雪日数为6.3天，平均降雪量3.6mm，最多21天，雪量23.2mm。

二、地形地貌

和田地区南部雄伟的昆仑高山成弧形横贯着东西，峰峦重叠，山势险峻。北坡为浅丘低山区，峡谷遍布，南坡则山势转缓。山脉高峰一般海拔为6 000m左右，最高达7 000m以上。由于气候干燥，山地荒漠高度一般达3 300m，个别地段可达5 000m，南北坡雪线分别在6 000m和5 500m以上。在昆仑与喀喇昆仑的地理分界处断裂形成林齐塘洼地，发育着现代盐湖与盐碱沼泽，形成高山湖泊。

自山麓向北，戈壁横布，各河流冲积扇平原绿洲继续分布，扇缘连接塔克拉玛干沙漠，直至塔里木盆地中心。麻札塔格古余山余脉残留于北部沙漠区西北，海拔430m。

地貌单元可分为以下几种。

1. 最高山带

海拔5 200～5 500m，是现代冰川和永久积雪带，多由坚硬的变质岩、花岗岩等古老岩石组成，山势雄伟。

2. 高山带

海拔4 200～5 200m，一般为裸地。有大量古代冰川遗迹，如策勒亚门的古冰碛、马库卡尔塔西河源头的冰斗区及克奇克库勒冰碛湖。倒石堆、坡面雪蚀泥流在各主体山脉的北坡比比皆是。

3. 亚高山带

海拔3 400～4 200m，有较深厚土层，山峰母岩裸露，岩壁陡峭，山坡有明显的侵蚀切割，山势起伏大，一般坡度20°～38°。

4. 中山带

海拔3 000～3 400m，山势起伏较大，山峰明显，但山顶轮廓浑圆，具有准平原地貌，复有很厚的黄土发育形成的草甸草原土类型。分布着辽阔的优良草场，是和田地区重要牧业基地。

5. 低山带

海拔2 200～3 000m，山势平缓，覆盖土层很厚，大量堆积着昆仑黄土，在河流沿岸阶地上分布着农田，是农牧结合区。

6. 山麓倾斜平原

海拔1 250～2 200m。海拔1 700～2 200m为粗沙及砾石覆盖的戈壁，着生稀疏超耐旱植被；海拔 1 450～1 700m 为裸的粗砾戈壁；海拔 1 250～1 450m，古老绿洲分布区，长期灌溉淤积，土壤不断熟化。

7. 沙漠区

海拔 1 250m 以下的北部地区，接塔克拉玛干沙漠腹地，着生耐旱植被。

三、植被分布

和田地区野生植物有 53 个科 193 个属 348 种。其中大部分为牧草饲用植物，也有部分特殊经济植物，包括药用植物、固沙植物、食用植物、工艺植物、农药植物等。

药用植物主要有大芸、甘草等。全地区适宜大芸生长条件的灌丛面积有 10.5 万 hm²。和田大芸药材量多质好，在国内药材市场上享有盛誉。2007 年，全地区人工种植红柳面积累计达到 21.5 万亩（1 亩≈667m²），人工接种大芸 15.26 万亩，其中 9 万亩已产生经济效益，年创产值 6 500 多万元；甘草是药材公司收购的大宗中草药之一，全地区甘草分布面积有 22.4 万亩。党参面积在 10hm² 左右。在皮山县桑株河以西的阴湿山谷岩缝中还有天山大黄。

固沙植物主要有昆仑沙拐枣、驼绒藜、沙蓬、倒披针叶虫实、皮山蔗茅、大颖三芒草等。

食用植物主要有疏叶骆驼刺，分布面积很广；驼绒藜，分布面积也很大；尖果沙刺，既有野生的也有人工栽培的；赖草，分布面积较广；香蒲，平原区沼泽带广有分布。

工艺植物主要有昆仑方枝柏和昆仑圆柏，分布在桑株河以西海拔 2 800～3 600m 的阴坡或沟谷部，面积不大，数量也不多，是昆仑山地极为宝贵的常绿乔木、灌木的种质资源；罗布麻，分布较广，面积 1 334hm²，有综合利用的价值；胡杨在全地区均有分布，面积 12 万 hm²；柽柳，俗称红柳，可作纤维板原料，还可提炼橡胶，根部还可寄生大芸，又能防风固沙，现存原始柽柳面积 19.9 万 hm²；芦苇，分布很广，面积 17.3 万 hm²；芨芨草，在全地区均有分布；盐穗木，可制碱，主要分布在民丰县，面积达 2.5 万 hm²。

农药植物有苦豆子、龙葵、柳树、骆驼蓬及牛耳酸膜。

四、水文条件

1. 地表水

和田地区属典型的内陆干旱区，河流大都是内陆河。一般可划分为皮山、和田-墨玉-洛浦、策勒-于田-民丰及羌塘高原湖区等 4 个内流区。此外尚有流入印度的奇普恰普河外流区（年外流水量 2.93 亿 m³）。

平原区流区有大小河流 36 条，引用灌溉和人畜饮水的有 30 条。全地区年均地表水径流量为 73.352 亿 m³。其中皮山内流区径流量为 7.065 亿 m³，和田-墨玉-洛浦内流区径流量为 45.094 亿 m³，策勒-于田-民丰内流区径流量为 21.193 亿 m³。另外羌塘高原内流湖区共有水资源 9.43 亿 m³。玉龙喀什河与喀拉喀什河，两条河水占全区各河总水量的 61.2%。两条河在阔什拉什附近汇合而形成和田河。和田河由南向北穿越塔克拉玛干沙漠注入塔里木河,是塔里木河的重要源头之一。和田河每年汛期向塔里木河输水 12 亿 m^3 左右,对维护塔里木盆地生态系统的平衡起着重要作用。

由于地表径流补给主要依靠冰川积雪融化及部分高山降水,所以河流径流量的年际变化很大,较大河流补给的高山冰川,雪线高,来洪晚、量大、持续时间长,较小河流补给的中低山积雪及降水,来洪早、量小、持续时间短,如尼雅河、杜瓦河等。3—5 月地表径流仅占全年的 9.3%,为枯水期;6—8 月的地表径流量则占到全年的 75%,为洪水期。不同年份的地表径流量相差也很大,年平均径流量上下浮动 20%~40%。

2. 地下水

由于历次造山运动,昆仑山脉受到强烈挤压,地层褶皱、断裂,山岩破碎,河谷下切,山体风化,山前冲洪积扇及冲积平原多属第四纪松散砾层与砂砾石层,河床覆盖层厚,粒粗、坡陡,水的下渗流速快,渗漏量大。山地地下水补给源主要是高山降水、融冰、融雪,前山与低山丘陵带以融雪降水为主,并以地下潜流汇入河川径流。平原地下水补给源主要是河道渗漏补给、灌溉渠道渗漏补给、田间入渗补给、水库蓄水补给,其他还有河道潜流、泉水、井水、灌溉水回归的重复、降雨等补给。和田地下水流向均是由南向北。315 国道以南埋深在 50~60m,以北 5~30m。全地区地下水年溢出径流量为 11.92 亿 m^3(为可重复利用的泉水),不可重复利用的河床潜流为 1.661 亿 m^3。

3. 冰川

和田地区南部山区处于昆仑山脉中段,整个山体由北往南急剧升高,慕士峰海拔 6 638m,是和田地区最高峰。从喀喇昆仑山口至喀山口全长 170km 的山区,大部分为冰雪覆盖,是现代冰川发育与分布区。昆仑山脉的冰川主要集中分布于喀拉喀什河到克里雅河之间约 400km 的山区,它属大陆性山岳冰川,雪线高、规模大、融化速度缓慢,是我国最大的冰川区之一。中昆仑山脉北坡最大的玉龙冰川长 25km,面积 251.7km²。全地区冰川面积 11 447km²,占全疆冰川面积的 43.9%。冰川水资源储量 11 400亿 m^3,年补给地表水约 14 亿 m^3,占年径流量的 20%。南部高山区冰川是塔里木盆地南部内陆河流的源头,也是和田主要河流的重要补给来源之一。

五、成土母质

和田地区地质历史条件复杂,成土母质类型繁多。有关资料说明,第四纪物质主要来源于昆仑山,其次是中亚吹扬而来的黄土。而昆仑山是一座强烈隆起的荒漠性山地,剥蚀作用激烈,大部分物质来自中央结晶带,在高山寒冻风化和冰川作用下原生矿物的物理风化占优势,从而塔里木盆地南缘成土物质沙性重,黏粒少。历史时期在昆仑山中山带堆积了大量黄土物质,这些物质质地细、细沙、粉沙含量高,经河流搬运作用,也成为成土母质的来源。由此,山区以残积物质和坡积-残积物分布最广,而洪积物、冲积物以及不同起源的黄土和黄土状物质则为平原范围内最主要的成土母质,农业灌溉淤积物则是古老灌区内的特殊形成物。此外,风积物、冰碛物也有不同面积分布,在土壤形成上具有一定的意义。

1. 残积物

广泛分布在 4 200m 以上的昆仑高、中山上,系基岩受风化作用的破碎自然残留在山顶、平坦地上，以岩浆岩为主，发育为原始的高山漠土等土壤。有棱角，大小混杂，颗粒粗大。前山带以砂岩、砂砾岩母质为主；昆仑山中央核心部分以酸性岩为主的结晶岩与变质岩母质。残积物通常无层理，为砂-砾质，碎石沙壤质土体，愈深粗骨成分愈增加。

2. 坡积物

分布在北昆仑山前地带及低洼拗陷地带，它是残积物通过重力、冰雪融水搬运堆积在山坡或坡麓的物质，随基岩类型和搬运的距离而有变化，有石砾质和砂质、沙壤质，无层理。山坡薄，坡麓厚，颗粒稍有磨圆，形成山地棕钙土、亚高山草原土等成土母质。

3. 昆仑黄土（亚砂土）

广泛分布于昆仑前山地带。高度2 500~4 000m。于山坡、山顶均有分布，厚度不一。其中以和田至于田之间的山地最厚，一般可达10~20m。策勒的努尔、牙门、博斯坦公社的前山全由亚砂土所堆积。喀拉喀什河沿的乌鲁瓦堤一带，亚砂土堆积厚达数十米，皮山桑株河岸皮山塔吉克自治乡均为亚砂土堆积、覆盖成的山地。坡度越平缓，堆积黄土层越厚。陡坡处，即使在海拔2 500~3 500m，一般也堆积不了黄土层。昆仑黄土组成，山坡上部沙质略少，而山坡下部沙质较多，以细沙为主，粗粉沙较少，没有中、粗沙成分。在浅山地带，容易看到风积交错层和流水活动的痕迹。没有明显的孔隙和垂直劈理。当有山洪、流水经过，容易崩塌，则成为下游冲积平原成土母质来源之一。

4. 冰川沉积物

分布于各河流的上、中游。如分布于玉龙喀什河木斯塔格北坡的冰川沉积物，形成有冰川阶地（3~5级）。也有现代冰川，南北连绵十余千米，宽达4~8km。由暗灰色、分选极差的砂、砾、黏土组成。

5. 洪积物

于山前戈壁砾石带、山间谷地、河谷上游，是暂时性流水（山洪）所携带的物质。大小砾石混杂，由于昆仑山体上升，新老洪积扇的扇顶不断下移，因而形成了带状的洪积扇群。范围宽广，东起民丰、西至皮山的前山带均有洪积扇，南北宽度不等，最宽可达40km，一般上部古老，下部年青。洪积物可分为两种洪积相，粗粒洪积相与细粒洪积相，前者构成洪积锥顶，由大量石块、石砾、碎石、粗沙组成，顶端较粗，向下逐步变细，坡度也由陡变缓。后者分布于洪积锥边缘倾斜平原上，以细沙为主，并有石块、石砾、粗沙层相间。第四纪较粗大的洪积物组成山前洪积扇，其出露厚度，尼雅河扇形地中部达180m。在民丰城南58km处松散沉积层为1 600m。在皮山南背斜的断裂带内为450m。

6. 冲积物

冲积物是经常性流水作用下的堆积物。河流两岸及河谷内，包括河流阶地在内，分布于现今古老绿洲之上。成土母质分选性及砾石的磨圆度均好，呈水平层理。河流阶地发展成冲积平原，范围大。河床相物质较粗，河漫滩物质较细，河流阶地上的物质最细，并且深厚，由沙、砾、泥土组成，厚几米至数十米。古老绿洲耕地几乎都分布于冲积物上。

7. 风成物

风成物是风力作用下形成的分散状的细土物质。北部沙漠平原的沙丘、沙垄甚至一些山前地带的洪积、残积地形上的沙地亦属于风成物。

8. 淤积物

分布在各河流下游水渠沿岸低洼地带。岩性为浅灰白色、细腻的黏土，局部含少量的沙质，厚度一般1~2m，个别可达5~6m，分布面积较小，当失水即收缩成龟壳状。由灌溉水携带到耕地的黄土状物质，则成为灌淤土的母质来源。耕地淤积物的厚度随灌溉年限的增长而加厚，老耕地淤积物厚度可达6m。

9. 第四纪喷发岩

主要分布于田普鲁火山口一带，喀拉喀什河上游康西瓦处十余千米的河谷阶地中也有火山角砾岩分布。

第三节　农业生产概况

一、耕地利用情况

和田地区现有耕地面积226.46km²，其中水浇地220.56km²，各县市耕地情况见表1-1。

和田地区果树面积172.27km²，占全疆果树面积的12.41%，其中核桃、红枣和杏是种植面积最多的果树，分别为115.57km²、59.41km²和12.14km²

表1-1　和田地区耕地面积分布　　　　　　　　　　　　　　（km²）

县市	总耕地面积	水浇地	旱地
和田市	14.80	14.41	—
和田县	30.35	27.82	—
墨玉县	49.79	48.83	—
皮山县	37.18	37.18	—
洛浦县	28.32	28.32	—
策勒县	24.09	24.09	—
于田县	34.99	32.97	—
民丰县	6.95	6.95	—
和田地区	226.46	220.56	—

注：数据来源于《2021年新疆统计年鉴》。

二、区域主要农作物播种面积及产量

和田地区2020年农作物播种面积244.55km²，占新疆维吾尔自治区（简称新疆）播种面积的3.89%。主要种植作物为水稻、小麦、玉米、棉花、蔬菜和苜蓿，面积分别为2.89km²、83.50km²、67.83km²、3.48km²、3.55km²和33.13km²，占全疆的比例分别为6.07%、7.81%、6.45%、0.14%、2.00%和10.25%。水稻、小麦、玉米、棉花、蔬菜和苜蓿种植面积占和田地区农作物种植面积的1.18%、34.14%、27.74%、1.42%、1.45%、13.55%和7.76%。各县市的农作物种植面积见表1-2。

表1-2　和田地区农作物种植面积　　　　　　　　（khm²）

县市	总播种面积	水稻	小麦	玉米	棉花	蔬菜	苜蓿
和田市	16.20	0.27	6.80	4.48	0.07	0.16	1.81
和田县	40.79	1.19	13.36	8.01	0.41	0.34	9.09
墨玉县	59.30	0.87	24.73	16.61	1.15	1.00	6.77
皮山县	29.79	—	9.61	8.89	0.69	0.35	2.96
洛浦县	35.04	—	13.44	12.41	0.01	1.42	5.16
策勒县	20.49	—	5.41	10.31	0.34	0.32	0.89
于田县	36.12	0.55	8.89	5.56	0.82	0.10	5.46
民丰县	6.82	—	1.27	1.56	—	—	2.81
和田地区	244.55	2.89	83.50	67.83	3.48	3.55	33.13
占全疆比例（%）	3.89	6.07	7.81	6.45	0.14	2.00	10.25

和田地区2020年水稻、小麦、玉米、棉花、蔬菜和苜蓿的产量分别为18.00千t、397.80千t、350.30千t、5.24千t、805.11千t和245.83千t，占全疆的比例分别为4.30%、6.83%、3.77%、0.10%、4.69%和10.60%，各县市的农作物产量见表1-3。

表1-3　和田地区农作物产量　　　　　　　　　　（千t）

县市	水稻	小麦	玉米	棉花	蔬菜	苜蓿
和田市	2.50	27.70	23.80	0.09	80.91	2.50
和田县	6.90	64.50	34.30	0.41	132.78	61.92
墨玉县	5.30	110.90	75.30	1.46	190.85	—
皮山县	—	47.40	53.60	1.22	34.48	42.90
洛浦县	—	67.80	32.20	0.01	138.45	43.40
策勒县	—	28.10	63.40	0.64	34.59	10.32
于田县	3.30	44.90	37.80	1.43	185.69	84.08
民丰县	—	6.50	29.90	—	7.37	0.71
和田地区	18.00	397.80	350.30	5.24	805.11	245.83
占全疆比例（%）	4.30	6.83	3.77	0.10	4.69	10.60

三、农作物施肥品种和用量情况

从表1-4可以看出，和田地区的化肥总用量（折纯）为55.91千t，农作物使用的化肥主要为氮肥、磷肥、钾肥和复合肥，用量（折纯）分别为27.60千t、14.65千t、4.43千t和9.33千t，占全疆总用量的比例分别为2.62%、2.36%、1.99%和1.59%，占和田地区化肥总量的比例分别为49.36%、26.20%、7.92%和16.69%。和田地区氮磷肥用量大，而钾肥和复合肥用量较小，尤其是钾肥用量不足。

表1-4 和田地区化肥折纯用量 （千t）

县市	氮肥	磷肥	钾肥	复合肥	总用量
和田市	2.91	1.10	0.27	0.16	4.45
和田县	5.08	1.97	0.88	0.32	8.23
墨玉县	7.14	4.32	1.52	3.24	16.21
皮山县	5.00	1.32	0.32	0.45	7.09
洛浦县	3.88	2.71	0.61	3.56	10.75
策勒县	1.58	0.97	0.00	0.10	2.55
于田县	1.26	1.60	0.44	0.98	4.28
民丰县	0.76	0.66	0.39	0.54	2.35
和田地区	27.60	14.65	4.43	9.33	55.91
占全疆比例（%）	2.62	2.36	1.99	1.59	2.25

四、农作物灌溉情况

和田地区2020年节水灌溉面积179.49khm²，水土流失治理面积154.02khm²，水库46座，泵站8座。和田地区农田灌溉中存在以下问题。①3—5月河水供水严重不足，春季期间缺水严重，而6—9月洪水过多，导致和田地区供水不均衡。②干渠防渗率低、渠系建筑物配套率低，水资源利用率不高。③地下水用量大，水位下降快。④高效节水面积小，水分利用效率不高。⑤地表水含沙量大，不适宜直接滴灌。

建议。①主要针对现有各级灌溉系统、水库、灌溉渠水工程及地下渠水设施做好管理和维护，确保农业灌溉用水高效科学运转。同时针对主要河流、水库等做好实时监控，高标准完成各级防洪工程，调控水资源时空不均衡。②针对传统灌溉和节水灌溉方式，结合现有小麦、玉米、棉花、水稻、饲草农艺措施，需水规模等因素，制订合理的灌水定额及详细灌水方案，做到高效、合理供配水。③通过调整机井管理，由政府统一管理，统一安装，改变现有的承包制，旱期所发生的维修费纳入政府补贴。④应用节水灌溉技术，解决灌水量不足、灌水周期长、效率低、水浪费等问题。常规滴灌15~20 m³/亩次，对于条件较好区域，用地下水并新增水库水实现滴灌，河水+地下水能从根本上解决春季缺水的矛盾。

五、农作物机械化应用情况

和田地区农业机械总动力为 1 179 801kW。其中农业大中型拖拉机 30 253 台，动力为 857 113kW，占农业机械总动力的 72.65%；小型拖拉机 4 954 台，动力为 77 158kW，占农业机械总动力的 6.54%。大中型拖拉机配套农具 2 629 套；小型拖拉机配套农具 46 626 套；节水灌溉机械 1 372 台。各县市的农业机械情况见表 1-5。

表 1-5　和田地区农业机械情况

县市	总动力（kW）	大中型拖拉机		小型拖拉机		大中型拖拉机配套农具（部）	小型拖拉机配套农具（部）	节水灌溉机械数量（台）
		数量（台）	动力（kW）	数量（台）	动力（kW）			
和田市	89 436	2 349	80 798	235	3 878	236	4 979	244
和田县	143 538	4 230	129 285	252	3 335	280	5 200	110
墨玉县	308 240	9 206	222 638	373	6 155	264	9 956	135
皮山县	162 733	3 623	109 807	770	12 474	486	6 535	148
洛浦县	135 266	2 675	87 722	1 105	17 238	310	5 316	424
策勒县	176 795	3 795	113 915	988	14 919	754	8 331	40
于田县	38 456	514	22 098	462	7 470	96	1 105	3
民丰县	125 338	3 861	90 850	769	11 690	203	5 204	268
和田地区	1 179 801	30 253	857 113	4 954	77 158	2 629	46 626	1 372

目前和田地区农业机械化使用程度较低，主要原因是土地经营仍以各家各户为主，作业地块小，林间间作严重影响机械作业。机采棉花比重低，饲草机械化配套不高。

因地制宜推广农机化覆盖范围，不断提高机械应用率，实现高效、优质农业机械化的合理布局。在现有机械基础上提升农业种植业机械化效率和作业质量，大力推广小麦、玉米、棉花等主要作物全程机械化，从整地到犁地、播种、中耕、施肥、打药、除草、收获、拉运、打捆等要全程做到机械化；饲草收割机械类，先是解决青贮收割机械，引进青贮收割机彻底解决青贮高效收割问题，有关收割打捆类机械全方位配套，可以引进比较成熟的中大型割草机，解决苜蓿、草木樨等收割问题。打捆机械建议直接使用大捆（200kg 以上）的打捆机械，实现机械装车，小地块就近使用的草捆可用小方捆机械作业。引进压缩打捆机械，主要解决零碎秸秆的集中拉运，全面解决农村秸秆的合理使用问题。

第二章　耕地土壤类型

　　和田地区耕地总面积为 226.46km^2。耕地土壤类型分 7 个土纲、10 个亚纲、12 个土类、29 个亚类。本次仅针对面积较大的灌淤土、棕漠土和草甸土 3 个土类进行重点描述。和田地区耕地土壤分类系统见表 2-1。

表 2-1　和田地区耕地土壤分类系统

土纲	亚纲	土类	亚类
半水成土	暗半水成土	草甸土	石灰性草甸土
			盐化草甸土
			盐化灌耕草甸土
	淡半水成土	林灌草甸土	林灌草甸土
			盐化草甸土
		潮土	黄潮土
			盐化草甸土
			盐化潮土
初育土	土质初育土	风沙土	风沙土
			灌耕风沙土
		新积土	冲积土
			新积土
人为土	灌耕土	灌淤土	潮灌淤土
			灌淤土
			盐化灌淤土
	人为水成土	水稻土	潜育水稻土
			盐化水稻土
			潴育水稻土

（续表）

土纲	亚纲	土类	亚类
漠土	干温漠土	灰棕漠土	石膏灰棕漠土
	干暖温漠土	棕漠土	灌耕棕漠土
			石膏盐盘棕漠土
			盐化棕漠土
			棕漠土
盐碱土	盐土	草甸盐土	草甸盐土
水成土	矿质水成土	沼泽土	草甸沼泽土
			灌耕沼泽土
			盐化沼泽土
干旱土	干温干旱土	棕钙土	灌耕棕钙土
			棕钙土

第一节　灌淤土

一、灌淤土的分布及特点

灌淤土是和田地区主要耕作土壤之一，面积 95.67khm^2，占耕地总面积的 42.24%。主要分布在洪-冲积扇中部，冲积平原的上、中部以及河阶地、垄岗地、地下水位在 3m 以下的地区。农区长期引灌携带大量泥沙的河水，灌溉量每公顷 22 500～27 000m^3，通过耕翻搅动，年复一年地逐渐增厚土层。在耕种过程中，农民群众通过施用大量的土杂肥和防冻防盐碱危害而给冬麦压沙盖土。每年增厚的土层平均 0.2～0.4cm。在利用和培肥土壤的过程中，动、植物残体归还土壤，特别是绿色植物的残根烂叶归还土壤，对土壤的熟化起了重要作用。农民群众通过平整土地、增施肥料、种植绿肥和轮作倒茬等各项农业措施，对改善土壤结构、熟化土壤起到了积极的作用。

二、灌淤土剖面形态

具有比较深厚的灌淤层和熟化层，灌淤层一般大于 50cm，有的地区灌淤层更深厚，把原来的自然土壤（棕漠土）深埋在底层而成为异源母质层，灌淤层的土壤结构、理化和生物特性与母土比较发生了很大变化。从剖面自然层次看，一般都具有四个较明显的层次，即表层、耕作层、老淤积层和底土层（异源母质层）。表层是新淤积层，很薄、不足 1cm，干燥后龟裂呈片状和层理片状结构，但在人为划分土层时，均划入耕作层内。耕作层一般厚 15～18cm，块状或碎块状结构，以壤质为主。耕作层下为较老的灌淤层，厚度 30～100cm。颜色较耕作层略浅，但质地相似，并可看见炭屑、瓦片、骨头等侵入体。灌淤土耕层较疏松，土壤容重 1.20~1.30g/cm³，孔隙度较高，持水性比较好，有利于土壤微生物的活动和发展，因而，土壤的微生物活性和作用也大大加强了。

三、灌淤土的养分

从表 2-2 可以看出，灌淤土有机质最小值为 1.8g/kg，最大值为 25.0g/kg，平均含量为 12.9g/kg，变异系数为 36.61%，表明灌淤土有机质区域间有一定差异；全氮最小值为 0.09g/kg，最大值为 1.28g/kg，平均含量为 0.53g/kg，变异系数为 30.66%，表明灌淤土全氮区域间有一定差异；碱解氮最小值为 12.0mg/kg，最大值为 124.3mg/kg，平均含量为 54.5mg/kg，变异系数为 34.77%，表明灌淤土碱解氮区域间有一定差异；有效磷最小值为 5.4mg/kg，最大值为 122.4mg/kg，平均含量为 27.9mg/kg，变异系数为 53.36%，表明灌淤土有效磷区域间差异大；速效钾最小值为 49mg/kg，最大值为 642mg/kg，平均含量为 140mg/kg，变异系数为 40.79%，表明灌淤土速效钾区域间有较大的差异。

表 2-2　和田地区灌淤土养分情况

项目	有机质 （g/kg）	全氮 （g/kg）	碱解氮 （mg/kg）	有效磷 （mg/kg）	速效钾 （mg/kg）
最小值	1.8	0.09	12.0	5.4	49
最大值	25.0	1.28	124.3	122.4	642
平均值	12.9	0.53	54.5	27.9	140
变异系数（%）	36.61	30.66	34.77	53.36	40.79

四、灌淤土的分类

（一）潮灌淤土

主要分布在和田市、和田县和洛浦县 3 个县市，面积 6.36khm²，占总耕地面积的 2.81%。潮灌淤土在土壤剖面下部仍遗留有部分潮土的特征，剖面分化不太明显，结构以块状为主，壤质土剖面中、上部有较多的植物根系和蚯蚓洞穴，并有炭屑、瓦片等侵入体，部分剖面下部有少量锈斑出现。潮灌淤土熟化程度较高，多为和田地区的高产农田，但值得提出的是，潮灌淤土因地下水位较高，若不注意合理使用管理，则很容易引起土壤次生盐渍化。

（二）典型灌淤土

在和田地区 8 个县市均有分布，面积 67.05khm²，占总耕地面积 29.61%。成土母质主要是淡黄色和棕灰色的河流淤积物，极少部分棕色淤积物。由于耕作历史较长，土壤熟化程度较高，普通灌淤土的地下水位 3m 以下，整个剖面比较干燥。土壤颜色以棕色为主，但耕作层颜色略暗一些，多块状结构。质地以壤质为主。犁底层不甚明显，剖面中、上部植物根系较多，常见到炭屑、瓦片等侵入体，耕层土壤容重 1.20 ~ 1.35g/cm^3。

（三）盐化灌淤土

主要分布在策勒县、和田县、洛浦县、墨玉县、皮山县和于田县 6 个县市，面积 22.25khm^2，占总耕地面积 9.83%。有深厚的淤积层，土质较好，但土体较潮湿，地表有轻微盐霜。盐化灌淤土土层比较厚，适于种植棉花、玉米等耐盐性比较强的作物。只要灌好播前水，不会影响作物生长，利用过程中要注意农田基本建设，挖渠排水，降低地下水位，增施有机肥料，合理灌溉。

第二节　棕漠土

一、棕漠土的分布及特点

棕漠土是在暖温带极端干旱的荒漠气候条件下发育而形成的地带性土壤，面积 46.62khm^2，占和田地区耕作土壤面积的 20.59%，是和田地区分布面积较大的耕地土壤类型。棕漠土的地形部位多见于山前洪积平原，坡度多在 1/400 ~ 1/100m，年降水量 20 ~ 200mm，地下水位多在 5 ~ 10m，多为粗骨质性母质，蒸发强烈，常年处于极端干旱状态下并以物理风化为主的缓慢发育过程。生物活性极端微弱，耐旱植被以琵琶柴、麻黄、骆驼刺、合头草等为主，动物、微生物种类贫乏，数量稀少。

棕漠土主导成土过程为棕漠化过程，成土过程具有鲜明的铁质化过程，土体呈棕色，并且粗骨性母质处于物理风化分解阶段，各种矿物质营养丰富；大量饮水灌溉，导致地下水位逐步抬升，盐分活化表聚，致使棕漠土附加盐渍化过程，其中石膏的累积最为普遍。此外，在洪积平原下阶或洪积扇缘地带，人为垦殖耕作、灌溉、施肥成为棕漠土附加的成土过程。

二、棕漠土剖面形态

棕漠土的剖面发育比较微弱，剖面构型较为简单，典型的棕漠土剖面形态一般包括 3 个发生层。

（一）微弱的孔状结皮表层

微弱的孔状结皮表层的形成与土壤微弱的腐殖化程度和强碳酸钙性及土壤表层的水热状况密切相关，主要在土壤表层短暂湿润后随即快速变干，使钙钠的重碳酸盐转变为碳酸盐并释放二氧化碳，从而造成土壤表层出现许多小孔隙。

（二）红棕色的铁质染色紧密层

红棕色的铁质染色紧密层细土颗粒增加，厚度一般小于10cm，红棕色紧实层的形成直接与土壤的铁质化和残积黏化作用相联系。该层活性铁、全铁及黏粒含量比较高，常显铁质染色现象，垒结紧实，呈块状或棱状结构。

（三）石膏和易淋溶盐聚集层

石膏和易淋溶盐聚集层厚度一般 10 ~ 30cm，石膏呈蜂窝状或纤维状，含量高达

270~400g/kg，剖面中小部有不同程度的盐渍化，甚至形成坚硬的盐磐层。

三、棕漠土的养分

从表 2-3 可以看出，棕漠土有机质最小值为 2.3g/kg，最大值为 22.8g/kg，平均含量为 10.9g/kg，变异系数为 42.98%，表明棕漠土有机质区域间差异大；全氮最小值为 0.12g/kg，最大值为 1.09g/kg，平均含量为 0.46g/kg，变异系数为 30.45%，表明棕漠土全氮区域间有一定差异；碱解氮最小值为 10.6mg/kg，最大值为 126.3mg/kg，平均含量为 52.2mg/kg，变异系数为 37.70%，表明棕漠土碱解氮区域间有一定差异；有效磷最小值为 5.4mg/kg，最大值为 455.0mg/kg，平均含量为 30.8mg/kg，变异系数为 129.67%，表明棕漠土有效磷区域间差异大；速效钾最小值为 52mg/kg，最大值为 422mg/kg，平均含量为 141mg/kg，变异系数为 42.35%，表明棕漠土速效钾区域间有较大的差异。

表 2-3　和田地区棕漠土养分情况

项目	有机质 （g/kg）	全氮 （g/kg）	碱解氮 （mg/kg）	有效磷 （mg/kg）	速效钾 （mg/kg）
最小值	2.3	0.12	10.6	5.4	52
最大值	22.8	1.09	126.3	455.0	422
平均值	10.9	0.46	52.2	30.8	141
变异系数（%）	42.98	30.45	37.70	129.67	42.35

四、棕漠土的分类

（一）灌耕棕漠土

主要分布在策勒县、和田县、洛浦县、民丰县、墨玉县、皮山县和于田县 7 个县，面积 42.03km²，占总耕地面积的 18.56%。灌耕棕漠土是发育较低的地貌部位，洪积平原（扇）下部，地下水位相对较高而降水量稀少，成土母质较细，生物活性相对较强，开垦耕作、灌溉施肥等人为改造作用，具有明显的耕作层，荒漠结皮层、红棕色紧实层、盐聚层和石膏层不复存在，剖面含盐量和石膏含量显著降低，碳酸钙很少表聚，土壤熟化程度较低，成为棕漠土向灌耕土演变的过渡类型。根据母质来源及特性，灌耕棕漠土亚类可划分为灌耕棕漠土、扇缘灌耕棕漠土、盐化棕漠土、石膏棕漠土、扇形地棕漠土、戈壁棕漠土、洪积扇棕漠土七个土属。

（二）石膏盐盘棕漠土

主要分布在和田市和和田县 2 个县市，面积 0.49km²，占总耕地面积的 0.22%。石膏盐盘棕漠土有明显的石膏聚集层，粗骨性特强，孔状结皮层，片状-鳞片状及红棕色紧实层发育很弱，甚至缺失，在强烈风蚀作用下，石膏层常接近地表，甚至露出地面。地表多具有细小风蚀沟，生长着极稀疏的琵琶柴、麻黄等耐贫瘠抗干旱的小灌木和小半灌木。

（三）盐化棕漠土

主要分布在洛浦县和墨玉县 2 个县，面积 2.64khm²，占总耕地面积的 1.17%。盐化棕漠土母质分解积盐或地下水位较高区域，干旱蒸发强，盐分活化表聚，致使棕漠土附加盐渍化过程。根据盐分类型和地形部位不同，将盐化灌耕棕漠土亚类划分为氯化物戈壁棕漠土、氯化物灌耕棕漠土和氯化物硫酸盐戈壁棕漠土三个土属。

（四）典型棕漠土

主要分布在和田市、和田县和墨玉县 3 个县市，面积 1.45khm²，占总耕地面积的 0.64%。棕漠土亚类主要分布于山前洪积-冲积扇的中下部，代表棕漠土形成过程的早期阶段，剖面发育较为明显，主要有发育较弱的孔状结皮层、片状-鳞片状层、红棕色紧实层及略显石膏聚积的砂砾层发育。质地大部分较粗，残积黏化、碳酸钙表聚现象明显，石膏和易溶性盐含量不多，无大量石膏聚集层。

第三节　草甸土

草甸土地面生长草甸草类植被，覆盖度 30%~50%。植被类型以芦苇为主，伴生苦豆子、茵陈蒿、芨芨草、狗尾草、拂子草、野苜蓿、车前、马兰、甘草、骆驼刺、铃铛刺等。各流域中下游及下游广布胡杨、红柳和梭梭；林下有芦苇、獐茅、芨芨草等。人类定向培育的有以沙枣为主的双层草场等。这些植被的残遗物是草甸土有机质的主要来源。但由于和田地区水、气、热条件制约，植被覆盖度不高，残遗体分解快，不易在土壤中积累，故腐殖质层厚度不大且色较淡。草甸土受地带性的影响极深，在和田地区干旱和荒漠生态环境中，水分蒸发和蒸腾较快，有机质不易积累，因此，所形成的腐殖质层较薄。但草甸土被人类利用，开垦种植，在灌排和耕作措施的影响下，逐渐向耕作土壤演变和发展，土壤有机质含量可得到补充，土壤肥力得到改善。

一、草甸土的分布及特点

草甸土面积 33.65khm²，占和田地区耕地面积的 14.86%。主要分布于各冲积平原中下部及各扇形地的扇缘。水文地质和生物气候是草甸土的主要成土条件。"草甸化"过程一般包括生草化-腐殖化-泥炭化三个阶段。草甸土土壤水分丰富，钙质含量高，灌溉水或地下水均有一定的矿化度，水土中所含的钙及其他盐类在土壤中的移动性又较强，所以常有"盐渍化""潮化""钙积化"等附加成土过程伴生主导成土过程始终。草甸土土层多较深厚，质地粗细差异较大，而构型较为复杂，剖面中下部多有锈色斑纹层出现。

在植物利用地下水的同时，其可溶性盐分也随地面蒸发作用和植物蒸腾过程中聚积在地表或植物体内，这样草甸化过程又附加了盐分累积过程。部分条件好的草甸土已垦植利用，但时间短，母土基本特性的表现强烈，使"耕种熟化"过程处于附加过程的地位，土壤发育仅处于灌耕草甸土阶段。草甸土经人们开垦利用后，经过长期的耕种，可以逐渐向潮土方向演变。另外，若草甸土积盐过程继续发展亦可向盐土方向演变，若地下水位上升，地表长期积水，草甸土也可向沼泽土方向演变，故草甸土带来了分类土的复杂性和发育土的多变性，在改良利用上也给人们以研究的典型性和代表性。

二、草甸土剖面形态

草甸土的主导成土过程是草甸化过程（包括腐殖质累积过程和氧化还原过程），剖面结构简单，主要由腐殖质表层及锈纹锈斑层组成。腐殖质层一般厚20~60cm，暗灰或灰黑色，含有机质多在2%~3%，高者达5%~10%。该层还可细分为比较紧实的棕褐色草皮层和暗色腐殖质。下层颜色显著变浅，呈灰黄色、灰棕色或棕黄色等，结构面上多锈色斑纹，并可见到明显的沉积层理，个别剖面下部有坚实的砂姜磐。草甸土的剖面形态可分为三个发生层次，即腐殖质层、锈纹锈斑层、母质层（或潜育层）。

腐殖质层：一般不明显，厚者30~70cm，薄者仅3~5cm。干态色调呈暗棕灰色-浊黄橙色，多团粒或屑粒状结构，松软，根系多。

锈纹锈斑层：厚度一般20~100cm，厚者可达160cm，薄者40~50cm，有明显的锈纹锈斑出现。出现的部位取决于地下水位的高低，地下水位高，该层出现部位则高，厚度大；地下水位低，该层出现部位深，且厚度薄。

母质层（或潜育层）：锈纹锈斑层以下常接母质层，保持冲积母质砂黏相间的特征。

三、草甸土的养分

从表2-4可以看出，草甸土有机质最小值为3.2g/kg，最大值为24.6g/kg，平均含量为11.4g/kg，变异系数为42.41%，表明草甸土有机质区域间差异大；全氮最小值为0.18g/kg，最大值为1.28g/kg，平均含量为0.48g/kg，变异系数为32.86%，表明草甸土全氮区域间有一定差异；碱解氮最小值为12.0mg/kg，最大值为134.4mg/kg，平均含量为50.3mg/kg，变异系数为38.03%，表明草甸土碱解氮区域间有一定差异；有效磷最小值为7.0mg/kg，最大值为105.8mg/kg，平均含量为25.3mg/kg，变异系数为46.03%，表明草甸土有效磷区域间差异大；速效钾最小值为65mg/kg，最大值为481mg/kg，平均含量为151mg/kg，变异系数为37.63%，表明草甸土速效钾区域间有较大的差异。

表2-4　和田地区草甸土养分情况

项目	有机质（g/kg）	全氮（g/kg）	碱解氮（mg/kg）	有效磷（mg/kg）	速效钾（mg/kg）
最小值	3.2	0.18	12.0	7.0	65
最大值	24.6	1.28	134.4	105.8	481
平均值	11.4	0.48	50.3	25.3	151
变异系数（%）	42.41	32.86	38.03	46.03	37.63

四、草甸土的分类

草甸土在形成过程中，腐殖质积累和滞育过程为主导成土过程，但是由于附加成土条件的不同，草甸土在成土过程中有不同的差异，以此作为草甸土划分亚类的依据。由于成土过程钙积化过程，划分为石灰性草甸土亚类；由于地下水矿化度较高，加之蒸发强烈，草甸土在成土过程中伴随盐渍化过程，土体含盐，故划分出盐化草甸土亚类。

（一）石灰性草甸土

主要分布在洛浦县、皮山县和于田县 3 个县，面积 7.36km²，占总耕地面积的3.25%。石灰性草甸土成土母质为冲积物或洪积冲积物，分布于河流冲积平原、山前洪积–冲积扇缘潜水溢出带、交接洼地、盆地底部等。成土过程除以"草甸化"过程为主外，"潮化""钙积化"过程亦较明显。剖面由腐殖质层和氧化还原层组成，腐殖质平均厚度 20~40cm，颜色呈灰黑色、暗棕灰色或者棕灰色，质地多为砂质黏壤土，结构多呈块状及粒状。氧化还原的锈斑一般出现在 20cm 以下，淋溶作用弱，通体强石灰化反应，地下水位较高处，底土可见潜育层。

（二）盐化草甸土

主要分布在和田市、和田县、洛浦县、民丰县、墨玉县、皮山县和于田县 7 个县市，面积 7.36km²，占总耕地面积的 3.25%。盐化草甸土是在草甸化成土过程中附加盐渍化成土过程所形成的一类盐渍化土壤，盐分表聚层厚度一般 20cm，多分布于地势低平及地下水位和矿化度较高的地段，如河滩、河阶、三角洲、扇缘等下部低地或交接洼地等地貌地段。地下水位一般在 1~3m，剖面有锈纹锈斑外，还常有石灰砂姜结核或结盘出现，淀积作用较明显。

（三）盐化灌耕草甸土

主要分布在策勒县、皮山县和于田县 3 个县，面积 5.63km²，占总耕地面积的2.49%。盐化林灌草甸土常与风沙土呈复区分布，枯枝落叶层多被风吹蚀或风沙掩埋，但仍有局部可见；腐殖质层厚 10~30cm，浅褐色或褐色，有的呈灰色或黄色；氧化还原现象在心土层或底土层可见。剖面中多块状、片状结构，质地在剖面的中、上层多为中壤土、重壤土，而底层多沙土。盐化林灌草甸土根据盐分组成，可划分为氯化物盐化林灌草甸土、硫酸盐盐化林灌草甸土和苏打盐化林灌草甸土三个土属。

第四节　其他土类

除灌淤土、棕漠土和草甸土外，潮土、风沙土、灰棕漠土、林灌草甸土、水稻土、新积土、盐土、沼泽土和棕钙土其他土类面积共计 50.53km²，分别占和田地区耕地总面积的 3.50%、10.00%、0.001%、2.17%、1.44%、0.75%、3.56%、0.41%和 0.48%。

第三章　耕地质量评价方法与步骤

本次耕地质量调查评价根据《耕地质量调查监测与评价办法》（农业部令 2016 第 2 号）和国家标准《耕地质量等级》（GB/T 33469—2016）进行，本次评价的数据主要来源 2020 年耕地质量调查评价监测样点野外调查及室内分析数据。在评价过程中，应用 GIS 空间分析、层次分析、特尔斐等方法，划分评价单元、确定指标隶属度、建立评价指标体系、构建评价数据库、计算耕地质量综合指数、评价耕地质量等级、编制耕地质量等级及养分等相关图件。

第一节　资料收集与整理

耕地质量评价资料主要包括耕地化学性状、物理性状、立地条件、土壤管理、障碍因素等。通过野外调查、室内化验分析和资料收集，获取了大量耕地质量基础信息，经过严格的数据筛选、审核与处理，保障了数据信息的科学准确。

一、软硬件及资料准备

（一）软硬件准备

1. 硬件准备

主要包括图形工作站、数字化仪、扫描仪、喷墨绘图仪等。微机主要用于数据和图件的处理分析，数字化仪、扫描仪用于图件的输入，喷墨绘图仪用于成果图的输出。

2. 软件准备

主要包括 Windows 操作系统软件，Foxpro 数据库管理、SPSS 数据统计分析等应用软件，MapGIS、ArcVIEW 等 GIS 软件，以及 ENVI 遥感图像处理等专业分析软件。

（二）资料的收集

本次评价广泛收集了与评价有关的各类自然和社会经济因素资料，主要包括参与耕地质量评价的野外调查资料及分析测试数据、各类基础图件、统计年鉴及其他相关统计资料等。收集获取的资料主要包括以下几个方面（表 3-1）。

主要包括样点基本信息、立地条件、理化性状、障碍因素、土壤管理五个方面。

样点（调查点）基本信息：包括统一编号、省名、地市名、县名、乡镇名、村名、采样年份、经度、纬度、采样深度等。

立地条件：包括土类、亚类、土属、土种、成土母质、地形地貌、坡度、坡向、地下水埋深等。

理化性状：包括耕层厚度、耕层质地、有效土层厚度、容重、质地构型等土壤物理性状；土壤 pH、有机质、全氮、有效磷、速效钾、缓效钾、有效硫、有效锌、有效硼、有效铜、有效铁、有效钼、有效锰等土壤化学性状。

障碍因素：包括障碍层类型、障碍层深度、障碍层厚度、盐渍化程度等。

土壤管理：包括常年耕作制度、作物产量、灌溉方式、灌溉能力、排水能力、农田林网化、清洁程度等。

1. 野外调查资料

野外调查点是依据耕地质量调查评价监测样点布设点位图进行调查取样，野外调查资料主要包括地理位置、地形地貌、土壤母质、土壤类型、有效土层厚度、表层质地、耕层厚度、容重、障碍层次类型及位置与厚度、耕地利用现状、灌排条件、水源类型、地下水埋深、作物产量及管理措施等。采样地块基本情况调查内容见表3-1。

表3-1 耕地质量等级调查

项目	项目	项目	项目
统一编号	地形部位	盐化类型*	有效铜（mg/kg）
省（市）名	海拔高度*	地下水埋深（m）*	有效锌（mg/kg）
地市名	田面坡度*	障碍因素	有效铁（mg/kg）
县（区、市、农场）名	有效土层厚度（cm）	障碍层类型	有效锰（mg/kg）
乡镇名	耕层厚度（cm）	障碍层深度（cm）	有效硼（mg/kg）
村名	耕层质地	障碍层厚度（cm）	有效钼（mg/kg）
采样年份	耕层土壤容重（g/cm³）	灌溉能力	有效硫（mg/kg）
经度（°）	质地构型	灌溉方式	有效硅（mg/kg）
纬度（°）	常年耕作制度	水源类型	铬（mg/kg）
土类	熟制	排水能力	镉（mg/kg）
亚类	生物多样性	有机质（g/kg）	铅（mg/kg）
土属	农田林网化程度	全氮（g/kg）	砷（mg/kg）
土种	土壤 pH	有效磷（mg/kg）	汞（mg/kg）
成土母质	耕层盐分（g/kg）	速效钾（mg/kg）	主栽作物名称
地貌类型	盐渍化程度*	缓效钾（mg/kg）	作物产量（kg/亩）

2. 分析化验资料

室内分析测试数据，主要有土壤 pH、耕层含盐量、有机质、全氮、碱解氮、有效磷、速效钾、缓效钾、全磷、全钾、交换性钙、交换性镁、有效硫、有效锌、有效硼、有效铜、有效铁、有效钼、有效锰、有效硅以及重金属铬、镉、铅、砷、汞等化验分析资料。

3. 基础及专题图件资料

主要包括县级 1：5 万及自治区级 1：100 万比例尺的土壤图、土地利用现状图、地貌图、土壤质地图、行政区划图等。其中土壤图、土地利用现状图、行政区划图主要用于叠加生成评价单元。土壤质地图、地貌图、林网化分布图、渠道分布图等用于提取评价单元信息。

4. 其他资料

收集的统计资料包括近年的县、地区、自治区统计年鉴，农业统计年鉴等，内容包含以行政区划为基本单位的人口、土地面积、耕地面积，近三年主要作物种植面积、粮食单产、总产，蔬菜和果品种植面积及产量，以及肥料投入等社会经济指标数据；名、特、优特色农产品分布、数量等资料；近几年土壤改良试验、肥效试验及示范资料；土壤、植株、水样检测资料；高标准农田建设、水利区划、地下水位分布等相关资料；项目区范围内的耕地质量建设及提升项目资料，包括技术报告、专题报告等。

二、评价样点的布设

1. 样点布设原则

要保证获取信息及成果的准确性和可靠性，布点要综合考虑行政区划、土壤类型、土地利用、肥力高低、作物种类、管理水平、点位已有信息的完整性等因素，科学布设耕地质量调查点位。

2. 样点布设方法

耕地质量调查点位基本固定，大致按 1 万亩左右耕地布设 1 个，覆盖所有农业县（区、市、场），并与全疆耕地质量汇总评价样点、测土配方施肥取土样点、耕地质量长期定位监测点相衔接，确保点位代表性与延续性的要求，依据《新疆统计年鉴 2021 年》和田地区耕地面积 226.46khm^2，共计布设 371 个耕地质量调查评价点，形成和田地区耕地质量调查评价监测网（图 3-1）。

三、土壤样品检测与质量控制

（一）分析项目及方法

1. 分析项目

根据耕地质量等级调查内容的要求，土壤样品分析测试项目有：土壤 pH、有机质、全氮、有效磷、速效钾、缓效钾、有效硫、有效锌、有效硼、有效铜、有效铁、有效钼、有效锰、有效硅，以及重金属铬、镉、铅、砷、汞、总盐、容重等。

2. 分析方法

（1）土壤 pH：土壤检测第 2 部分，依据 NY/T 1121.2；

（2）碱解氮：碱解扩散法测定，依据 LYT 1228；

（3）有机质：土壤检测第 6 部分，依据 NY/T 1121.6；

（4）全氮：土壤全氮测定法（半微量凯氏法）NY/T 2419；

（5）有效磷：土壤检测第 7 部分，中性和石灰性土壤有效磷的测定，依据 LY/T 1233；

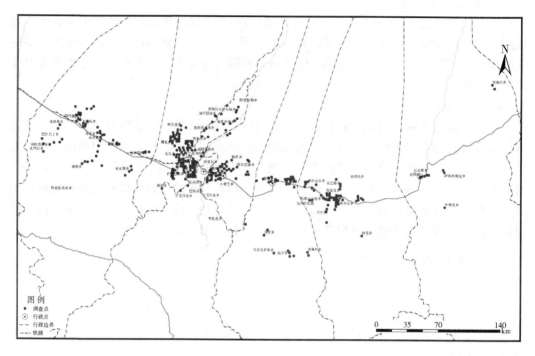

图 3-1 和田地区耕地质量调查评价点位

（6）土壤速效钾、缓效钾：依据 NY/T 889；

（7）土壤水溶性总盐：土壤检测第 16 部分，依据 NY/T 1121.16；

（8）土壤有效铜、锌、铁、锰：DTPA 浸提-原子吸收分光光度法测定，依据 NY/T 890；

（9）有效硼：《土壤检测　第 8 部分》，依据 NY/T 1121.8；

（10）有效钼：《土壤检测　第 9 部分》，依据 NY/T 1121.9；

（11）有效硫：《土壤检测　第 14 部分》，依据 NY/T 1121.14；

（12）有效硅：《土壤检测　第 15 部分》，依据 NY/T 1121.15；

（13）铬：火焰原子吸收分光光度法，依据 HJ 491；

（14）镉、铅：石墨炉原子吸收分光光度法，依据 GB/T 17141；

（15）砷、汞：原子荧光法，依据 GB/T 22105；

（16）耕层土壤容重：土壤检测第 4 部分，依据 NY/T 1121.4。

（二）分析测试质量控制

1. 实验前的准备工作

严格按照《测土配方施肥技术规程》实施，对分析测试人员进行系统的技术培训、岗位职责培训，建立健全实验室各种规章制度，规范实验步骤，对仪器设备进行计量校正，指定专人管理标准器皿和试剂，并重点对容易产生误差的环节进行监控，邀请化验室专家来中心化验室检查和指导化验工作，不定期对化验人员分析技能进行分析质量考核检查，及时发现问题解决问题。确保检测结果的真实性、准确性、可比性与实用性。

2. 分析质量控制方法

（1）方法：严格按照 NY/T 1121 等标准方法要求进行分析测试。

（2）标准曲线控制：建立标准曲线，标准曲线线性相关达到 0.999 以上。每批样品都必须做标准曲线，并且重现性良好。

（3）精密度控制：平行测定误差控制，合格率达 100%。盲样控制，制样时将同一样品处理好后，四分法分成两份，编上统一分析室编号，分到不同批次中，按平行误差的 1.5 倍比对盲样两次测定结果的误差，所有盲样的某项目测试合格率达到 90%，即可判断该项目整个测定结果合格。

（4）与地区化验室分析测试结果做对比。

（5）参加自治区统一组织的化验员培训和化验员参比样考核。

（6）参加农业农村部耕地质量监测保护中心每年组织的耕地质量检测能力验证考核。

通过上述质量控制方法确保分析质量。

（三）数据资料审核处理

数据的准确与否直接关系到耕地质量评价的精度、养分含量分布图的准确性，并对成果应用的效益发挥有很大影响。为保证数据的可靠性，在进行耕地质量评价之前，需要对数据进行检查和预处理。数据资料审核处理主要是对参评点位资料的审核处理，采取了人工检查和计算机筛查相结合的方式进行，以确保数据资料的完整性和准确性。

1. 数据资料人工检查

执行数据的自校→校核→审核的"三级审核"。先由县（市）级专业人员对耕地质量调查评价样点点位，按照点位资料完整性、规范性、符合性、科学性、相关性的原则，对评价点位资料进行数据检查和审核。地州级再对县（市）级资料进行检查和审核，重点审核养分数据是否异常，作物产量是否符合实际，发现问题反馈给相应县（市），进行修改补充。在此基础上，自治区级对地州级资料再进行分析审核，重点统一地形地貌、土壤母质、灌排条件等划分标准，按照不同利用类型、不同质地类型、不同土壤类型分类检查土壤养分数据，剔除异常值，障碍因素和类型与分析测试指标及土壤类型之间是否有逻辑错误、土层厚度与耕层厚度之间是否存在逻辑错误等，发现问题反馈并修改。

2. 计算机筛查

为快速对逐级上报的数据资料进行核查，应用统计学软件等进行基本统计量、频数分布类型检验、异常值的筛选等去除可疑样本，保证数据的有效性、规范性。

四、调查结果的应用

（一）应用于耕地养分分级标准的确定

依据各县市汇总样点数据，结合和田地区域田间试验和长期研究等数据，建立和田地区域土壤 pH、总盐、有机质、全氮、有效磷、速效钾、缓效钾、有效铜、有效锌、有效铁、有效锰、有效硼、有效钼和有效硫等耕地主要养分分级标准。

（二）应用于耕地质量评价指标体系的建立

区域耕地质量评价实质上是评价各要素对农作物生长影响程度的强弱，所以，在选择评价指标时主要遵循四个原则：一是选取的因素对耕地质量有较大影响，如地形部位、灌排条件等；二是选取的因素在评价区内变异较大，如质地构型、障碍因素等；三是选取的因素具有相对的稳定性和可获取性，如质地、有机质及养分等；四是选取的因素考虑评价区域的特点，如盐渍化程度、地下水埋深等。

（三）应用于耕地综合生产能力分析等

通过分析评价区样点资料和评价结果，可以获得区域生产条件状况、耕地质量状况、耕地质量主要性状情况，以及农业生产中存在的问题等，可为区域耕地质量水平提升提出有针对性的对策措施与建议。

第二节　评价指标体系的建立

本次评价重点包括耕地质量等级评价和耕地理化性状分级评价两个方面。为满足评价要求，先要建立科学的评价指标体系。

一、评价指标的选取原则

参评指标是指参与评价耕地质量等级的一种可度量或可测定的属性。正确地选择评价指标是科学评价耕地质量的前提，直接影响耕地质量评价结果的科学性和准确性。和田地区耕地质量评价指标的选取主要依据《耕地质量等级》国家标准，综合考虑评价指标的科学性、综合性、主导性、可比性、可操作性等原则。

科学性原则：指标体系能够客观地反映耕地综合质量的本质及其复杂性和系统性。选取评价指标应与评价尺度、区域特点等有密切的关系，因此，应选取与评价尺度相应、体现区域特点的关键因素参与评价。本次评价以和田地区耕地单元为评价区域，既需考虑地形部位等大尺度变异因素，又需选择与农业生产相关的灌溉、土壤养分等重要因子，从而保障评价的科学性。

综合性原则：指标体系要反映出各影响因素的主要属性及相互关系。评价因素的选择和评价标准的确定要考虑当地的自然地理特点和社会经济因素及其发展水平，既要反映当前的局部和单项的特征，又要反映长远的、全局的和综合的特征。本次评价选取了土壤化学性状、物理性状、立地条件、土壤管理等方面的相关因素，形成了综合性的评价指标体系。

主导性原则：耕地系统是一个非常复杂的系统，要把握其基本特征，选出有代表性的起主导作用的指标。指标的概念应明确，简单易行。各指标之间涵义各异，没有重复。选取的因子应对耕地质量有比较大的影响，如地形因素、土壤因素和灌溉条件等。

可比性原则：由于耕地系统中的各个因素具有很强的时空差异，因而评价指标体系在空间分布上应具有可比性，选取的评价因子在评价区域内的变异较大，数据资料应具有较好的时效性。

可操作性原则：各评价指标数据应具有可获得性，易于调查、分析、查找或统计，有利于高效准确地完成整个评价工作。

二、指标选取的方法及原因

耕地质量是由耕地质量、土壤健康状况和田间基础设施构成的满足农产品持续产出和质量安全的能力。选取的指标主要能反映耕地土壤本身质量属性的好坏。按照《耕地质量等级》标准要求区域耕地质量指标由基础性指标和区域补充性指标组成，建立"N+X"指标体系。N为基础性指标（14个），X为区域补充性指标，通过自治区相关科研院所及各地州农技中心专家函选出全疆区域性评价指标2个，共选取16个指标作为自治区评价指标，各地州统一采用自治区评价指标，具体如下。

基础性指标：地形部位、有效土层厚度、有机质、耕层质地、土壤容重、质地构型、土壤养分状况（有效磷、速效钾）、生物多样性、障碍因素、灌溉能力、排水能力、清洁程度、农田林网化程度。

区域性指标：盐渍化程度、地下水埋深。

运用层次分析法建立目标层、准则层和指标层的三级层级结构，目标层即耕地质量等级，准则层包括立地条件、剖面性状、耕层理化性状、养分状况、健康状况和土壤管理6个部分。

立地条件：包括地形部位和农田林网化程度。和田地区地形地貌较为复杂，地形部位的差异对耕地质量有重要的影响，不同地形部位的耕地坡度、坡向、光温水热条件、灌排能力差异明显，直接或间接地影响农作物的适种性和生长发育；农田林网化能够很好地防御灾害性气候对农业生产的危害，保证农业的稳产、高产，同时还可以提高和改善农田生态系统的环境。

剖面性状：包括有效土层厚度、质地构型、地下水埋深和障碍因素。有效土层厚度影响耕地土壤水分、养分库容量和作物根系生长；土壤剖面质地构型是土壤质量和土壤生产力的重要影响因子，不仅反映土壤形成的内部条件与外部环境，还体现出耕作土壤肥力状况和生产性能；地下水埋深影响作物土壤水分吸收和盐分运移，影响作物生长发育、产量；障碍因素影响耕地土壤水分状况以及作物根系生长发育，对土壤保水和通气性以及作物水分和养分吸收、生长发育以及生物量等均具有显著影响。

耕层理化性状：包括耕层质地、土壤容重和盐渍化程度。耕层质地是土壤物理性质的综合指标，与作物生长发育所需要的水、肥、气、热关系十分密切，显著影响作物根系的生长发育、土壤水分和养分的保持与供给；容重是土壤最重要的物理性质之一，能反映土壤质量和土壤生产力水平；盐渍化程度是土壤的重要化学性质之一，作物正常生长发育、土壤微生物活动、矿质养分存在形态及其有效性、土壤通气透水性等都与盐渍化程度密切相关。

养分状况：包括有机质、有效磷和速效钾。有机质是微生物能量和植物矿质养分的重要来源，不仅可以提高土壤保水、保肥和缓冲性能，改善土壤结构性，而且可以促进土壤养分有效化，对土壤水、肥、气、热的协调及其供应起支配作用。土壤磷、钾是作物生长所需的大量元素，对作物生长发育以及产量等均有显著影响。

健康状况：包括清洁程度和生物多样性。清洁程度反映了土壤受重金属、农药和农膜残留等有毒有害物质影响的程度；生物多样性反映了土壤生命力丰富程度。

土壤管理：包括灌溉能力和排水能力。灌溉能力直接关系到耕地对作物生长所需水分的满足程度，进而显著制约着农作物生长发育和生物量；排水能力通过制约土壤水分状况而影响土壤水、肥、气、热的协调及作物根系生长和养分吸收利用等，同时直接影响盐渍化土壤改良利用的效果。

三、耕地质量主要性状分级标准的确定

20世纪80年代，全国第二次土壤普查项目开展时，曾对土壤pH、有机质、全氮、碱解氮、有效磷、速效钾、全磷、全钾、碳酸钙、有效硼、有效钼、有效锰、有效锌、有效铜、有效铁等耕地理化性质进行分级，其分级标准见表3-2，新疆第二次土壤普查分级标准见表3-3。经过近40年的发展，耕地土壤理化性质发生了巨大变化，有的分级标准与目前的土壤现状已不相符合。本次评价在全国二次土壤普查耕地土壤主要性状指标分级的基础上进行了修改或重新制定。

（一）制定的原则

一是要与全国第二次土壤普查分级标准衔接，在保留原全国分级标准级别值基础上，可以在一个级别中进行细分；同时在综合考虑当前土壤养分变化基础上，对个别养分分级级别进行归并调整，以便于资料纵向、横向比较。二是细分的级别值以及向上或向下延伸的级别值要有依据，需综合考虑作物需肥的关键值、养分丰缺指标等。三是各级别的幅度要考虑均衡，幅度大小基本一致。

表3-2　全国第二次土壤普查土壤理化性质分级标准

分级标准	一级	二级	三级	四级	五级	六级
有机质（g/kg）	>40	30~40	20~30	10~20	6~10	<6
全氮（g/kg）	>2	1.5~2	1.5~1.0	1~0.75	0.5~0.75	<0.5
碱解氮（mg/kg）	>150	120~150	90~120	60~90	30~60	<30
有效磷（mg/kg）	>40	20~40	10~20	5~10	3~5	<3
速效钾（mg/kg）	>200	150~200	100~150	50~100	30~50	<30
有效硼（mg/kg）	>2.0	1.0~2.0	0.5~1.0	0.2~0.5	<0.2	—
有效钼（mg/kg）	>0.3	0.2~0.3	0.15~0.2	0.1~0.15	<0.1	—
有效锰（mg/kg）	>30	15~30	5~15	1~5	<1	—
有效锌（mg/kg）	>3.0	1.0~3.0	0.5~1.0	0.3~0.5	<0.3	—
有效铜（mg/kg）	>1.8	1.0~1.8	0.2~1.0	0.1~0.2	<0.1	—
有效铁（mg/kg）	>20	10~20	4.5~10	2.5~4.5	<2.5	—

表 3-3 全国第二次土壤普查土壤酸碱度分级标准

项目	强碱性	碱性	微碱性	中性	微酸性	酸性	强酸性
pH	>9.5	8.5~9.5	7.5~8.5	6.5~7.5	5.5~6.5	4.5~5.5	<4.5

(二) 耕地质量主要性状分级标准

依据新疆耕地质量评价 7 054 个调查采样点数据,对相关指标进行了数理统计分析,计算了各指标的中位数、平均值、标准差和变异系数统计参数 (表 3-4)。以此为依据,同时参考相关已有的分级标准,并结合当前区域土壤养分的实际状况、丰缺指标和生产需求,确定依据新疆科学合理调整的养分分级标准 (表 3-5) 进行分级。

以土壤有机质为例,本次评价分为 5 级,考虑到新疆耕地有机质含量大于 25g/kg 的样点占比只有 1 124 个,比例较小,因此,将有机质>25.0g/kg 列为一级;同时,考虑到土壤有机质含量在 10~20g/kg 的比例较高,占 53.84%,为了细分有机质含量对耕地质量等级的贡献,将 10~20g/kg 拆分为 10~15g/kg 和 15~20g/kg,分别作为三级、四级。

表 3-4 新疆耕地质量主要性状描述性统计

项目	单位	中位数	平均值	标准差	变异系数 (%)
pH	—	8.22	8.21	0.37	4.45
总盐	g/kg	1.5	2.73	3.94	144.27
有机质	g/kg	15.77	18.74	14.07	75.10
全氮	g/kg	0.87	0.95	0.52	54.86
碱解氮	mg/kg	61.20	69.48	40.19	57.84
有效磷	mg/kg	17.80	23.08	19.36	83.88
速效钾	mg/kg	172.00	211.51	145.70	68.89
缓效钾	mg/kg	1 001.15	1 038.00	397.05	38.25
有效锰	mg/kg	6.30	7.95	6.65	83.68
有效硅	mg/kg	143.70	182.97	151.78	82.95
有效硫	mg/kg	119.70	398.01	699.78	175.82
有效钼	mg/kg	0.07	0.15	0.22	145.24
有效铜	mg/kg	1.49	3.58	5.86	163.81
有效铁	mg/kg	9.60	13.07	16.37	125.20
有效锌	mg/kg	0.60	0.78	0.87	111.55
有效硼	mg/kg	1.30	1.78	1.97	110.33

表3-5 新疆维吾尔自治区耕地质量监测分级标准

项目	单位	分级标准				
		一级	二级	三级	四级	五级
有机质	g/kg	>25.0	20.0~25.0	15.0~20.0	10.0~15.0	≤10.0
全氮	g/kg	>1.50	1.00~1.50	0.75~1.00	0.50~0.75	≤0.50
碱解氮	mg/kg	>150	120~150	90~120	60~90	≤60
有效磷	mg/kg	>30.0	20.0~30.0	15.0~20.0	8.0~15.0	≤8.0
速效钾	mg/kg	>250	200~250	150~200	100~150	≤100
缓效钾	mg/kg	>1 200	1 000~1 200	800~1 000	600~800	≤600
有效硼	mg/kg	>2.00	1.50~2.00	1.00~1.50	0.50~1.00	≤0.50
有效钼	mg/kg	>0.20	0.15~0.20	0.10~0.15	0.05~0.10	≤0.05
有效硅	mg/kg	>250	150~250	100~150	50~100	≤50
有效铜	mg/kg	>2.00	1.50~2.00	1.00~1.50	0.50~1.00	≤0.50
有效铁	mg/kg	>20.0	15.0~20.0	10.0~15.0	5.0~10.0	≤5.0
有效锰	mg/kg	>15.0	10.0~15.0	5.0~10.0	3.0~5.0	≤3.0
有效锌	mg/kg	>2.00	1.50~2.00	1.00~1.50	0.50~1.00	≤0.50
有效硫	mg/kg	>50.0	30.0~50.0	15.0~30.0	10.0~15.0	≤10.0
pH	—	酸性 ≤6.5	中性 6.5~7.5	微碱性 7.5~8.5	碱性 8.5~9.5	强碱性 ≥9.5
总盐	g/kg	无 ≤2.5	轻度盐渍化 2.5~6.0	中度盐渍化 6.0~12.0	重度盐渍化 12.0~20.0	盐土 ≥20.0

第三节 数据库的建立

一、建库的内容与方法

(一)数据库建库的内容

数据库的建立主要包括空间数据库和属性数据库。

空间数据库包括道路、水系、采样点点位图、评价单元图、土壤图、行政区划图等。道路、水系通过土地利用现状图提取;土壤图通过扫描纸质土壤图件拼接校准后矢量化;评价单元图通过土地利用现状图、行政区划图、土壤图叠加形成;采样点点位图通过野外调查采样数据表中的经纬度坐标生成。

属性数据库包括土地利用现状图属性数据表、土壤样品分析化验结果数据表、土壤属性数据表、行政编码表、交通道路属性数据表等。通过分类整理后,以编码的形式进行管理。

（二）数据库建库的方法

耕地质量等级评价系统采用不同的数据模型，分别对属性数据和空间数据进行存储管理，属性数据采用关系数据模型，空间级数据采用网状数据模型。

空间数据图层标识码是要素属性表中的一个关键字段，空间数据与属性数据以此字段形成关联，完成对地图的模拟。这种关联使两种数据模型联成一体，可以方便地从空间数据检索属性数据或者从属性数据检索空间数据。在进行空间数据和属性数据连接时，在 ArcMAP 环境下分别调入图层数据和属性数据表，利用关键字段将属性数据表连接到空间图层的属性表中，将属性数据表中的数据内容赋予图层数据表中。建立耕地质量等级评价数据库的工作流程见图 3-2。

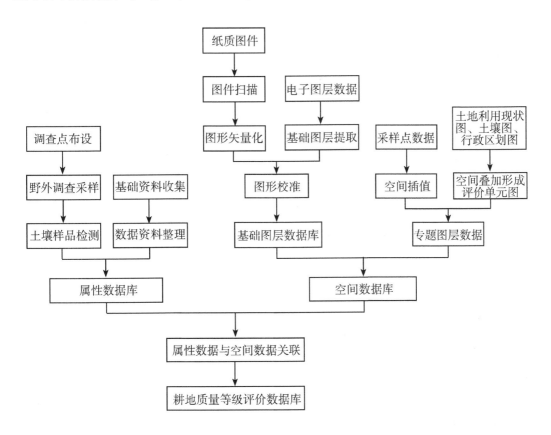

图 3-2　耕地质量等级评价数据库建立工作流程

二、建库的依据及平台

数据库建设主要是依据和参考全国耕地资源管理信息系统数据字典、耕地质量调查与评价技术规程，以及有关全疆汇总技术要求完成的。本次耕地质量评价工作建库工作采用 ArcGIS 平台，对电子版、纸质版资料进行点、线、面文件的规范化处理和拓扑处理，空间数据库成果为点、线、面 Shape 格式的文件，属性数据库成果为 Excel 格式。

最后将数据库资料导入区域耕地资源信息管理系统中运行，或在 ArcGIS 平台上运行。

三、建库的引用标准

1. 中华人民共和国行政区划代码　　　GB/T 2260—2007
2. 耕地质量等级　　　　　　　　　　GB/T 33469—2016
3. 基础地理信息要素分类与代码　　　GB/T 13923—2006
4. 中国土壤分类与代码　　　　　　　GB/T 17296—2009
5. 国家基本比例尺地形图分幅与编号　GB/T 13989—2012
6. 县域耕地资源管理信息系统数据字典
7. 全球定位系统（GPS）测量规范　　GB/T 18314—2009
8. 地球空间数据交换格式　　　　　　GB/T 17798—1999
9. 土地利用数据库标准　　　　　　　TD/T 1016—2017
10. 第三次全国国土调查土地分类

四、建库资料的核查

为了构建一个有质量、可持续应用的空间数据库，数据入库前应进行质量检查，确保数据的正确性和完整性。主要包括以下数据检查处理。

（一）数据的分层检查

根据《土地利用数据库标准》对所有空间数据进行分层检查，按照标准中规定的三大要素层进行分层，并保证层与层之间没有要素重叠。

（二）数学基础检查

按照《土地利用数据库标准》检查各图层数据的坐标系和投影是否符合建库标准，各层数学基础是否保持一致。

（三）图形数据检查

检查内容包括：点、线、面拓扑关系检查。对于点图层，检查点位是否重合，坐标位置是否准确，权属是否清晰；对于线图层，检查是否有自相交、多线相交，是否有公共边重复、悬挂点或伪节点；对于多边形，检查是否闭合、标识码等属性是否唯一、图形中是否需要合并碎小图斑等。

（四）属性数据检查

属性数据是数据库的重要部分，它是数据库和地图的重要标志。检查属性文件是否完整，命名是否规范，字段类型、长度、精度是否正确，有错漏的应及时补上，确保各要素层属性结构完全符合数据库建设标准要求。

五、空间数据库建立

（一）空间数据库内容

空间数据库用来存储地图空间数据，主要包括土壤类型图、土地利用现状图、行政区划图、耕地质量调查评价点位图、耕地质量评价等级图、土壤养分系列图等，见表3-6。

表 3-6　和田地区空间数据库主要图件

序号	成果图名称
1	和田地区土地利用现状图
2	和田地区行政区划图
3	和田地区土壤质地图
4	和田地区土壤图
5	和田地区耕地质量调查点位图
6	和田地区耕地质量评价等级图
7	和田地区土壤 pH 分布图
8	和田地区总盐含量分布图
9	和田地区土壤有机质含量分布图
10	和田地区全氮含量分布图
11	和田地区碱解氮含量分布图
12	和田地区有效磷含量分布图
13	和田地区土壤速效钾含量分布图

（二）各地理要素图层的建立

考虑建库及相关图件编制的需要，将空间数据库图层分为以下四类：地理底图、点位图、土地利用现状图、养分图专题图。

地理底图：按照空间数据库建设的分层原则，所有成果图的空间数据库均采用同一地理底图，即地理底图的要素主要有县级行政区划、县行政驻地、水系、交通道路、防风林等要素。

土壤质地图、耕地养分等专题图，则是分别在地理底图的基础上增加了各专题要素。

（三）空间数据库分层

和田地区提供地图分纸质图和电子化图两种，分别采用不同方式处理建立空间数据库。和田地区空间数据库分层数据内容见表 3-7。

表 3-7　耕地质量等级评价空间数据库分层数据

图层类型	序号	图层名	图层属性
本底基础图层	1	湖泊、水库、面状河流（lake）	多边形
	2	堤坝、渠道、线状河流（stream）	线
	3	等高线（contour）	线
	4	交通道路（traffic）	线
	5	行政界线（省、市、县、乡、村）（boundary）	线
	6	县、乡、村所在地（village）	点
	7	注记（annotate）	注记层

（续表）

图层类型	序号	图层名	图层属性
专题图层	8	土地利用现状（landuse）	多边形
	9	土壤类型图（soil）	多边形
	10	土壤养分图（pH、有机质、氮等）（nutrient）	多边形
	11	耕地质量调查评价点位图	点
辅助图层	12	卫星影像数据	Grid

（四）空间数据库比例尺、投影和空间坐标系

投影方式：高斯-克里格投影，6°分带。

坐标系：2000国家大地坐标系。

高程系统：1985国家高程基准。

文件格式：矢量图形文件Shape格式，栅格图形文件GRID格式，图像文件JPG格式。

六、属性数据库建立

（一）属性数据库内容

属性数据库内容是参照县域耕地资源管理信息系统数据字典和有关专业的属性代码标准填写的。在全国耕地资源管理信息系统数据字典中属性数据库的数据项包括字段代码、字段名称、字段短名、英文名称、释义、数据类型、数据来源、量纲、数据长度、小数位、取值范围、备注等内容。在数据字典中及有关专业标准中均有具体填写要求。属性数据库内容全部按照数据字典或有关专业标准要求填写。应用野外调查资料、室内分析资料、二次土壤普查、农业统计资料等相关数据资料进行筛选、审核、检查并录入构建属性数据库。

1. 野外调查资料

包括地形地貌、地形部位、土壤母质、土层厚度、耕层质地、质地构型、灌水能力、排水能力、林网化程度、清洁程度、障碍因素类型及位置和深度等。

2. 室内分析资料

包括pH、总盐、全氮、有机质、碱解氮、有效磷、速效钾、有效锌、有效锰、有效铁、有效铜、有效硼、有效钼、有效硅、交换性钙、交换性镁，重金属镉、铬、砷、汞、铅等。

3. 二次土壤普查资料

土壤名称编码表、土种属性数据表等。

4. 农业统计资料

县、乡、村编码表，行政界限属性数据等。

（二）属性数据库导入

属性数据库导入主要采用外挂数据库的方法进行。通过空间数据与属性数据的相同

关键字段进行属性连接。在具体工作中，先在编辑或矢量化空间数据时，建立面要素层和点要素层的统一赋值 ID 号。在 Excel 表中第一列为 ID 号，其他列按照属性数据项格式内容填写，最后利用命令统一赋属性值。

（三）属性数据库格式

属性数据库前期存放在 Excel 表格中，后期通过外挂数据库的方法，在 ArcGIS 平台上与空间数据库进行连接。

第四节　耕地质量评价方法

依据《耕地质量调查监测与评价办法》和《耕地质量等级》，开展和田地区耕地质量等级评价。

一、评价的原理

耕地地力是由耕地土壤的地形地貌条件、成土母质特征、农田基础设施及培肥水平、土壤理化性状等综合因素构成的耕地生产能力。耕地质量等级评价是从农业生产角度出发，通过综合指数法对耕地地力、土壤健康状况和田间基础设施构成的满足农产品持续产出和质量安全的能力进行评价，划分出等级。通过耕地质量等级评价可以掌握区域耕地质量状况及分布，摸清影响区域耕地生产的主要障碍因素，提出有针对性的对策、措施与建议，对进一步加强耕地质量建设与管理、保障国家粮食安全和农产品有效供给具有十分重要的意义。

二、评价的原则与依据

（一）评价的原则

1. 综合因素研究与主导因素分析相结合原则

耕地是一个自然经济综合体，耕地地力也是各类要素的综合体现，因此对耕地质量等级的评价应涉及耕地自然、气候、管理等诸多要素。所谓综合因素研究是指对耕地土壤立地条件、气候因素、土壤理化性状、土壤管理、障碍因素等相关社会经济因素进行综合全面的研究、分析与评价，以全面了解耕地质量状况。主导因素是指对耕地质量等级起决定作用的、相对稳定的因子，在评价中应着重对其进行研究分析。只有把综合因素与主导因素结合起来，才能对耕地质量等级做出更加科学的评价。

2. 共性评价与专题研究相结合原则

评价区域耕地利用存在水浇地、林地等多种类型，土壤理化性状、环境条件、管理水平不一，因此，其耕地质量等级水平有较大的差异。一方面，考虑区域内耕地质量等级的系统性、可比性，应在不同的耕地利用方式下，选用统一的评价指标和标准，即耕地质量等级的评价不针对某一特定的利用方式。另一方面，为了解不同利用类型耕地质量等级状况及其内部的差异，将来可根据需要，对有代表性的主要类型耕地进行专题性深入研究。通过共性评价与专题研究相结合，可使评价和研究成果具有更大的应用价值。

3. 定量评价和定性评价相结合的原则

耕地系统是一个复杂的灰色系统，定量和定性要素共存，相互作用，相互影响。为了保证评价结果的客观合理，宜采用定量和定性评价相结合的方法。首先，应尽量采用定量评价方法，对可定量化的评价指标如有机质等养分含量、有效土层厚度等按其数值参与计算。其次，对非数量化的定性指标如耕层质地、地形部位等则通过数学方法进行量化处理，确定其相应的指数，以尽量避免主观人为因素的影响。最后，在评价因素筛选、权重确定、隶属函数建立、质量等级划分等评价过程中，尽量采用定量化数学模型，在此基础上充分运用人工智能与专家知识，做到定量与定性相结合，从而保证评价结果准确合理。

4. 采用遥感和 GIS 技术的自动化评价方法原则

自动化、定量化的评价技术方法是当前耕地质量等级评价的重要方向之一。近年来，随着计算机技术，特别是 GIS 技术在耕地评价中的不断发展和应用，基于 GIS 技术进行自动定量化评价的方法已不断成熟，使评价精度和效率都大大提高。本次评价工作采用现势性的卫星遥感数据提取和更新耕地资源现状信息，通过数据库建立、评价模型与 GIS 空间叠加等分析模型的结合，实现了评价流程的全程数字化、自动化，在一定程度上代表了当前耕地评价的最新技术方向。

5. 可行性与实用性原则

从可行性角度出发，评价区域耕地质量评价的部分基础数据为区域内各项目县的耕地地力评价成果。应在核查区域内项目县耕地地力各类基础信息的基础上，最大程度利用项目县原有数据与图件信息，以提高评价工作效率。同时，为使区域评价成果与全疆评价成果有效衔接和对比，和田地区耕地质量汇总评价方法应与全疆耕地质量评价方法保持相对一致。从实用性角度出发，为确保评价结果科学准确，评价指标的选取应从大区域尺度出发，切实针对区域实际特点，体现评价实用目标，使评价成果在耕地资源的利用管理和粮食作物生产中发挥切实指导作用。

（二）评价的依据

耕地质量反映耕地本身的生产能力，因此耕地质量的评价应依据与此相关的各类自然和社会经济要素，具体包括三个方面。

1. 自然环境要素

指耕地所处的自然环境条件，主要包括耕地所处的地形地貌条件、水文地质条件、成土母质条件以及土地利用状况等。耕地所处的自然环境条件对耕地质量具有重要的影响。

2. 土壤理化性状要素

主要包括土壤剖面与质地构型、障碍层次、耕层厚度、质地、容重等物理性状，有机质、氮、磷、钾等主要养分、中微量元素、土壤 pH、盐分含量、交换量等化学性状等。不同的耕地土壤理化性状，其耕地质量也存在较大的差异。

3. 农田基础设施与管理水平

包括耕地的灌排条件、水土保持工程建设、培肥管理条件、施肥水平等。良好的农田基础设施与较高的管理水平对耕地质量的提升具有重要的作用。

三、评价的流程

整个评价工作可分为三个方面，按先后次序分别如下。

1. 资料工具准备及评价数据库建立

根据评价的目的、任务、范围、方法，收集准备与评价有关的各类自然及社会经济资料，进行资料的分析处理。选择适宜的计算机硬件和 GIS 等分析软件，建立耕地质量等级评价基础数据库。

2. 耕地质量等级评价

划分评价单元，提取影响地力的关键因素并确定权重，选择相应评价方法，制定评价标准，确定耕地质量等级。

3. 评价结果分析

依据评价结果，统计各等级耕地面积，编制耕地质量等级分布图。分析耕地存在的主要障碍因素，提出耕地资源可持续利用的对策、措施与建议。

评价具体工作流程见图 3-3。

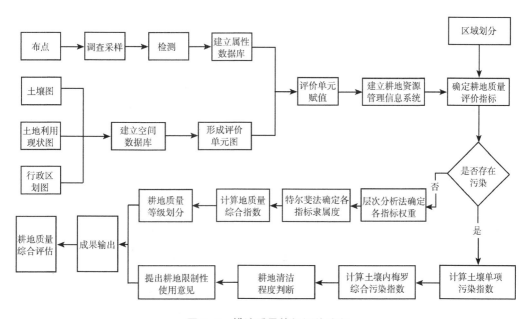

图 3-3　耕地质量等级评价流程

四、评价单元的确定

（一）评价单元的划分

评价单元是由对耕地质量具有关键影响的各要素组成的空间实体，是耕地质量评价的最基本单位、对象和基础图斑。同一评价单元内的耕地自然基本条件、个体属性和经济属性基本一致。不同评价单元之间，既有差异性，又有可比性。耕地质量评价就是要通过对每个评价单元的评价，确定其质量等级，把评价结果落实到实地和编绘的耕地质量等级分布图上。因此，评价单元划分的合理与否，直接关系到评价结果的正确性与否及工作量的大小。进行评价单元划分时应遵循以下原则。

1. 因素差异性原则

影响耕地质量的因素很多，但各因素的影响程度不尽相同。在某一区域内，有些因素对耕地质量起决定性影响，区域内变异较大；而另一些因素的影响较小，且指标值变化不大。因此，应结合实际情况，选择在区域内分异明显的主导因素作为划分评价单元的基础，如土壤条件、地貌特征、土地利用类型等。

2. 相似性原则

评价单元内部的自然因素、社会因素和经济因素应相对均一，单元内同一因素的分值差异应满足相似性统计检验。

3. 边界完整性原则

耕地质量评价单元要保证边界闭合，形成封闭的图斑，同时对面积过小的零碎图斑应进行适当归并。

目前，对耕地评价单元的划分尚无统一的方法，常见有以下几种类型。一是基于单一专题要素类型的划分。如以土壤类型、土地利用类型、地貌类型划分等。该方法相对简便有效，但在多因素均呈较大变异的情况下，其单元的代表性有一定偏差。二是基于行政区划单元的划分。以行政区划单元作为评价单元，便于对评价结果的行政区分析与管理，但对耕地自然属性的差异性反映不足。三是基于地理区位的差异，以公里网、栅格划分。该方法操作简单，但网格或栅格的大小直接影响评价的精度及工作量。四是基于耕地质量关键影响因素的组合叠置方法进行划分。该方法可较好地反映耕地自然与社会经济属性的差异，有较好的代表性，但操作相对较为复杂。

依据上述划分原则，考虑评价区域的地域面积、耕地利用管理及土壤属性的差异性，本次耕地质量评价中评价单元的划分采用土壤图、土地利用现状图和行政区划图的组合叠置划分法，相同土壤单元、土地利用现状类型及行政区的地块组成一个评价单元，即"土地利用现状类型-土壤类型-行政区划"的格式。其中，土壤类型划分到土属，土地利用现状类型划分到二级利用类型，行政区划分到县级。为了保证土地利用现状的现势性，基于野外实地调查，对耕地利用现状进行了修正。同一评价单元内的土壤类型相同，利用方式相同，所属行政区相同，交通、水利、经营管理方式等基本一致。用这种方法划分评价单元，可以反映单元之间的空间差异性，既使土地利用类型有了土壤基本性质的均一性，又使土壤类型有了确定的地域边界线，使评价结果更具综合性、客观性，可以较容易地将评价结果落到实地。

通过图件的叠置和检索，本次和田地区耕地质量评价共划分评价单元158 400个，并编制形成了评价单元图。

（二）评价单元赋值

影响耕地质量的因子较多，如何准确地获取各评价单元评价信息是评价中的重要一环。因此，评价过程中舍弃了直接从键盘输入参评因子值的传统方式，而采取将评价单元与各专题图件叠加采集各参评因素的方法。具体的做法为：①按唯一标识原则为评价单元编号；②对各评价因子进行处理，生成评价信息空间数据库和属性数据库，对定性因素进行量化处理，对定量数据插值形成各评价因子专题图；③将各评价因子的专题图分别与评价单元图进行叠加；④以评价单元为依据，对叠加后形成的图形属性库进行"属性提取"操作，以评价单元为基本统计单位，按面积加权平均汇总各评价单元对应的所有评价因子的分值。

本次评价构建了由有效土层厚度、质地、质地构型、有机质、有效磷、速效钾、地形部位、土壤容重、生物多样性、农田林网化、清洁程度、障碍因素、灌溉能力、排水能力、盐渍化程度、地下水埋深16个参评因素组成的评价指标体系，将各因素赋值给评价单元的具体做法如下。

（1）质地、质地构型和地形部位、地下水埋深值4个因子均有各自的专题图，直接将专题图与评价单元图进行叠加获取相关数据。

（2）农田林网化、障碍因素、生物多样性和盐渍化程度4个定性因子，采用"以点代面"方法，将点位中的属性联入评价单元图。

（3）有机质、有效磷、速效钾、土壤容重和有效土层厚度5个定量因子，采用反距离加权空间插值法（IDW）等不同空间插值方法将点位数据转为栅格数据，再叠加到评价单元图上，运用区域统计功能获取相关属性。

（4）灌溉能力、排水能力、清洁程度3个定性因子，采用收集的和田地区灌排水统计表、重金属测试数据分析污染情况及地膜残留统计表来确定，将表中的属性联入评价单元图。

经过以上步骤，得到以评价单元为基本单位的评价信息库。单元图形与相应的评价属性信息相连，为后续的耕地质量评价奠定了基础。

五、评价指标权重的确定

在耕地质量评价中，需要根据各参评因素对耕地质量的贡献确定权重。权重确定的方法很多，有定性方法和定量方法。综合目前常用方法的优缺点，层次分析法（AHP）同时融合了专家定性判读和定量方法特点，是在定性方法基础上发展起来的定量确定参评因素权重的一种系统分析方法。这种方法可将人们的经验思维数量化，用以检验决策者判断的一致性，有利于实现定量化评价，是一种较为科学的权重确定方法。本次评价采用了特尔斐（Delphi）法与层次分析法（AHP）相结合的方法确定各参评因素的权重。首先采用Delphi法，由专家对评价指标及其重要性进行赋值。在此基础上，以层次分析法计算各指标权重。层次分析法的主要流程如下。

（一）建立层次结构

首先，以耕地质量作为目标层。其次，按照指标间的相关性、对耕地质量的影响程度及方式，将16个指标划分为六组作为准则层：第一组立地条件，包括地形部位、农田林网化；第二组剖面性状，包括有效土层厚度、质地构型、地下水埋深、障碍因素；第三组理化性状，包括质地、盐渍化程度、土壤容重；第四组土壤养分，包括有机质、有效磷和速效钾；第五组土壤健康状况，包括生物多样性、清洁程度；第六组土壤管理，包括灌溉能力、排水能力。最后，以准则层中的指标项目作为指标层，从而形成层次结构关系模型。

（二）构造判断矩阵

根据专家经验，确定 C 层（准则层）对 G 层（目标层），及 A 层（指标层）对 C 层（准则层）的相对重要程度，共构成 A、C1、C2、C3、C4、C5、C6 共 6 个判断矩阵。例如，质地、盐渍化程度、土壤容重对第三组准则层的判断矩阵表示为：

$$C3 = \begin{pmatrix} a_{11} & a_{12} & a_{13} \\ a_{21} & a_{22} & a_{23} \\ a_{31} & a_{32} & a_{33} \end{pmatrix} = \begin{pmatrix} 1.000\,0 & 0.816\,9 & 2.900\,0 \\ 1.224\,1 & 1.000\,0 & 3.550\,0 \\ 0.344\,8 & 0.281\,7 & 1.000\,0 \end{pmatrix}$$

其中，a_{ij}（i 为矩阵的行号，j 为矩阵的列号）表示对 C3 而言，a_i 对 a_j 的相对重要性的数值。

（三）层次单排序及一致性检验

即求取 A 层对 C 层的权数值，可归结为计算判断矩阵的最大特征根对应的特征向量。利用 SPSS 等统计软件，得到各权数值及一致性检验的结果，见表 3-8。

表 3-8　权数值及一致性检验结果

矩阵	CI	CR
矩阵 A	0	<0.1
矩阵 C1	0	<0.1
矩阵 C2	0	<0.1
矩阵 C3	$-2.0553E^{-7}$	<0.1
矩阵 C4	$2.0553E^{-7}$	<0.1
矩阵 C5	0	<0.1
矩阵 C6	0	<0.1

从表 3-8 可以看出，CR<0.1，具有很好的一致性。

（四）各因子权重确定

根据层次分析法的计算结果，同时结合专家经验进行适当调整，最终确定了和田地区耕地质量评价各参评因子的权重（表 3-9）。

表 3-9　和田地区耕地质量评价因子权重

指标	权重
有机质	0.063 5
质地	0.064 6
有效土层厚度	0.053 5
土壤容重	0.035 4
有效磷	0.063 5

（续表）

指标	权重
质地构型	0.046 8
地下水埋深	0.033 4
地形部位	0.118 4
速效钾	0.049 0
盐渍化程度	0.078 8
障碍因素	0.036 8
生物多样性	0.031 0
排水能力	0.076 4
灌溉能力	0.147 1
农田林网化	0.063 2
清洁程度	0.038 8

六、评价指标的处理

获取的评价资料可以分为定量和定性指标两大类。为了采用定量化的评价方法和自动化的评价手段，减少人为因素的影响，需要对其中的定性因素进行定量化处理，根据各因素对耕地质量影响的级别状况赋予其相应的分值或数值。此外，对于各类养分等按调查点位获取的数据，对其进行插值处理，生成各类养分专题图。

（一）定性指标的量化处理

1. 质地

考虑不同质地类型的土壤肥力特征及其与种植农作物生长发育的关系，同时结合专家意见，赋予不同质地类别相应的分值，见表3-10。

表3-10　土壤质地的量化处理

质地类别	中壤	轻壤	重壤	砂壤	黏土	砂土
分值	100	90	80	70	50	40

2. 质地构型

考虑耕地的不同质地类型，根据土壤的紧实程度，赋予不同质地构型类别相应的分值，见表3-11。

表3-11　质地构型的量化处理

质地构型	薄层型	海绵型	夹层型	紧实型	上紧下松	上松下紧	松散型
分值	40	90	60	70	50	100	40

3. 地形部位

评价区域地貌类型众多，空间变异较为复杂。通过对所有地貌类型进行逐一分析和比较，根据不同地貌类型的耕地质量状况，以及不同地貌类型对农作物生长的影响，赋予各类型相应的分值，见表3-12。

表3-12　地形部位的量化处理

地形部位	平原低阶	平原中阶	宽谷盆地	山间盆地	平原高阶	丘陵下部	河滩地/扇缘（洼地）
分值	100	90	85	80	75	85	50
地形部位	丘陵中部	丘陵上部	山地坡下	山地坡中	山地坡上	沙漠边缘	扇间洼地
分值	70	50	75	60	40	30	60

4. 盐渍化程度

和田地区内，仍有部分耕地存在不同程度的盐渍化。根据土壤盐渍化对耕地质量和农作物生产的影响，将盐渍化程度划分为不同的等级，并对各等级进行赋值量化处理，见表3-13。

表3-13　土壤盐渍化程度的量化处理

盐渍化程度	无	轻度	中度	重度	盐土
分值	100	90	75	40	30

5. 灌溉能力

考虑和田地区灌溉能力的总体状况，根据灌溉能力对耕地质量的影响，按照灌溉能力对农作物生产的满足程度划分为不同的等级，并赋予其相应的分值进行量化处理，见表3-14。

表3-14　灌溉能力的量化处理

灌溉能力	充分满足	满足	基本满足	不满足
分值	100	80	60	40

6. 排水能力

考虑和田地区排水能力的总体状况，根据排水能力对耕地质量的影响，按照排水能力对农作物生产的满足程度划分为不同的等级，并赋予其相应的分值进行量化处理，见表3-15。

表3-15　排水能力的量化处理

排水能力	充分满足	满足	基本满足	不满足
分值	100	80	60	40

7. 障碍因素

根据中华人民共和国农业行业标准《全国中低产田类型划分与改良技术规范》（NY/T 310—1996），同时结合专家意见，赋予不同障碍因素类别相应的分值，见表3-16。

表3-16 障碍因素的量化处理

障碍因素	瘠薄	沙化	无	盐碱	障碍层次	干旱灌溉型
分值	70	50	100	60	65	65

8. 生物多样性

考虑和田地区生物多样性的总体状况，根据生物多样性对耕地质量的影响，按照生物多样性对农作物生产的满足程度划分为不同的等级，并赋予其相应的分值进行量化处理，见表3-17。

表3-17 生物多样性的量化处理

生物多样性	丰富	一般	不丰富
分值	100	85	60

9. 农田林网化

考虑和田地区农田林带的总体状况，根据农田林带对耕地质量的影响，按照农田林网对农作物生产的满足程度划分为不同的等级，并赋予其相应的分值进行量化处理，见表3-18。

表3-18 生物多样性的量化处理

农田林网化	高	中	低
分值	100	85	70

10. 清洁程度

考虑和田地区农田地膜的清洁程度，根据农田地膜对耕地质量的影响，按照农田地膜残留量的程度划分为不同的等级，并赋予其相应的分值进行量化处理，见表3-19。

表3-19 清洁程度的量化处理

清洁程度	清洁	尚清洁
分值	100	85

（二）定量指标的赋值处理

有机质、有效磷、速效钾、土壤容重、有效土层厚度、地下水埋深均为定量指标，均用数值大小表示其指标状态。与定性指标的量化处理方法一样，应用 Delphi 法划分各参评因素的实测值，根据各参评因素实测值对耕地质量及作物生长的影响进行评估，确定其相应的分值，为建立各因素隶属函数奠定基础（表3-20）。

表3-20　定量指标的赋值处理

评价因素	专家评估											
有机质（g/kg）	50	40	35	30	25	20	15	12	10	6	4	2
分值	100	98	95	90	85	75	65	60	50	40	25	10
有效磷（mg/kg）	50	40	35	30	25	20	15	10	5			
分值	100	98	95	90	80	75	60	35	20			
速效钾（mg/kg）	400	300	250	200	180	150	120	100	80	50	20	
分值	100	95	90	85	80	75	70	60	40	20	10	
土壤容重（g/cm³）	2.0	1.8	1.6	1.5	1.4	1.35	1.3	1.25	1.2	1.15	1.1	1.0	0.8
分值	20	40	70	80	90	95	100	95	90	85	80	60	40

（三）评价指标隶属函数的确定

隶属函数的确定是评价过程的关键环节。评价过程需要在确定各评价因素的隶属度基础上，计算各评价单元分值，从而确定耕地质量等级。在定性和定量指标进行量化处理后，应用Delphi法，评估各参评因素等级或实测值对耕地质量及作物生长的影响，确定其相应分值对应的隶属。应用相关的统计分析软件，绘制这两组数值的散点图，并根据散点图进行曲线模拟，寻求参评因素等级或实际值与隶属度的关系方程，从而构建各参评因素隶属函数。各参评因素的分级、对应的专家赋值和隶属度汇总情况见表3-21。参评质量因素类型及其隶属函数见表3-22。

表3-21　参评因素的分级、分值及其隶属度

评价因素	专家评估											
有机质（g/kg）	50	40	35	30	25	20	15	12	10	6	4	2
分值	100	98	95	90	85	75	65	60	50	40	25	10
隶属度	1.00	0.98	0.95	0.90	0.85	0.75	0.65	0.60	0.50	0.40	0.25	0.10
有效磷（mg/kg）	50	40	35	30	25	20	15	10	5			
分值	100	98	95	90	80	75	60	35	20			
隶属度	1.00	0.98	0.95	0.90	0.80	0.75	0.60	0.35	0.20			

（续表）

评价因素	专家评估												
速效钾（mg/kg）	400	300	250	200	180	150	120	100	80	50	20		
分值	100	95	90	85	80	75	70	60	40	20	10		
隶属度	1.00	0.95	0.90	0.85	0.80	0.75	0.70	0.60	0.40	0.20	0.10		
土壤容重（g/cm³）	2	1.8	1.6	1.5	1.4	1.35	1.3	1.25	1.2	1.15	1.1	1	0.8
分值	20	40	70	80	90	95	100	95	90	85	80	60	40
隶属度	0.20	0.40	0.70	0.80	0.90	0.95	1.00	0.95	0.90	0.85	0.80	0.60	0.40
有效土层厚度（cm）	>150	120	100	80	70	60	50	40	30	20	10		
分值	100	97	95	85	75	65	60	50	30	20	10		
隶属度	1.00	0.97	0.95	0.85	0.75	0.65	0.60	0.50	0.30	0.20	0.10		
地下水埋深（m）	80	50	30	20	10	5	3	2	1	0.5	0.1		
分值	100	98	96	92	85	75	65	50	40	30	10		
隶属度	1.00	0.98	0.96	0.92	0.85	0.75	0.65	0.50	0.40	0.30	0.10		
质地	中壤	轻壤	重壤	砂壤	黏土	砂土							
分值	100	90	80	70	50	40							
隶属度	1.00	0.90	0.80	0.70	0.50	0.40							
灌溉能力	充分满足	满足	基本满足	不满足									
分值	100	80	60	40									
隶属度	1.00	0.80	0.60	0.40									
排水能力	充分满足	满足	基本满足	不满足									
分值	100	80	60	40									
隶属度	1.00	0.80	0.60	0.40									
盐渍化程度	无	轻度	中度	重度	盐土								
分值	100	90	75	40	30								
隶属度	1.00	0.90	0.75	0.40	0.30								
质地构型	上松下紧	海绵型	紧实型	夹层型	上紧下松	松散型	薄层型						
分值	100	90	70	60	50	40	40						

（续表）

评价因素	专家评估												
隶属度	1.00	0.90	0.70	0.60	0.50	0.40	0.40						

地形部位	平原低阶	平原中阶	宽谷盆地	丘陵下部	山间盆地	平原高阶	山地坡下	丘陵中部	山地坡中	丘陵上部	山地坡上	沙漠边缘	河滩
分值	100	90	85	85	80	75	75	70	60	50	40	30	
隶属度	1.00	0.90	0.85	0.85	0.80	0.75	0.75	0.70	0.60	0.50	0.40	0.30	

地形部位	扇缘	扇缘洼地	扇间洼地
分值	50	50	60
隶属度	0.50	0.50	0.60

障碍因素	无	瘠薄	障碍层次	干旱灌溉型	盐碱	沙化
分值	100	70	65	65	60	50
隶属度	1.00	0.70	0.65	0.65	0.60	0.50

农田林网化	高	中	低
分值	100	85	70
隶属度	1.00	0.85	0.70

生物多样性	丰富	一般	不丰富
分值	100	85	60
隶属度	1.00	0.85	0.60

清洁程度	清洁	尚清洁
分值	100	85
隶属度	1.00	0.85

表 3-22　参评定量因素类型及其隶属函数

函数类型	参评因素	隶属函数	A	C	U1	U2
戒上型	有机质（g/kg）	$Y=1/[1+A\times(x-C)\char`^2]$	0.001 245	39.976 682	2	39
戒上型	速效钾（mg/kg）	$Y=1/[1+A\times(x-C)\char`^2]$	0.000 021	315.812 89	20	315
戒上型	有效磷（mg/kg）	$Y=1/[1+A\times(x-C)\char`^2]$	0.001 2932	41.023 703	2	40
戒上型	地下水埋深（m）	$Y=1/[1+A\times(x-C)\char`^2]$	0.000 293	56.275 087	0.1	50
戒上型	有效土层厚度（cm）	$Y=1/[1+A\times(x-C)\char`^2]$	0.000 089	149.661 69	10	145
峰型	土壤容重	$Y=1/[1+A\times(x-C)\char`^2]$	6.390 02	1.310 488	0.5	2

七、耕地质量等级的确定

（一）计算耕地质量综合指数

用累加法确定耕地质量的综合指数，具体公式为：

$$IFI = \sum (F_i \times C_i)$$

式中：IFI（Integrated Fertility Index）代表耕地质量综合指数；F_i 为第 i 个因素的评语（隶属度）；C_i 为第 i 个因素的组合权重。

（二）确定最佳的耕地质量等级数目

在获取各评价单元耕地质量综合指数的基础上，选择累计频率曲线法进行耕地质量等级数目的确定。首先根据所有评价单元的综合指数，形成耕地质量综合指数分布曲线图，然后根据曲线斜率的突变点（拐点）来确定最高和最低等级的综合指数，中间二至九等地采用等距法划分。最终，将和田地区耕地质量划分为十个等级。各等级耕地质量综合指数见表3-23，耕地质量综合指数分布曲线见图3-4。

表3-23　和田地区耕地质量等级综合指数

IFI	>0.860 0	0.836 8~0.860 0	0.813 6~0.836 8	0.790 4~0.813 6	0.767 2~0.790 4
耕地质量等级	一等	二等	三等	四等	五等
IFI	0.744 0~0.767 2	0.720 8~0.744 0	0.697 6~0.720 8	0.674 4~0.697 6	<0.674 4
耕地质量等级	六等	七等	八等	九等	十等

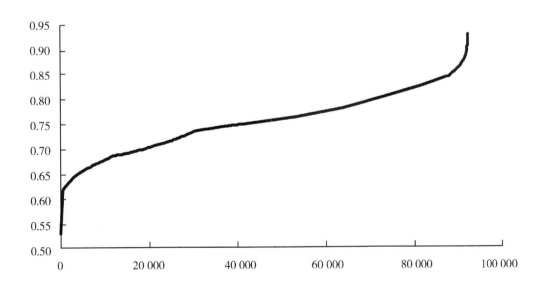

图3-4　和田地区耕地质量综合指数分布曲线

八、耕地质量等级图的编制

为了提高制图的效率和准确性，采用地理信息系统软件 ArcGIS 进行和田地区耕地质量等级图及相关专题图件的编绘处理。其步骤为：扫描并矢量化各类基础图件→编辑点、线→点、线校正处理→统一坐标系→区编辑并对其赋属性→根据属性赋颜色→根据属性加注记→图幅整饰→图件输出。在此基础上，利用软件空间分析功能，将评价单元图与其他图件进行叠加，从而生成其他专题图件。

(一) 专题图地理要素底图的编制

专题图的地理要素内容是专题图的重要组成部分，用于反映专题内容的地理分布，也是图幅叠加处理等的重要依据。地理要素的选择应与专题内容相协调，考虑图面的负载量和清晰度，应选择评价区域内基本的、主要的地理要素。

以和田地区最新的土地利用现状图为基础，进行制图综合处理，选取的主要地理要素包括居民点、交通道路、水系、境界线等及其相应的注记，进而编辑生成与各专题图件要素相适应的地理要素底图。

(二) 耕地质量等级图的编制

以耕地质量评价单元为基础，根据各单元的耕地质量评价等级结果，对相同等级的相邻评价单元进行归并处理，得到各耕地质量等级图斑。在此基础上，分2个层次进行耕地质量等级的表达：一是颜色表达，即赋予不同耕地质量等级以相应的颜色；二是代号表达，用汉字一、二、三、四、五、六、七、八、九、十表示不同的耕地质量等级，并在评价图相应的耕地质量等级图斑上注明。将评价专题图与以上的地理要素底图复合，整饰获得和田地区耕地质量等级分布图，见图3-5。

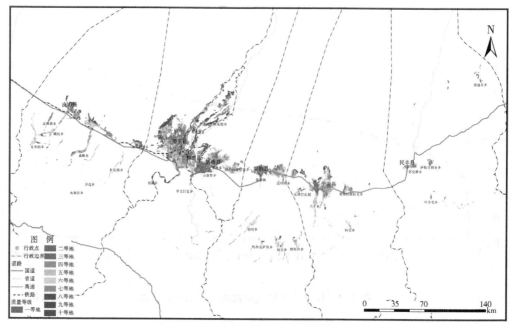

图3-5　和田地区耕地质量等级分布

九、耕地清洁程度评价

(一) 耕地环境质量评价方法

根据土壤的监测结果，通过综合污染指数进行评价，并对区域土壤环境质量进行分级、比较。综合评价指数的计算方法如下。

内梅罗 (N. L. Nemerow) 指数是一种兼顾极值或突出最大值的计权型多因子环境质量指数。其特别考虑了污染最严重的因子，内梅罗指数在加权过程中避免了权系数中主观因素的影响，是目前应用较多的一种环境质量指数。

其基本计算公式：

$$P_N = \sqrt{\frac{(\overline{Pi}^2 + Pi_{max}^2)}{2}}$$

式中：$\overline{Pi}$ 为各单因子环境质量指数的平均值，Pi_{max} 为各单因子环境质量指数中最大值。

(二) 耕地环境质量评价标准

依据《土壤环境质量标准》 (GB 15618—1995)、《土壤环境监测技术规范》 (HJ/T 166—2004)、《全国土壤污染状况评价技术规定》 (环发〔2008〕39号)，以内梅罗指数法计算各监测点位的综合污染指数，并对其土壤环境质量进行分级评价，评价标准见表3-24。

表3-24 土壤环境质量分级标准

等级	综合污染指数 (P_n)	污染等级
I	$P_n \leqslant 0.7$	清洁
II	$0.7 < P_n \leqslant 1.0$	尚清洁
III	$1.0 < P_n \leqslant 2.0$	轻度污染
IV	$2.0 < P_n \leqslant 3.0$	中度污染
V	$P_n > 3.0$	重度污染

十、评价结果的验证方法

为保证评价结果的科学合理，需要对评价形成的耕地质量等级分布等结果进行审核验证，使其符合实际，更好地指导农业生产与管理。具体采用以下方法进行耕地质量评价结果的验证。

(一) 对比验证法

不同的耕地质量等级应与其相应的评价指标值相对应。高等级的耕地质量应体现较为优良的耕地理化性状，而低等级耕地则会对应较劣的耕地理化性状。因此，可汇总分析评价结果中不同耕地质量等级对应的评价指标值，通过比较不同等级的指标差异，分析耕地质量评价结果的合理性。

以灌溉能力为例，一、二、三等地的灌溉能力以"充分满足"和"满足"为主，四、五、六等地以"满足"和"基本满足"为主，七至十等地则以"基本满足"和"不满足"为主（表3-25）。可见，评价结果与灌溉能力指标有较好的对应关系，说明评价结果较为合理。

表3-25　和田地区耕地质量各等级对应的灌溉能力占比情况　　　　（%）

等级	充分满足	满足	基本满足	不满足	合计
1	97.56	2.44	—	—	100.00
2	83.70	16.30	—	—	100.00
3	33.97	58.28	7.75	—	100.00
4	17.92	73.74	8.35	—	100.00
5	11.84	66.05	21.12	0.99	100.00
6	10.28	39.62	41.92	8.17	100.00
7	6.27	35.40	42.31	16.02	100.00
8	0.61	44.53	30.63	24.23	100.00
9	0.68	21.57	51.08	26.67	100.00
10	—	1.22	47.37	51.40	100.00

（二）专家验证法

专家经验的验证也是判定耕地质量评价结果科学性的重要方法。应邀请熟悉区域情况及相关专业的专家，会同参与评价的专业人员，共同对属性数据赋值、等级划分、评价过程及评价结果进行系统的验证。

本次评价先后组织了自治区及和田地区的土壤学、土地资源学、植物营养学、地理信息系统等领域的多位专家以及基层工作技术人员，通过召开多次专题会议，对评价结果进行验证，确保了评价结果符合和田地区耕地实际状况。

（三）实地验证法

以评价得到的耕地质量等级分布图为依据，随机或系统选取各等级耕地的验证样点，逐一到对应的评价地区实际地点进行调查分析，实地获取不同等级耕地的自然及社会经济信息指标数据，通过相应指标的差异，综合分析评价结果的科学合理性。

本次评价的实地验证工作在由和田地区农技推广中心负责组织人员展开。首先，根据各个等级耕地的空间分布状况，选取代表性的典型样点，各县每一等级耕地选取15～20个样点，进行实地调查并查验相关的土壤理化性状指标。在此基础上，实地查看各样点的土地利用状况、地貌类型、管理情况，以及土壤质地、耕层厚度、质地构型、障碍层类型等物理性状，调查近三年的作物产量、施肥、浇水等生产管理情况，查阅土壤有机质、有效磷、速效钾含量等化学性状，通过综合考虑实际土壤环境要素、土壤理化性状及其健康状况、施肥量、经济效益等相关信息，全面分析实地调查和化验分析数据与评价结果各等级耕地属性数据，验证评价结果是否符合实际情况（表3-26）。

表3-26　和田地区不同等级耕地典型地块实地调查信息对照

样点编号	评价等级	地点	地形部位	土类	耕层质地	农田林网化	盐渍化程度	灌溉能力
1	一	洛浦县	平原中阶	灌淤土	砂壤	高	无	充分满足
2	二	和田市	平原中阶	灌淤土	砂壤	高	无	充分满足
3	三	于田县	平原中阶	灌淤土	轻壤	高	无	满足
4	四	民丰县	平原中阶	灌淤土	砂壤	高	无	满足
5	五	墨玉县	平原低阶	灌淤土	砂壤	中	无	满足
6	六	皮山县	平原高阶	棕漠土	砂壤	中	轻度	满足
7	七	洛浦县	平原中阶	棕漠土	砂壤	低	轻度	基本满足
8	八	和田县	沙漠边缘	灌淤土	砂壤	低	无	基本满足
9	九	策勒县	平原高阶	草甸土	砂壤	低	轻度	基本满足
10	十	于田县	沙漠边缘	棕漠土	轻壤	中	无	不满足

第五节　耕地土壤养分等专题图件编制方法

一、图件的编制步骤

对于土壤 pH、总盐、有机质、全氮、碱解氮、有效磷、速效钾、有效铁、有效锰、有效锌、有效铜、有效硼、有效钼、有效硅等养分数据，首先按照野外实际调查点进行整理，建立了以调查点为记录，以各养分为字段的数据库。在此基础上，进行土壤采样样点图与分析数据库的联接，进而对各养分数据进行插值处理，形成插值图件。然后，按照相应的分级标准划分等级，绘制土壤养分含量分布图。

二、图件的插值处理

本次绘制图件是将所有养分采样点数据经 ArcGIS 软件处理，利用其空间分析模块功能对各养分数据进行插值，鉴于样点数量，本次插值采用反距离权重法进行，经编辑后得到养分含量分布图。反距离加权空间插值法又被称为"距离倒数乘方法"，它是一种加权平均内插法，该方法认为任何一个观测值都对邻近的区域有影响，且影响的大小随距离的增大而减小。在实际运算中，以插值点与样本点位间的距离为权重进行加权平均，离插值点越近的样本点赋予的权重越大，即距离样本点位越近，插值数据也就越接近点位实际数值。在 ArcGIS 中先插值生成和田地区养分栅格格式图件，再与评价单元图叠加，转换为矢量格式图件。

三、图件的清绘整饰

对于土壤有机质、pH，土壤大、中、微量元素含量分布等其他专题要素地图，按照各要素的不同分级分别赋予相应的颜色，标注相应的代号，生成专题图层。之后与地理要素底图复合，编辑处理生成相应的专题图件，并进行图幅的整饰处理。

第四章 耕地质量等级分析

第一节 耕地质量等级

一、和田地区耕地质量等级分布

依据《耕地质量等级》，采用累加法计算耕地质量综合指数，通过计算各评价单元耕地质量指数，形成耕地质量综合指数分布曲线，参考新疆耕地质量综合指数分级标准，将和田地区耕地质量等级从高到低依次划分为一至十级，各等级面积分布及占比见表4-1。

和田地区一等地耕地面积共18.61khm²，占和田地区耕地面积的8.22%，一等地在和田地区各县市均有分布。其中，策勒县0.91khm²，占该等级耕地面积的4.91%；和田市2.02khm²，占该等级耕地面积的10.85%；和田县0.41khm²，占该等级耕地面积的2.18%；洛浦县7.83khm²，占该等级耕地面积的42.08%；民丰县0.02khm²，占该等级耕地面积的0.09%；墨玉县3.28khm²，占该等级耕地面积的17.63%；皮山县0.41khm²，占该等级耕地面积的2.22%；于田县3.73khm²，占该等级耕地面积的20.04%。

和田地区二等地耕地面积共21.06khm²，占和田地区耕地面积的9.30%，二等地在和田地区各县市均有分布。其中，策勒县2.98khm²，占该等级耕地面积的14.17%；和田市2.69khm²，占该等级耕地面积的12.76%；和田县2.47khm²，占该等级耕地面积的11.75%；洛浦县3.46khm²，占该等级耕地面积的16.44%；民丰县0.35khm²，占该等级耕地面积的1.68%；墨玉县6.93khm²，占该等级耕地面积的32.88%；皮山县0.83khm²，占该等级耕地面积的3.93%；于田县1.35khm²，占该等级耕地面积的6.39%。

和田地区三等地耕地面积共19.37khm²，占和田地区耕地面积的8.55%，三等地在和田地区各县市均有分布。其中，策勒县2.05khm²，占该等级耕地面积的10.59%；和田市1.33khm²，占该等级耕地面积的6.89%；和田县4.23khm²，占该等级耕地面积的21.83%；洛浦县1.03khm²，占该等级耕地面积的5.31%；民丰县0.88khm²，占该等级耕地面积的4.52%；墨玉县3.37khm²，占该等级耕地面积的17.40%；皮山县2.29khm²，占该等级耕地面积的11.82%；于田县4.19khm²，占该等级耕地面积的21.64%。

表4-1 和田地区耕地质量等级分布

县市	一等地 面积(khm²)	一等地 占比(%)	二等地 面积(khm²)	二等地 占比(%)	三等地 面积(khm²)	三等地 占比(%)	四等地 面积(khm²)	四等地 占比(%)	五等地 面积(khm²)	五等地 占比(%)	六等地 面积(khm²)	六等地 占比(%)	七等地 面积(khm²)	七等地 占比(%)	八等地 面积(khm²)	八等地 占比(%)	九等地 面积(khm²)	九等地 占比(%)	十等地 面积(khm²)	十等地 占比(%)	合计 面积(khm²)	合计 占比(%)
策勒县	0.91	4.91	2.98	14.17	2.05	10.59	2.09	7.85	4.36	11.55	2.27	18.15	3.23	11.71	3.06	13.84	0.90	8.74	2.24	7.31	24.09	10.64
和田市	2.02	10.85	2.69	12.76	1.33	6.89	1.55	5.80	1.53	4.06	0.45	3.60	0.60	2.18	0.67	3.02	0.94	9.19	3.02	9.86	14.80	6.53
和田县	0.41	2.18	2.47	11.75	4.23	21.83	4.21	15.83	3.07	8.14	0.86	6.88	3.33	12.08	4.93	22.28	1.36	13.30	5.47	17.87	30.34	13.40
洛浦县	7.83	42.08	3.46	16.44	1.03	5.31	1.96	7.35	5.13	13.62	2.16	17.28	4.93	17.80	0.87	3.95	0.11	1.09	0.84	2.75	28.32	12.50
民丰县	0.02	0.09	0.35	1.68	0.88	4.52	0.76	2.84	0.99	2.63	0.24	1.90	0.53	1.94	1.62	7.33	0.84	8.15	0.72	2.37	6.95	3.07
墨玉县	3.28	17.63	6.93	32.88	3.37	17.40	5.30	19.86	6.96	18.45	1.44	11.51	6.67	24.17	4.04	18.30	3.34	32.61	8.46	27.66	49.79	21.99
皮山县	0.41	2.22	0.83	3.93	2.29	11.82	3.79	14.22	7.89	20.94	3.75	30.01	5.93	21.46	6.02	27.26	2.31	22.54	3.96	12.93	37.18	16.42
于田县	3.73	20.04	1.35	6.39	4.19	21.64	7.00	26.25	7.77	20.61	1.33	10.67	2.39	8.66	0.89	4.02	0.45	4.38	5.89	19.25	34.99	15.45
总计	18.61	8.22	21.06	9.30	19.37	8.55	26.66	11.77	37.70	16.65	12.50	5.52	27.61	12.19	22.10	9.76	10.25	4.53	30.60	13.51	226.46	100.00

　　和田地区四等地耕地面积共 26.66km²，占和田地区耕地面积的 11.77%，四等地在和田地区各县市均有分布。其中，策勒县 2.09km²，占该等级耕地面积的 7.85%；和田市 1.55km²，占该等级耕地面积的 5.80%；和田县 4.21km²，占该等级耕地面积的 15.83%；洛浦县 1.96km²，占该等级耕地面积的 7.35%；民丰县 0.76km²，占该等级耕地面积的 2.84%；墨玉县 5.30km²，占该等级耕地面积的 19.86%；皮山县 3.79km²，占该等级耕地面积的 14.22%；于田县 7.00km²，占该等级耕地面积的 26.25%。

　　和田地区五等地耕地面积共 37.70km²，占和田地区耕地面积的 16.65%，五等地在和田地区各县市均有分布。其中，策勒县 4.36km²，占该等级耕地面积的 11.55%；和田市 1.53km²，占该等级耕地面积的 4.06%；和田县 3.07km²，占该等级耕地面积的 8.14%；洛浦县 5.13km²，占该等级耕地面积的 13.62%；民丰县 0.99km²，占该等级耕地面积的 2.63%；墨玉县 6.96km²，占该等级耕地面积的 18.45%；皮山县 7.89km²，占该等级耕地面积的 20.94%；于田县 7.77km²，占该等级耕地面积的 20.61%。

　　和田地区六等地耕地面积共 12.50km²，占和田地区耕地面积的 5.52%，六等地在和田地区各县市均有分布。其中，策勒县 2.27km²，占该等级耕地面积的 18.15%；和田市 0.45km²，占该等级耕地面积的 3.60%；和田县 0.86km²，占该等级耕地面积的 6.88%；洛浦县 2.16km²，占该等级耕地面积的 17.28%；民丰县 0.24km²，占该等级耕地面积的 1.90%；墨玉县 1.44km²，占该等级耕地面积的 11.51%；皮山县 3.75km²，占该等级耕地面积的 30.01%；于田县 1.33km²，占该等级耕地面积的 5.52%。

　　和田地区七等地耕地面积共 27.61km²，占和田地区耕地面积的 12.19%，七等地在和田地区各县市均有分布。其中，策勒县 3.23km²，占该等级耕地面积的 11.71%；和田市 0.60km²，占该等级耕地面积的 2.18%；和田县 3.33km²，占该等级耕地面积的 12.08%；洛浦县 4.93km²，占该等级耕地面积的 17.80%；民丰县 0.53km²，占该等级耕地面积的 1.94%；墨玉县 6.67km²，占该等级耕地面积的 24.17%；皮山县 5.93km²，占该等级耕地面积的 21.46%；于田县 2.39km²，占该等级耕地面积的 8.66%。

　　和田地区八等地耕地面积共 22.10km²，占和田地区耕地面积的 9.76%，八等地在和田地区各县市均有分布。其中，策勒县 3.06km²，占该等级耕地面积的 13.84%；和田市 0.67km²，占该等级耕地面积的 3.02%；和田县 4.93km²，占该等级耕地面积的 22.28%；洛浦县 0.87km²，占该等级耕地面积的 3.95%；民丰县 1.62km²，占该等级耕地面积的 7.33%；墨玉县 4.04km²，占该等级耕地面积的 18.30%；皮山县 6.02km²，占该等级耕地面积的 27.26%；于田县 0.89km²，占该等级耕地面积的 4.02%。

　　和田地区九等地耕地面积共 10.25km²，占和田地区耕地面积的 4.53%，九等地在和田地区各县市均有分布。其中，策勒县 0.90km²，占该等级耕地面积的 8.74%；和田市 0.94km²，占该等级耕地面积的 9.19%；和田县 1.36km²，占该等级耕地面积的

13.30%；洛浦县 0.11khm²，占该等级耕地面积的 1.09%；民丰县 0.84khm²，占该等级耕地面积的 8.15%；墨玉县 3.34khm²，占该等级耕地面积的 32.61%；皮山县 2.31khm²，占该等级耕地面积的 22.54%；于田县 0.45khm²，占该等级耕地面积的 4.38%。

和田地区十等地耕地面积共 30.60khm²，占和田地区耕地面积的 13.51%，十等地在和田地区各县市均有分布。其中，策勒县 2.24khm²，占该等级耕地面积的 7.31%；和田市 3.02khm²，占该等级耕地面积的 9.86%；和田县 5.47khm²，占该等级耕地面积的 17.87%；洛浦县 0.84khm²，占该等级耕地面积的 2.75%；民丰县 0.72khm²，占该等级耕地面积的 2.37%；墨玉县 8.46khm²，占该等级耕地面积的 27.66%；皮山县 3.96khm²，占该等级耕地面积的 12.93%；于田县 5.89khm²，占该等级耕地面积的 19.25%。

二、和田地区耕地质量高、中、低等级分布

将耕地质量的十等划分为高等、中等和低等三档，即一等到三等地为高等，四等到六等地为中等，七等到十等地为低等（下同）。和田地区低等地面积比例最大，其次是中等地，高等地面积最小，其中高等地面积为 59.04khm²，占和田地区耕地总面积的 26.07%；中等地面积为 76.86khm²，占和田地区耕地总面积的 33.94%；低等地面积为 90.56khm²，占和田地区耕地总面积的 39.99%。详见表4-2。

表4-2 和田地区耕地质量高中低等级分布

县市	高等		中等		低等		合计	
	面积（khm²）	占比（%）	面积（khm²）	占比（%）	面积（khm²）	占比（%）	面积（khm²）	占比（%）
策勒县	5.94	10.08	8.72	11.34	9.43	10.41	24.09	10.64
和田市	6.04	10.23	3.53	4.59	5.23	5.77	14.80	6.53
和田县	7.11	12.04	8.14	10.6	15.09	16.66	30.35	13.40
洛浦县	12.32	20.87	9.25	12.04	6.75	7.44	28.32	12.50
民丰县	1.25	2.11	1.99	2.58	3.71	4.10	6.95	3.07
墨玉县	13.58	23.00	13.70	17.81	22.51	24.87	49.79	21.99
皮山县	3.53	5.98	15.43	20.09	18.22	20.11	37.18	16.42
于田县	9.27	15.69	16.10	20.95	9.62	10.62	34.99	15.45
总计	59.04	26.07	76.86	33.94	90.56	39.99	226.46	100.00

和田地区高等地分布的县市中，墨玉县所占面积最大，为 13.58khm²，占和田地区高等地耕地面积的 23.00%；民丰县所占面积最小，为 1.25khm²，占和田地区高等地耕地面积的 2.11%。

和田地区中等地分布的县市中，于田县和皮山县所占面积最大，分别为 16.10km² 和 15.43km²，分别占和田地区中等地耕地面积的 20.95% 和 20.09%；民丰县所占面积最小，为 1.99km²，占和田地区中等地耕地面积的 2.58%。

和田地区低等地分布的县市中，墨玉县所占面积最大，为 22.51km²，占和田地区低等地耕地面积的 24.87%；民丰县所占面积最小，为 3.71km²，占和田地区低等地耕地面积的 4.10%。

三、地形部位耕地质量高、中、低等级分布

和田地区低等地面积比例最大，其次是中等地，高等地面积最小。其中，高等地面积为 59.04km²，占和田地区耕地总面积的 26.07%；中等地面积为 76.86km²，占和田地区耕地总面积的 33.94%；低等地面积为 90.56km²，占和田地区耕地总面积的 39.99%。详见表 4-3。

和田地区高等地分布的地形部位中，平原中阶所占面积最大，为 35.16km²，占和田地区高等地耕地面积的 59.55%；平原高阶所占面积最小，为 0.02km²，占和田地区高等地耕地面积的 0.04%；沙漠边缘、山地坡下和山间盆地无高等地分布。

和田地区中等地分布的地形部位中，平原中阶所占面积最大，为 33.63km²，占和田地区中等地耕地面积的 43.76%；沙漠边缘所占面积最小，为 0.50km²，占和田地区中等地耕地面积的 0.65%；山间盆地无中等地分布。

和田地区低等地分布的地形部位中，沙漠边缘所占面积最大，为 32.83km²，占和田地区低等地耕地面积的 36.25%；山间盆地所占面积最小，为 0.39km²，占和田地区低等地耕地面积的 0.43%。

表 4-3　和田地区地形部位耕地质量高中低等级分布

地形部位	高等		中等		低等		合计	
	面积（km²）	占比（%）	面积（km²）	占比（%）	面积（km²）	占比（%）	面积（km²）	占比（%）
平原高阶	0.02	0.04	6.64	8.64	12.18	13.45	18.84	8.32
平原中阶	35.16	59.55	33.63	43.76	11.22	12.38	80.01	35.33
平原低阶	23.68	40.1	31.32	40.75	14.27	15.76	69.27	30.59
沙漠边缘	—	—	0.50	0.65	32.83	36.25	33.33	14.72
山地坡下	—	—	3.46	4.50	19.10	21.09	22.56	9.96
山间盆地	—	—	—	—	0.39	0.43	0.39	0.17
河滩地	0.18	0.31	1.31	1.7	0.57	0.64	2.06	0.91
总计	59.04	26.07	76.86	33.94	90.56	39.99	226.46	100.00

四、各县市耕地质量等级分布

由表 4-1 可知，策勒县评价区五等地和七等地所占面积最大，合计 7.59khm²，从一等至十等地的面积分别为 0.91khm²、2.98khm²、2.05khm²、2.09khm²、4.36khm²、2.27khm²、3.23khm²、3.06khm²、0.90khm² 和 2.24khm²，占比为 3.80%、12.39%、8.51%、8.68%、18.08%、9.42%、13.42%、12.69%、3.72%和 9.29%。

和田市评价区二等地和十等地所占面积最大，合计 5.71khm²，从一等至十等地的面积分别为 2.02khm²、2.69khm²、1.33khm²、1.55khm²、1.53khm²、0.45khm²、0.60khm²、0.67khm²、0.94khm² 和 3.02khm²，占比分别为 13.65%、18.17%、9.01%、10.46%、10.34%、3.04%、4.06%、4.52%、6.37%和 20.38%。

和田县评价区八等地和十等地所占面积最大，合计 10.4khm²，从一等至十等地的面积分别为 0.41khm²、2.47khm²、4.23khm²、4.21khm²、3.07khm²、0.86khm²、3.33khm²、4.93khm²、1.36khm² 和 5.47khm²，占比分别为 1.34%、8.16%、13.93%、13.90%、10.11%、2.83%、10.99%、16.23%、4.49%和 18.02%。

洛浦县评价区一等地和五等地所占面积最大，合计 12.96khm²，从一等至十等地的面积分别为 7.83khm²、3.46khm²、1.03khm²、1.96khm²、5.13khm²、2.16khm²、4.93khm²、0.87khm²、0.11khm² 和 0.84khm²，占比分别为 27.66%、12.23%、3.64%、6.92%、18.13%、7.62%、17.35%、3.08%、0.39%和 2.98%。

民丰县评价区五等地和八等地所占面积最大，合计 2.61khm²，从一等至十等地的面积分别为 0.02khm²、0.35khm²、0.88khm²、0.76khm²、0.99khm²、0.24khm²、0.53khm²、1.62khm²、0.84khm² 和 0.72khm²，占比分别为 0.24%、5.09%、12.60%、10.91%、14.26%、3.42%、7.71%、23.32%、12.02%和 10.43%。

墨玉县评价区五等地和十等地所占面积最大，合计 15.42khm²，从一等至十等地的面积分别为 3.28khm²、6.93khm²、3.37khm²、5.30khm²、6.96khm²、1.44khm²、6.67khm²、4.04khm²、3.34khm² 和 8.46khm²，占比分别为 6.59%、13.91%、6.77%、10.63%、13.97%、2.89%、13.41%、8.12%、6.71%和 17.00%。

皮山县评价区五等地和八等地所占面积最大，合计 13.91khm²，从一等至十等地的面积分别为 0.41khm²、0.83khm²、2.29khm²、3.79khm²、7.89khm²、3.75khm²、5.93khm²、6.02khm²、2.31khm² 和 3.96khm²，占比分别为 1.11%、2.22%、6.16%、10.20%、21.23%、10.09%、15.94%、16.20%、6.21%和 10.64%。

于田县评价区四等地和五等地所占面积最大，合计 14.77khm²，从一等至十等地的面积分别为 3.73khm²、1.35khm²、4.19khm²、7.00khm²、7.77khm²、1.33khm²、2.39khm²、0.89khm²、0.45khm² 和 5.89khm²，占比分别为 10.66%、3.85%、11.98%、20.00%、22.21%、3.81%、6.83%、2.54%、1.28%和 16.84%。

五、耕地质量在耕地主要土壤类型上的分布

和田地区耕地中，土壤类型有草甸土、潮土、风沙土、灌淤土、棕漠土、灰棕漠土等 12 个土类。不同土壤类型上耕地质量等级面积分布见表 4-4。可以看出，和田地区

耕地主要土壤类型依次为灌淤土、棕漠土和草甸土，占耕地面积的77.69%。

一等地中，灌淤土、草甸土和棕漠土所占面积最大，为12.33km²、2.41km²和1.52km²，占比分别为66.23%、12.97%和8.15%。其次为潮土、水稻土和林灌草甸土，所占一等地面积比例分别为7.81%、3.86%和0.56%。还有新积土、盐土和沼泽土等土类少量分布。无风沙土、灰棕漠土和棕钙土分布。

二等地中，灌淤土所占面积最大，为14.44km²，占比68.54%。其次为棕漠土、潮土、草甸土和水稻土，所占二等地面积比例分别为8.92%、8.65%、6.92%和4.84%。还有盐土、林灌草甸土、新积土等土类少量分布。无风沙土、灰棕漠土、沼泽土和棕钙土分布。

三等地中，灌淤土、棕漠土和草甸土所占面积最大，为9.37km²、3.23km²和2.72km²，占比分别为48.39%、16.67%和14.04%。其次为潮土、盐土、林灌草甸土和水稻土，所占三等地面积比例分别为8.12%、7.22%、3.81%和1.57%。还有风沙土、新积土等土类少量分布。无灰棕漠土、沼泽土和棕钙土分布。

四等地中，灌淤土、草甸土和棕漠土所占面积最大，为11.03km²、5.88km²和5.54km²，占比分别为41.37%、22.07%和20.78%。其次为盐土、林灌草甸土和潮土，所占四等地面积比例分别为6.60%、4.54%和2.38%。还有新积土、水稻土、风沙土等土类少量分布。无灰棕漠土、沼泽土和棕钙土分布。

五等地中，灌淤土、棕漠土和草甸土所占面积最大，为17.59km²、8.78km²和6.15km²，占比分别为46.65%、23.29%和16.32%。其次为盐土、风沙土、林灌草甸土、水稻土和沼泽土，所占五等地面积比例分别为4.94%、2.42%、2.33%、1.53%和1.05%。还有棕钙土、新积土、潮土等土类少量分布。无灰棕漠土分布。

六等地中，棕漠土、灌淤土和草甸土所占面积最大，为5.08km²、3.75km²和2.46km²，占比分别为40.68%、30.03%和19.68%。其次为新积土、潮土、水稻土和风沙土，所占六等地面积比例分别为2.21%、2.09%、1.99%和1.97%。还有沼泽土、林灌草甸土、盐土、棕钙土等土类少量分布。无灰棕漠土分布。

七等地中，灌淤土、棕漠土和草甸土所占面积最大，为10.59km²、7.64km²和4.00km²，占比分别为38.36%、27.67%和14.48%。其次为盐土、风沙土、潮土和新积土，所占七等地面积比例分别为7.79%、6.43%、2.79%和1.11%。还有林灌草甸土、水稻土、棕钙土、沼泽土等土类少量分布。无灰棕漠土分布。

八等地中，棕漠土、灌淤土和风沙土所占面积最大，为6.82km²、6.12km²和4.94km²，占比分别为30.87%、27.71%和22.34%。其次为草甸土、盐土和潮土，所占八等地面积比例分别为12.52%、2.19%和2.15%。还有沼泽土、林灌草甸土、水稻土、新积土等土类少量分布。无灰棕漠土和棕钙土分布。

九等地中，灌淤土、风沙土和草甸土所占面积最大，为4.26km²、2.17km²和1.67km²，占比分别为41.60%、21.22%和16.28%。其次为棕漠土、林灌草甸土和潮土，所占九等地面积比例分别为9.96%、7.20%和2.73%。还有盐土、新积土、水稻土、沼泽土、灰棕漠土等土类少量分布。无棕钙土分布。

表 4-4 主要土壤类型上耕地质量等级面积与比例 (khm²)

土类	一等地 面积(khm²)	一等地 占比(%)	二等地 面积(khm²)	二等地 占比(%)	三等地 面积(khm²)	三等地 占比(%)	四等地 面积(khm²)	四等地 占比(%)	五等地 面积(khm²)	五等地 占比(%)	六等地 面积(khm²)	六等地 占比(%)	七等地 面积(khm²)	七等地 占比(%)	八等地 面积(khm²)	八等地 占比(%)	九等地 面积(khm²)	九等地 占比(%)	十等地 面积(khm²)	十等地 占比(%)	合计 面积(khm²)	合计 占比(%)
草甸土	2.41	12.97	1.46	6.92	2.72	14.04	5.88	22.07	6.15	16.32	2.46	19.68	4.00	14.48	2.77	12.52	1.67	16.28	4.13	13.49	33.65	14.86
潮土	1.45	7.81	1.82	8.65	1.57	8.12	0.64	2.38	0.13	0.35	0.26	2.09	0.77	2.79	0.47	2.15	0.28	2.73	0.54	1.75	7.93	3.50
风沙土	—	—	—	—	0.03	0.17	0.17	0.64	0.91	2.42	0.25	1.97	1.77	6.43	4.94	22.34	2.18	21.22	12.39	40.5	22.64	10.00
灌淤土	12.33	66.23	14.44	68.54	9.37	48.39	11.03	41.37	17.59	46.65	3.75	30.03	10.59	38.36	6.12	27.71	4.26	41.60	6.19	20.21	95.67	42.24
灰棕漠土	—	—	—	—	—	—	—	—	—	—	—	—	—	—	—	—	0.002	0.02	—	—	0.00	0.001
林灌草甸土	0.1	0.56	0.13	0.63	0.74	3.81	1.21	4.54	0.88	2.33	0.04	0.29	0.21	0.78	0.17	0.78	0.74	7.20	0.69	2.24	4.91	2.17
水稻土	0.72	3.86	1.02	4.84	0.31	1.57	0.18	0.69	0.58	1.53	0.25	1.99	0.08	0.28	0.09	0.42	0.02	0.23	0.01	0.04	3.26	1.44
新积土	0.06	0.32	0.003	0.02	0.002	0.01	0.25	0.93	0.14	0.37	0.28	2.21	0.31	1.11	0.01	0.05	0.03	0.30	0.62	2.06	1.70	0.75
盐土	0.02	0.09	0.31	1.48	1.4	7.22	1.76	6.6	1.86	4.94	0.03	0.23	2.15	7.79	0.49	2.19	0.04	0.40	—	—	8.06	3.56
沼泽土	0.002	0.01	—	—	—	—	—	—	0.40	1.05	0.08	0.65	0.03	0.10	0.22	0.97	0.01	0.06	0.20	0.67	0.94	0.41
棕钙土	—	—	—	—	—	—	—	—	0.28	0.75	0.02	0.18	0.06	0.21	—	—	—	—	0.72	2.35	1.08	0.48
棕漠土	1.52	8.15	1.88	8.92	3.23	16.67	5.54	20.78	8.78	23.29	5.08	40.68	7.64	27.67	6.82	30.87	1.02	9.96	5.11	16.69	46.62	20.59
总计	18.61	8.22	21.06	9.3	19.37	8.55	26.66	11.77	37.7	16.65	12.5	5.52	27.61	12.19	22.1	9.76	10.25	4.52	30.6	13.51	226.46	100.00

十等地中，风沙土和灌淤土所占面积最大，为12.39khm²和6.19khm²，占比为40.50%和20.21%。其次为棕漠土、草甸土、棕钙土、林灌草甸土、新积土和潮土，所占十等地面积比例分别为16.69%、13.49%、2.35%、2.24%、2.06%和1.75%。还有沼泽土、水稻土等土类少量分布。无灰棕漠土和盐土分布。

各土类耕地质量高中低等级分布见表4-5。草甸土、林灌草甸土、盐土和沼泽土耕地质量以中等地为主，低等地次之，高等地最少。草甸土占高等地力耕地面积的11.16%，占中等地力耕地的18.86%，占低等地力耕地的13.87%；林灌草甸土占高等地力耕地面积的1.65%，占中等地力耕地的2.76%，占低等地力耕地的2.00%；盐土占高等地力耕地面积的2.93%，占中等地力耕地的4.75%，占低等地力耕地的2.96%；沼泽土占中等地力耕地面积的0.62%，占低等地力耕地的0.50%，无高等地力耕地。

表4-5 各土类耕地质量高中低等级分布

土类	高等		中等		低等		合计	
	面积 (khm²)	占比 (%)	面积 (khm²)	占比 (%)	面积 (khm²)	占比 (%)	面积 (khm²)	占比 (%)
草甸土	6.59	11.16	14.49	18.86	12.57	13.87	33.65	14.86
潮土	4.84	8.21	1.03	1.33	2.06	2.28	7.93	3.50
风沙土	0.03	0.06	1.33	1.73	21.28	23.50	22.64	10.00
灌淤土	36.14	61.20	32.37	42.12	27.16	29.99	95.67	42.24
灰棕漠土	—	—	—	—	0.002	0.002	0.002	0.001
林灌草甸土	0.97	1.65	2.13	2.76	1.81	2.00	4.91	2.17
水稻土	2.05	3.46	1.01	1.32	0.20	0.23	3.26	1.44
新积土	0.06	0.11	0.67	0.86	0.97	1.08	1.70	0.75
盐土	1.73	2.93	3.65	4.75	2.68	2.96	8.06	3.56
沼泽土	0.002	—	0.48	0.62	0.46	0.50	0.94	0.41
棕钙土	—	—	0.30	0.40	0.78	0.85	1.08	0.48
棕漠土	6.63	11.22	19.40	25.25	20.59	22.74	46.62	20.59
总计	59.04	26.07	76.86	33.94	90.56	39.99	226.46	100.00

潮土耕地质量以高等为主，低等次之，中等最少。潮土占高等地力耕地面积的8.21%，占中等地力耕地的1.33%，占低等地力耕地的2.28%。

风沙土、新积土、棕钙土和棕漠土耕地质量以低等为主，中等次之，高等最少。风沙土占高等地力耕地面积的0.06%，占中等地力耕地的1.73%，占低等地力耕地的23.50%；新积土占高等地力耕地面积的0.11%，占中等地力耕地的0.86%，占低等地力耕地1.08%；棕钙土占中等地力耕地面积的0.40%，占低等地力耕地的0.85%，无高等地力耕地；棕漠土占高等地力耕地面积的11.22%，占中等地力耕地的25.25%，占低等地力耕地的 22.74%。

灌淤土和水稻土耕地质量以高等地为主，中等地次之，低等地最少。灌淤土占高等地力耕地面积的 61.20%，占中等地力耕地 42.12%，占低等地力耕地的 29.99%；水稻土占高等地力耕地面积的 3.46%，占中等地力耕地的 1.32%，占低等地力耕地的 0.23%。

灰棕漠土耕地质量以低等地力耕地为主，无高等地力耕地和中等地力耕地。

第二节　一等地耕地质量等级特征

一、一等地分布特征

（一）区域分布

和田地区一等地耕地面积 18.61khm²，占和田地区耕地面积的 8.22%。其中，策勒县 0.91khm²，占策勒县耕地的 3.80%；和田市 2.02khm²，占和田市耕地的 13.65%；和田县 0.41khm²，占和田县耕地的 1.34%；洛浦县 7.83khm²，占洛浦县耕地的 27.66%；民丰县 0.02khm²，占民丰县耕地的 0.24%；墨玉县 3.28khm²，占墨玉县耕地的 6.59%；皮山县 0.41khm²，占皮山县耕地的 1.11%；于田县 3.73khm²，占于田县耕地的 10.66%（表4-6）。

表4-6　各县市一等地面积及占辖区耕地面积的比例

县市	面积（khm²）	占比（%）
策勒县	0.91	3.80
和田市	2.02	13.65
和田县	0.41	1.34
洛浦县	7.83	27.66
民丰县	0.02	0.24
墨玉县	3.28	6.59
皮山县	0.41	1.11
于田县	3.73	10.66

一等地在县域的分布上差异较大。一等地面积占全县耕地面积的比例在 20%～30% 的仅有 1 个，为洛浦县。

一等地面积占全县耕地面积的比例在 10%～20% 的有 2 个，分别是和田市和于田县。

一等地面积占全县耕地面积的比例在 10% 以下的有 5 个，分别是策勒县、和田县、民丰县、墨玉县和皮山县。

（二）土壤类型

从土壤类型来看，和田地区一等地分布面积和比例最大的土壤类型分别是灌淤土、草甸土和棕漠土，分别占一等地总面积的 66.23%、12.79% 和 8.15%，其次是潮土和水稻土，其他土类分布面积较少。详见表 4-7。

表 4-7　一等地主要土壤类型耕地面积与比例

土壤类型	面积（khm²）	比例（%）
草甸土	2.41	12.79
潮土	1.45	7.81
风沙土	—	—
灌淤土	12.33	66.23
灰棕漠土	—	—
林灌草甸土	0.10	0.56
水稻土	0.72	3.86
新积土	0.06	0.32
盐土	0.02	0.09
沼泽土	0.002	0.01
棕钙土	—	—
棕漠土	1.52	8.15
总计	18.61	100.00

二、一等地属性特征

（一）地形部位

一等地的地形部位面积与比例见表 4-8。一等地在平原中阶分布最多，面积为 10.31khm²，占一等地总面积的 55.41%，占和田地区耕地平原中阶总面积的 12.89%；一等地在平原低阶分布面积为 8.30khm²，占一等地总面积的 44.59%，占和田地区耕地平原低阶总面积的 11.98%。无平原高阶、沙漠边缘、山地坡下、山间盆地和河滩地地形面积分布。

表 4-8　一等地的地形部位

地形部位	面积（khm²）	比例（%）	占相同地形部位的比例（%）
平原高阶	—	—	—

（续表）

地形部位	面积（khm²）	比例（%）	占相同地形部位的比例（%）
平原中阶	10.31	55.41	12.89
平原低阶	8.30	44.59	11.98
沙漠边缘	—	—	—
山地坡下	—	—	—
山间盆地	—	—	—
河滩地	—	—	—

（二）灌溉能力

一等地中，灌溉能力为充分满足的耕地面积为 18.16khm²，占一等地面积的 97.56%，占和田地区相同灌溉能力耕地总面积的 33.12%；灌溉能力为满足的耕地面积为 0.45khm²，占一等地面积的 2.44%，占和田地区相同灌溉能力耕地总面积的 0.52%。无灌溉能力为基本满足和不满足的耕地面积。

表 4-9 一等地的灌溉能力

灌溉能力	面积（khm²）	比例（%）	占相同灌溉能力的比例（%）
充分满足	18.16	97.56	33.12
满足	0.45	2.44	0.52
基本满足	—	—	—
不满足	—	—	—

（三）质地

耕层质地在和田地区一等地中的面积及占比见表 4-10。一等地中，耕层质地以砂壤为主，面积达 15.13khm²，占比为 81.32%，占和田地区相同质地耕地总面积的 9.43%；其次是轻壤，面积为 3.42khm²，占比为 18.38%，占和田地区相同质地耕地总面积的 30.49%；中壤面积为 0.06khm²，占比为 0.30%，占和田地区相同质地耕地总面积的 7.16%。无砂土和黏土质地的耕地分布。

表 4-10 一等地的耕层质地

质地	面积（khm²）	比例（%）	占相同质地耕地面积（%）
砂土	—	—	—
砂壤	15.13	81.32	9.43
轻壤	3.42	18.38	30.49
中壤	0.06	0.30	7.16

（续表）

质地	面积（khm²）	比例（%）	占相同质地耕地面积（%）
黏土	—	—	—
总计	18.61	100.00	8.22

（四）盐渍化程度

本次评价将盐渍化程度分为无盐渍化、轻度盐渍化、中度盐渍化、重度盐渍化和盐土五类。一等地的盐渍化程度见表4-11。无盐渍化的耕地面积为18.44khm²，占一等地总面积的99.07%，占相同盐渍化程度耕地面积的9.06%；轻度盐渍化的耕地面积为0.15khm²，占一等地总面积的0.81%，占相同盐渍化程度耕地面积的0.81%；中度盐渍化的耕地面积为0.02khm²，占一等地总面积的0.12%，占相同盐渍化程度耕地面积的0.65%；无重度盐渍化和盐土质地耕地面积分布。

表4-11 一等地的盐渍化程度

盐渍化程度	面积（khm²）	比例（%）	占相同盐渍化程度耕地面积（%）
无	18.44	99.07	9.06
轻度	0.15	0.81	0.81
中度	0.02	0.12	0.65
重度	—	—	—
盐土	0.00	—	—
总计	18.61	100.00	8.22

（五）养分状况

对和田地区一等地耕层养分进行统计，见表4-12。一等地的养分含量平均值分别为：有机质16.6g/kg、全氮0.65g/kg、碱解氮66.0mg/kg、有效磷39.3mg/kg、速效钾149mg/kg、缓效钾1 457mg/kg、有效铜0.70mg/kg、有效铁9.6mg/kg、有效锌0.69mg/kg、有效硼3.5mg/kg、有效锰3.1mg/kg、有效硫41.71mg/kg、有效钼0.15mg/kg、有效硅106.31mg/kg、pH为8.31、盐分1.0g/kg。

表4-12 一等地的土壤养分含量

项目	平均值	标准差
有机质（g/kg）	16.6	2.91
全氮（g/kg）	0.65	0.16
碱解氮（mg/kg）	66.0	19.6
有效磷（mg/kg）	39.3	35.8

（续表）

项目	平均值	标准差
速效钾（mg/kg）	149	44
缓效钾（mg/kg）	1457	304
有效铜（mg/kg）	0.7	0.12
有效铁（mg/kg）	9.6	1.7
有效锌（mg/kg）	0.69	0.26
有效硼（mg/kg）	3.5	3.1
有效锰（mg/kg）	3.1	0.6
有效硫（mg/kg）	41.71	9.35
有效钼（mg/kg）	0.15	0.02
有效硅（mg/kg）	106.31	16.89
pH	8.31	0.16
盐分（g/kg）	1.0	0.4

对和田地区一等地中各县市的土壤养分含量平均值比较见表4-13。有机质含量民丰县最高，为18.6g/kg，策勒县最低，为9.55g/kg；全氮含量和田县和洛浦县最高，为0.71g/kg，策勒县最低，为0.40g/kg；碱解氮含量皮山县最高，为88.6mg/kg，策勒县最低，为41.2mg/kg；有效磷含量皮山县最高，为60.9mg/kg，于田县最低，为19.7mg/kg；速效钾含量策勒县最高，为174mg/kg，于田县最低，为103mg/kg；缓效钾含量洛浦县最高，为1704mg/kg，民丰县最低，为901mg/kg；盐分含量民丰县最高，为1.7g/kg，和田市、墨玉县、皮山县和于田县最低，为0.9g/kg。微量元素硼、钼、铜、铁、锰、锌的有效含量各有高低，差异不明显。

表4-13　一等地中各县市土壤养分含量平均值比较

养分项目	策勒县	和田市	和田县	洛浦县	民丰县	墨玉县	皮山县	于田县
有机质（g/kg）	9.55	17.3	17.6	17.6	18.6	15.7	16.3	15.4
全氮（g/kg）	0.40	0.65	0.71	0.71	0.68	0.63	0.62	0.55
碱解氮（mg/kg）	41.2	67.3	72.6	74.5	83.1	68.4	88.6	48.6
有效磷（mg/kg）	24.1	38.5	43.6	44.4	31.8	41.4	60.9	19.7
速效钾（mg/kg）	174	161	164	169	143	151	130	103
缓效钾（mg/kg）	1 266	1 554	1 440	1 704	901	1 205	1 082	1 052
有效铜（mg/kg）	0.66	0.88	0.75	0.74	0.89	0.52	0.61	0.65
有效铁（mg/kg）	7.6	7.7	9.3	9.6	8.8	9.3	9.0	10.5

（续表）

养分项目	策勒县	和田市	和田县	洛浦县	民丰县	墨玉县	皮山县	于田县
有效锌（mg/kg）	0.45	0.75	0.96	0.65	0.4	1.28	0.62	0.56
有效硼（mg/kg）	1.4	1.5	1.9	5.4	2.0	1.4	0.8	1.5
有效锰（mg/kg）	2.4	3.2	3.4	3.3	2.8	4.0	4.1	2.4
有效硫（mg/kg）	46.98	32.26	34.7	41.08	47.69	47.41	45.81	43.42
有效钼（mg/kg）	0.16	0.13	0.14	0.16	0.18	0.16	0.14	0.14
有效硅（mg/kg）	81.96	113.48	105.75	114.5	72.03	107.63	79.2	90.9
pH	8.34	8.43	8.3	8.24	8.12	8.28	8.2	8.43
盐分（g/kg）	1.4	0.9	1.0	1.1	1.7	0.9	0.9	0.9

一等地有机质含量为二级（20.0～25.0g/kg）的面积为2.03khm²，占比10.89%；有机质含量为三级（15.0～20.0g/kg）的面积为11.38khm²，占比61.17%；有机质含量为四级（10.0～15.0g/kg）的面积为4.54khm²，占比24.39%；有机质含量为五级（≤10.0g/kg）的面积为0.66khm²，占比3.55%。表明和田地区一等地有机质含量以中等偏下为主，偏上的面积和比例较少（表4-14）。

一等地全氮含量为二级（1.00～1.50g/kg）的面积为0.33khm²，占比1.79%；全氮含量为三级（0.75～1.00g/kg）的面积为3.63khm²，占比19.53%；全氮含量为四级（0.50～0.75g/kg）的面积为11.63khm²，占比62.48%；全氮含量为五级（≤0.50g/kg）的面积为3.01khm²，占比16.20%。表明和田地区一等地全氮含量以中等偏下为主，偏上的面积和比例较少。

一等地碱解氮含量为二级（120～150mg/kg）的面积为0.11khm²，占比0.61%；碱解氮含量为三级（90～120mg/kg）的面积为1.73khm²，占比9.32%；碱解氮含量为四级（60～90gmg/kg）的面积为9.85khm²，占比52.95%；碱解氮含量为五级（≤60mg/kg）的面积为6.91khm²，占比37.12%。表明和田地区一等地碱解氮含量以偏下为主，偏上和中等的面积和比例较少。

一等地有效磷含量为一级（>30.0g/kg）的面积为13.65khm²，占比73.33%；有效磷含量为二级（20.0～30.0g/kg）的面积为2.28khm²，占比12.23%；有效磷含量为三级（15.0～20.0g/kg）的面积为2.18khm²，占比11.71%；有效磷含量为四级（8.0～15.0g/kg）的面积为0.45khm²，占比2.39%；有效磷含量为五级（≤8.0g/kg）的面积为0.06khm²，占比0.34%。表明和田地区一等地有效磷含量以中等偏上为主，偏下的面积和比例较少。

一等地速效钾含量为一级（>250g/kg）的面积为0.49khm²，占比2.64%；速效钾含量为二级（200～250g/kg）的面积为2.32khm²，占比12.46%；速效钾含量为三级（150～200g/kg）的面积为5.98khm²，占比32.16%；速效钾含量为四级（100～150g/kg）的面积为8.05khm²，占比43.28%；速效钾含量为五级（≤100g/kg）的面积为 1.76khm²，占比 9.46%。表明和田地区一等地速效钾含量以中等偏下为主，偏上的面积和比例较少。

表4-14　一等地土壤养分各级别面积与比例

养分项目	一级		二级		三级		四级		五级	
	面积（khm²）	占比（%）	面积（khm²）	占比（%）	面积（khm²）	占比（%）	面积（khm²）	占比（%）	面积（khm²）	占比（%）
有机质	—	—	2.03	10.89	11.38	61.17	4.54	24.39	0.66	3.55
全氮	—	—	0.33	1.79	3.63	19.53	11.63	62.48	3.01	16.20
碱解氮	—	—	0.11	0.61	1.73	9.32	9.85	52.95	6.91	37.12
有效磷	13.65	73.33	2.28	12.23	2.18	11.71	0.45	2.39	0.06	0.34
速效钾	0.49	2.64	2.32	12.46	5.98	32.16	8.05	43.28	1.76	9.46

第三节　二等地耕地质量等级特征

一、二等地分布特征

（一）区域分布

和田地区二等地耕地面积 21.06khm²，占和田地区耕地面积的 9.30%。其中，策勒县 2.98khm²，占策勒县耕地的 12.39%；和田市 2.69khm²，占和田市耕地的 18.17%；和田县 2.47khm²，占和田县耕地的 8.16%；洛浦县 3.46khm²，占洛浦县耕地的 12.23%；民丰县 0.35khm²，占民丰县耕地的 5.09%；墨玉县 6.93khm²，占墨玉县耕地的 13.91%；皮山县 0.83khm²，占皮山县耕地的 2.22%；于田县 1.35khm²，占于田县耕地的 3.85%（表4-15）。

表4-15　各县市二等地面积及占辖区耕地面积的比例

县市	面积（khm²）	占比（%）
策勒县	2.98	12.39
和田市	2.69	18.17
和田县	2.47	8.16
洛浦县	3.46	12.23
民丰县	0.35	5.09
墨玉县	6.93	13.91
皮山县	0.83	2.22
于田县	1.35	3.85

二等地在县域的分布上差异较小。二等地面积占全县耕地面积的比例在10%~20%的有4个，分别是策勒县、和田市、洛浦县和墨玉县。

二等地面积占全县耕地面积的比例在10%以下的有4个，分别是和田县、民丰县、皮山县和于田县。

（二）土壤类型

从土壤类型来看，和田地区二等地分布面积和比例最大的土壤类型是灌淤土，占二等地总面积的68.54%，其次为草甸土、潮土、水稻土和棕漠土，其他土类分布面积较少。详见表4-16。

表4-16　二等地主要土壤类型耕地面积与比例

土壤类型	面积（khm²）	比例（%）
草甸土	1.46	6.92
潮土	1.82	8.65
风沙土	—	—
灌淤土	14.44	68.54
灰棕漠土	—	—
林灌草甸土	0.13	0.63
水稻土	1.02	4.84
新积土	0.003	0.02
盐土	0.31	1.48
沼泽土	—	—
棕钙土	—	—
棕漠土	1.88	8.92
总计	21.06	100.00

二、二等地属性特征

（一）地形部位

二等地的地形部位面积与比例见表4-17。二等地在平原中阶分布最多，面积为14.29khm²，占二等地总面积的67.83%，占和田地区耕地平原低阶总面积的17.86%；二等地在平原低阶分布面积为6.78khm²，占二等地总面积的32.17%，占和田地区耕地平原低阶总面积的9.78%。无平原高阶、沙漠边缘、山地坡下、山间盆地和河滩地地形面积分布。

表4-17　二等地的地形部位面积与比例

地形部位	面积（khm²）	比例（%）	占相同地形部位的比例（%）
平原高阶	—	—	—

（续表）

地形部位	面积（khm²）	比例（%）	占相同地形部位的比例（%）
平原中阶	14.29	67.83	17.86
平原低阶	6.78	32.17	9.78
沙漠边缘	—	—	—
山地坡下	—	—	—
山间盆地	—	—	—
河滩地	—	—	—

（二）灌溉能力

二等地中，灌溉能力为充分满足的耕地面积为 17.63km²，占二等地面积的 83.70%，占和田地区相同灌溉能力耕地总面积的 32.15%；灌溉能力为满足的耕地面积为 3.43km²，占二等地面积的 16.30%，占和田地区相同灌溉能力耕地总面积的 3.95%。无灌溉能力为基本满足和不满足的耕地面积（表4-18）。

表4-18 二等地的灌溉能力耕地面积与比例

灌溉能力	面积（khm²）	比例（%）	占相同灌溉能力的比例（%）
充分满足	17.63	83.70	32.15
满足	3.43	16.30	3.95
基本满足	—	—	—
不满足	—	—	—

（三）质地

不同耕层质地在和田地区二等地中的面积及占比见表4-19。二等地中，耕层质地以砂壤为主，面积达 18.84km²，占比为 89.42%，占和田地区相同质地耕地总面积的 11.73%；其次是砂土，面积为 1.24km²，占比为 5.88%，占和田地区相同质地耕地总面积的 2.34%；轻壤的面积为 0.84km²，占比为 3.97%，占和田地区相同质地耕地总面积的 7.45%；黏土的面积为 0.10km²，占比为 0.46%，占和田地区相同质地耕地总面积的 11.18%；中壤的面积为 0.06km²，占比为 0.27%，占和田地区相同质地耕地总面积的 7.40%。

表4-19 二等地的耕层质地

质地	面积（khm²）	占比（%）	占相同质地耕地面积（%）
砂土	1.24	5.88	2.34
砂壤	18.84	89.42	11.73

（续表）

质地	面积（khm²）	占比（%）	占相同质地耕地面积（%）
轻壤	0.84	3.97	7.45
中壤	0.06	0.27	7.40
黏土	0.10	0.46	11.18
总计	21.06	100.00	9.30

（四）盐渍化程度

二等地的盐渍化程度见表4-20。无盐渍化的耕地面积为19.88khm²，占二等地总面积的94.40%，占相同盐渍化程度耕地面积的9.77%；轻度盐渍化的耕地面积为0.80khm²，占二等地总面积的3.77%，占相同盐渍化程度耕地面积的4.29%；中度盐渍化的耕地面积为0.38khm²，占二等地总面积的1.83%，占相同盐渍化程度耕地面积的10.81%。无重度盐渍化和盐土耕地面积分布。

表4-20 二等地的盐渍化程度

盐渍化程度	面积（khm²）	占比（%）	占相同盐渍化程度耕地面积（%）
无	19.88	94.40	9.77
轻度	0.80	3.77	4.29
中度	0.38	1.83	10.81
重度	—	—	—
盐土	—	—	—
总计	21.06	100.00	9.30

（五）养分状况

对和田地区二等地的耕层养分进行统计，见表4-21。二等地的养分含量平均值分别为：有机质14.0g/kg、全氮0.55g/kg、碱解氮57.3mg/kg、有效磷30.7mg/kg、速效钾134mg/kg、缓效钾1 369mg/kg、有效铜0.64mg/kg、有效铁9.0mg/kg、有效锌0.81mg/kg、有效硼3.6mg/kg、有效锰3.2mg/kg、有效硫43.04mg/kg、有效钼0.16mg/kg、有效硅106.53mg/kg、pH为8.34、盐分1.1g/kg。

表4-21 二等地的土壤养分含量

项目	平均值	标准差
有机质（g/kg）	14.0	3.77
全氮（g/kg）	0.55	0.13
碱解氮（mg/kg）	57.3	15.7

（续表）

项目	平均值	标准差
有效磷（mg/kg）	30.7	12.4
速效钾（mg/kg）	134	40
缓效钾（mg/kg）	1369	235
有效铜（mg/kg）	0.64	0.13
有效铁（mg/kg）	9.0	1.7
有效锌（mg/kg）	0.81	0.28
有效硼（mg/kg）	3.6	4.9
有效锰（mg/kg）	3.2	0.7
有效硫（mg/kg）	43.04	14.11
有效钼（mg/kg）	0.16	0.03
有效硅（mg/kg）	106.53	23.18
pH	8.34	0.18
盐分（g/kg）	1.1	0.9

对和田地区二等地中各县市的土壤养分含量平均值比较见表4-22。有机质含量和田市最高，为17.3g/kg，策勒县最低，为9.21g/kg；全氮含量和田市和和田县最高，为0.65g/kg，策勒县最低，为0.40g/kg；碱解氮含量和田市最高，为72.5mg/kg，策勒县最低，为39.6mg/kg；有效磷含量皮山县最高，为42.9mg/kg，民丰县最低，为14.6mg/kg；速效钾含量策勒县最高，为185mg/kg，于田县最低，为79mg/kg；缓效钾含量和田市最高，为1 628mg/kg，民丰县最低，为899mg/kg；盐分含量策勒县最高，为2.2g/kg，于田县最低，为0.8g/kg。微量元素硼、钼、铜、铁、锰、锌的有效含量各有高低，差异不明显。

表4-22 二等地中各县市土壤养分含量平均值比较

养分项目	策勒县	和田市	和田县	洛浦县	民丰县	墨玉县	皮山县	于田县
有机质（g/kg）	9.2	17.3	16.2	12.8	14.7	14.7	14.0	12.4
全氮（g/kg）	0.40	0.65	0.65	0.51	0.49	0.58	0.50	0.46
碱解氮（mg/kg）	39.6	72.5	66.2	52.3	55.8	61.7	61.0	43.6
有效磷（mg/kg）	19.8	37.2	38.7	26.6	14.6	34.8	42.9	20.1
速效钾（mg/kg）	185	155	141	130	123	127	138	79
缓效钾（mg/kg）	1 284	1 628	1 354	1 583	899	1 198	1 079	1 045
有效铜（mg/kg）	0.73	0.77	0.66	0.65	0.89	0.51	0.49	0.66

（续表）

养分项目	策勒县	和田市	和田县	洛浦县	民丰县	墨玉县	皮山县	于田县
有效铁（mg/kg）	8.3	8.8	9.7	8.5	8.8	8.8	9.8	11.0
有效锌（mg/kg）	0.47	0.75	1.03	0.71	0.4	1.08	0.5	0.6
有效硼（mg/kg）	1.2	3.0	1.6	8.4	2.0	1.2	0.7	1.6
有效锰（mg/kg）	2.6	3.2	3.5	3.0	2.8	3.7	4.1	2.5
有效硫（mg/kg）	44.9	35.72	37.05	50.31	47.76	40.08	40.65	44.94
有效钼（mg/kg）	0.17	0.14	0.16	0.17	0.18	0.17	0.15	0.14
有效硅（mg/kg）	82.95	103.97	100.21	127.78	71.79	101.2	80.73	97.68
pH	8.38	8.31	8.25	8.4	8.13	8.29	8.32	8.47
盐分（g/kg）	2.2	1.1	0.9	1.1	1.1	1.0	2.0	0.8

二等地有机质含量为二级（20.0～25.0g/kg）的面积为0.34khm^2，占比1.61%；有机质含量为三级（15.0～20.0g/kg）的面积为9.84khm^2，占比46.72%；有机质含量为四级（10.0～15.0g/kg）的面积为7.01khm^2，占比33.29%；有机质含量为五级（≤10.0g/kg）的面积为3.87khm^2，占比18.38%。表明和田地区二等地有机质含量以中等偏下为主，偏上的面积和比例较少（表4-23）。

二等地全氮含量为二级（1.00～1.50g/kg）的面积为0.004khm^2，占比0.02%；全氮含量为三级（0.75～1.00g/kg）的面积为1.16khm^2，占比5.51%；全氮含量为四级（0.50～0.75g/kg）的面积为12.18khm^2，占比57.83%；全氮含量为五级（≤0.50g/kg）的面积为7.72khm^2，占比36.64%。表明和田地区二等地全氮含量以偏下为主，中等和偏上的面积和比例较少。

二等地碱解氮含量为三级（90～120mg/kg）的面积为0.33khm^2，占比1.59%；碱解氮含量为四级（60～90gmg/kg）的面积为8.80khm^2，占比41.77%；碱解氮含量为五级（≤60mg/kg）的面积为11.93khm^2，占比56.64%。表明和田地区二等地碱解氮含量以偏下为主，中等和偏上的面积和比例较少。

二等地有效磷含量为一级（>30.0g/kg）的面积13.21khm^2，占比62.73%；有效磷含量为二级（20.0～30.0g/kg）的面积3.58khm^2，占比16.99%；有效磷含量为三级（15.0～20.0g/kg）的面积2.89khm^2，占比13.71%；有效磷含量为四级（8.0～15.0g/kg）的面积1.33khm^2，占比6.32%；有效磷含量为五级（≤8.0g/kg）的面积为0.05khm^2，占比0.25%。表明和田地区二等地有效磷含量以偏上为主，中等和偏下的面积和比例较少。

二等地速效钾含量为一级（>250g/kg）的面积0.53khm^2，占比2.52%；速效钾含量为二级（200～250g/kg）的面积0.82khm^2，占比3.87%；速效钾含量为三级（150～200g/kg）的面积5.81khm^2，占比27.60%；速效钾含量为四级（100～150g/kg）的面积10.67khm^2，占比50.64%；速效钾含量为五级（≤100g/kg）的面积

为 3.24km²，占比 15.37%。表明和田地区二等地速效钾含量以中等偏下为主，偏上的面积和比例较少。

表4-23 二等地土壤养分各级别面积与比例

养分项目	一级		二级		三级		四级		五级	
	面积（khm²）	占比（%）	面积（khm²）	占比（%）	面积（khm²）	占比（%）	面积（khm²）	占比（%）	面积（khm²）	占比（%）
有机质	—	—	0.34	1.61	9.84	46.72	7.01	33.29	3.87	18.38
全氮	—	—	0.004	0.02	1.16	5.51	12.18	57.83	7.72	36.64
碱解氮	—	—	—	—	0.33	1.59	8.80	41.77	11.93	56.64
有效磷	13.21	62.73	3.58	16.99	2.89	13.71	1.33	6.32	0.05	0.25
速效钾	0.53	2.52	0.82	3.87	5.81	27.60	10.67	50.64	3.24	15.37

第四节　三等地耕地质量等级特征

一、三等地分布特征

（一）区域分布

和田地区三等地耕地面积 19.37km²，占和田地区耕地面积的 8.55%。其中，策勒县 2.05km²，占策勒县耕地的 8.51%；和田市 1.33km²，占和田市耕地的 9.01%；和田县 4.23km²，占和田县耕地的 13.93%；洛浦县 1.03km²，占洛浦县耕地的 3.64%；民丰县 0.88km²，占民丰县耕地的 12.60%；墨玉县 3.37km²，占墨玉县耕地的 6.77%；皮山县 2.29km²，占皮山县耕地的 6.16%；于田县 4.19km²，占于田县耕地的 11.98%（表4-24）。

表4-24 各县市三等地面积及占辖区耕地面积的比例

县市	面积（khm²）	占比（%）
策勒县	2.05	8.51
和田市	1.33	9.01
和田县	4.23	13.93
洛浦县	1.03	3.64
民丰县	0.88	12.60
墨玉县	3.37	6.77
皮山县	2.29	6.16
于田县	4.19	11.98

三等地在县域的分布上差异较小。三等地面积占全县耕地面积的比例在10%~20%的有3个，分别是和田县、民丰县和于田县。

三等地面积占全县耕地面积的比例在10%以下的有5个，分别是策勒县、和田市、洛浦县、墨玉县和皮山县。

（二）土壤类型

从土壤类型来看，和田地区三等地分布面积和比例最大的土壤类型分别是灌淤土、棕漠土和草甸土，分别占三等地总面积的48.39%、16.67%和14.04%，其次为潮土、林灌草甸土、水稻土和盐土，其他土类分布面积较少。详见表4-25。

表4-25　三等地主要土壤类型耕地面积与比例

土壤类型	面积（khm²）	比例（%）
草甸土	2.72	14.04
潮土	1.57	8.12
风沙土	0.03	0.17
灌淤土	9.37	48.39
灰棕漠土	—	—
林灌草甸土	0.74	3.81
水稻土	0.31	1.57
新积土	0.002	0.01
盐土	1.4	7.22
沼泽土	—	—
棕钙土	—	—
棕漠土	3.23	16.67
总计	19.37	100.00

二、三等地属性特征

（一）地形部位

三等地的地形部位面积与比例见表4-26。三等地在平原中阶分布最多，面积为10.56khm²，占三等地总面积的54.52%，占和田地区耕地平原中阶总面积的13.20%；三等地在平原低阶分布面积为8.61khm²，占三等地总面积的44.42%，占和田地区耕地平原低阶总面积的12.42%；三等地在河滩地分布面积为0.18khm²，占三等地总面积的0.95%，占和田地区耕地河滩地总面积的8.88%；三等地在平原高阶分布面积为0.02khm²，占三等地总面积的0.11%，占和田地区耕地平原高阶总面积的0.11%。无沙漠边缘、山地坡下和山间盆地地形部位面积分布。

表 4-26　三等地的地形部位面积与比例

地形部位	面积（khm²）	比例（%）	占相同地形部位的比例（%）
平原高阶	0.02	0.11	0.11
平原中阶	10.56	54.52	13.20
平原低阶	8.61	44.42	12.42
沙漠边缘	—	—	—
山地坡下	—	—	—
山间盆地	—	—	—
河滩地	0.18	0.95	8.88

（二）灌溉能力

三等地中，灌溉能力为充分满足的耕地面积为 6.58khm²，占三等地面积的 33.97%，占和田地区相同灌溉能力耕地总面积的 12.00%；灌溉能力为满足的耕地面积 为 11.29khm²，占三等地面积的 58.28%，占和田地区相同灌溉能力耕地总面积的 12.99%；灌溉能力为基本满足的耕地面积为 1.50khm²，占三等地面积的 7.75%，占和 田地区相同灌溉能力耕地总面积的 2.72%。无灌溉能力为不满足的耕地。

表 4-27　不同灌溉能力下三等地的面积与比例

灌溉能力	面积（khm²）	比例（%）	占相同灌溉能力的比例（%）
充分满足	6.58	33.97	12.00
满足	11.29	58.28	12.99
基本满足	1.50	7.75	2.72
不满足	—	—	—

（三）质地

不同耕层质地在和田地区三等地中的面积及占比见表 4-28。三等地中，耕层质地 以砂壤为主，面积达 14.75khm²，占比为 76.15%，占和田地区相同质地耕地总面积的 9.19%；其次是轻壤，面积为 2.45khm²，占比为 12.66%，占和田地区相同质地耕地总 面积的 21.87%；另外砂土占三等地总面积的 10.00%，占和田地区相同质地耕地总面 积的 3.65%；中壤和黏土所占比例较低。

表 4-28　三等地的耕层质地

质地	面积（khm²）	比例（%）	占相同质地耕地面积（%）
砂土	1.94	10.00	3.65
砂壤	14.75	76.15	9.19

（续表）

质地	面积（khm²）	比例（%）	占相同质地耕地面积（%）
轻壤	2.45	12.66	21.87
中壤	0.20	1.04	25.80
黏土	0.03	0.15	3.33
总计	19.37	100.00	8.55

（四）盐渍化程度

三等地的盐渍化程度见表4-29。无盐渍化的耕地面积为17.56khm²，占三等地总面积的90.67%，占相同盐渍化程度耕地面积的8.63%；轻度盐渍化的耕地面积为1.56khm²，占三等地总面积的8.05%，占相同盐渍化程度耕地面积的8.41%；中度盐渍化的耕地面积为0.25km²，占三等地总面积的1.28%，占相同盐渍化程度耕地面积的6.96%；无重度盐渍化和盐土耕地面积分布。

表4-29 三等地的盐渍化程度

盐渍化程度	面积（khm²）	比例（%）	占相同盐渍化程度耕地面积（%）
无	17.56	90.67	8.63
轻度	1.56	8.05	8.41
中度	0.25	1.28	6.96
重度	—	—	—
盐土	—	—	—
总计	19.37	100.00	8.55

（五）养分状况

对和田地区三等地耕层养分进行统计，见表4-30。三等地的养分含量平均值分别为：有机质12.1g/kg、全氮0.51g/kg、碱解氮52.7mg/kg、有效磷30.7mg/kg、速效钾135mg/kg、缓效钾1249mg/kg、有效铜0.64mg/kg、有效铁9.2mg/kg、有效锌0.76mg/kg、有效硼2.2mg/kg、有效锰3.3mg/kg、有效硫41.64mg/kg、有效钼0.16mg/kg、有效硅98.99mg/kg、pH8.39、盐分1.2g/kg。

表4-30 三等地耕地土壤养分含量

项目	平均值	标准差
有机质（g/kg）	12.1	4.89
全氮（g/kg）	0.51	0.17
碱解氮（mg/kg）	52.7	19.1

（续表）

项目	平均值	标准差
有效磷（mg/kg）	30.7	15.5
速效钾（mg/kg）	135	48
缓效钾（mg/kg）	1 249	209
有效铜（mg/kg）	0.64	0.16
有效铁（mg/kg）	9.2	2.3
有效锌（mg/kg）	0.76	0.29
有效硼（mg/kg）	2.2	2.7
有效锰（mg/kg）	3.3	0.7
有效硫（mg/kg）	41.64	9.23
有效钼（mg/kg）	0.16	0.04
有效硅（mg/kg）	98.99	17.38
pH	8.39	0.23
盐分（g/kg）	1.2	1.2

对和田地区三等地中各县市的土壤养分含量平均值比较见表4-31。可以发现有机质含量和田市最高，为17.1g/kg，民丰县最低，为6.7g/kg；全氮含量和田县最高，为0.66g/kg，民丰县最低，为0.33g/kg；碱解氮含量和田市最高，为68.5mg/kg，于田县最低，为36.9mg/kg；有效磷含量皮山县最高，为46.7mg/kg，民丰县最低，为17.1mg/kg；速效钾含量策勒县最高，为185mg/kg，于田县最低，为87mg/kg；缓效钾含量和田市最高，为1 604mg/kg，民丰县最低，为929mg/kg；盐分含量策勒县最高，为2.8g/kg，于田县最低，为0.7g/kg。微量元素硼、钼、铜、铁、锰、锌的有效含量各有高低，差异不明显。

表4-31 三等地中各县市土壤养分含量平均值比较

养分项目	策勒县	和田市	和田县	洛浦县	民丰县	墨玉县	皮山县	于田县
有机质（g/kg）	8.6	17.1	15.8	11.9	6.7	10.5	12.8	8.9
全氮（g/kg）	0.39	0.64	0.66	0.48	0.33	0.46	0.52	0.40
碱解氮（mg/kg）	40.8	68.5	65.5	46.9	39.8	49.9	65.4	36.9
有效磷（mg/kg）	17.2	33.8	38.4	19.6	17.1	28.2	46.7	25.7
速效钾（mg/kg）	185	169	151	126	119	134	157	87
缓效钾（mg/kg）	1 294	1 604	1 343	1 588	929	1 173	1 099	1 043
有效铜（mg/kg）	0.80	0.82	0.64	0.64	0.84	0.47	0.60	0.66

（续表）

养分项目	策勒县	和田市	和田县	洛浦县	民丰县	墨玉县	皮山县	于田县
有效铁（mg/kg）	9.2	7.7	9.3	8.5	8.7	7.5	9.2	10.8
有效锌（mg/kg）	0.51	0.7	1.03	0.7	0.42	0.77	0.61	0.6
有效硼（mg/kg）	1.1	3.5	2.1	7.3	2.1	1.1	0.7	1.7
有效锰（mg/kg）	2.9	3.1	3.6	3.0	2.7	3.5	4.2	2.6
有效硫（mg/kg）	42.38	37.69	40.25	46.47	46.88	35.85	44.43	44.42
有效钼（mg/kg）	0.19	0.14	0.16	0.17	0.18	0.17	0.14	0.15
有效硅（mg/kg）	85.16	115.11	103.69	123.6	75.43	92.23	79.89	98.79
pH	8.39	8.41	8.26	8.51	8.52	8.51	8.19	8.47
盐分（g/kg）	2.8	0.8	0.8	1.8	0.9	1.2	2.0	0.7

三等地有机质含量为二级（20.0～25.0g/kg）的面积为0.27khm²，占比1.40%；有机质含量为三级（15.0～20.0g/kg）的面积为6.37khm²，占比32.88%；有机质含量为四级（10.0～15.0g/kg）的面积为4.62khm²，占比23.85%；有机质含量为五级（≤10.0g/kg）的面积为8.11khm²，占比41.87%。表明和田地区三等地有机质含量以中等偏下为主，偏上的面积和比例较少（表4-32）。

三等地全氮含量为二级（1.00～1.50g/kg）的面积为0.01khm²，占比0.05%；全氮含量为三级（0.75～1.00g/kg）的面积为1.43khm²，占比7.40%；全氮含量为四级（0.50～0.75g/kg）的面积为7.36khm²，占比37.99%；全氮含量为五级（≤0.50g/kg）的面积为10.57khm²，占比54.56%。表明和田地区三等地全氮含量以中等偏下为主，偏上的面积和比例较少。

三等地碱解氮含量为二级（120～150mg/kg）的面积为0.04khm²，占比0.19%；碱解氮含量为三级（90～120mg/kg）的面积为0.35khm²，占比1.82%；碱解氮含量为四级（60～90gmg/kg）的面积为5.94khm²，占比30.64%；碱解氮含量为五级（≤60mg/kg）的面积为13.04khm²，占比67.35%。表明和田地区三等地碱解氮含量以偏下为主，中等和偏上的面积和比例较少。

三等地有效磷含量为一级（>30.0g/kg）的面积为9.72khm²，占比50.17%；有效磷含量为二级（20.0～30.0g/kg）的面积为4.20khm²，占比21.71%；有效磷含量为三级（15.0～20.0g/kg）的面积为3.89khm²，占比20.07%；有效磷含量为四级（8.0～15.0g/kg）的面积为1.48khm²，占比7.62%；有效磷含量为五级（≤8.0g/kg）的面积为0.08khm²，占比0.43%。表明和田地区三等地有效磷含量以中等偏上为主，偏下的面积和比例较少。

三等地速效钾含量为一级（>250g/kg）的面积为0.79khm²，占比4.08%；速效钾含量为二级（200～250g/kg）的面积为0.99khm²，占比5.09%；速效钾含量为三级（150～200g/kg）的面积为5.76khm²，占比29.74%；速效钾含量为四级（100～

150g/kg)的面积为 6.88khm²，占比 35.53%；速效钾含量为五级（≤100g/kg）的面积为 4.95khm²，占比 25.56%。表明和田地区三等地速效钾含量以中等偏下为主，偏上的面积和比例较少。

表 4-32　三等地土壤养分各级别面积与比例

养分项目	一级		二级		三级		四级		五级	
	面积（khm²）	占比（%）	面积（khm²）	占比（%）	面积（khm²）	占比（%）	面积（khm²）	占比（%）	面积（khm²）	占比（%）
有机质	—	—	0.27	1.40	6.37	32.88	4.62	23.85	8.11	41.87
全氮	—	—	0.01	0.05	1.43	7.40	7.36	37.99	10.57	54.56
碱解氮	—	—	0.04	0.19	0.35	1.82	5.94	30.64	13.04	67.35
有效磷	9.72	50.17	4.20	21.71	3.89	20.07	1.48	7.62	0.08	0.43
速效钾	0.79	4.08	0.99	5.09	5.76	29.74	6.88	35.53	4.95	25.56

第五节　四等地耕地质量等级特征

一、四等地分布特征

（一）区域分布

和田地区四等地耕地面积 26.66khm²，占和田地区耕地面积的 11.77%。其中，策勒县 2.09khm²，占策勒县耕地的 8.68%；和田市 1.55khm²，占和田市耕地的 10.46%；和田县 4.21khm²，占和田县耕地的 13.90%；洛浦县 1.96khm²，占洛浦县耕地的 6.92%；民丰县 0.76khm²，占民丰县耕地的 10.91%；墨玉县 5.30khm²，占墨玉县耕地的 10.63%；皮山县 3.79khm²，占皮山县耕地的 10.20%；于田县 7.00khm²，占于田县耕地的 20.00%（表 4-33）。

表 4-33　各县市四等地面积及占辖区耕地面积的比例

县市	面积（khm²）	占比（%）
策勒县	2.09	8.68
和田市	1.55	10.46
和田县	4.21	13.90
洛浦县	1.96	6.92
民丰县	0.76	10.91
墨玉县	5.30	10.63
皮山县	3.79	10.20
于田县	7.00	20.00

四等地在县域的分布上差异较小。四等地面积占全县耕地面积的比例在 10%～20% 的有 6 个,分别是和田市、和田县、民丰县、墨玉县、皮山县和于田县。

四等地面积占全县耕地面积的比例在 10% 以下的有 2 个,分别是策勒县和洛浦县。

（二）土壤类型

从土壤类型来看,和田地区四等地分布面积和比例最大的土壤类型分别是灌淤土、草甸土和棕漠土,分别占四等地总面积的 41.37%、22.07% 和 20.78%,其次为盐土、潮土和林灌草甸土等,其他土类分布面积较少。详见表 4-34。

表 4-34　四等地主要土壤类型耕地面积与比例

土壤类型	面积（khm²）	比例（%）
草甸土	5.88	22.07
潮土	0.64	2.38
风沙土	0.17	0.64
灌淤土	11.03	41.37
灰棕漠土	—	—
林灌草甸土	1.21	4.54
水稻土	0.18	0.69
新积土	0.25	0.93
盐土	1.76	6.60
沼泽土	—	—
棕钙土	—	—
棕漠土	5.54	20.78
总计	26.66	100.00

二、四等地属性特征

（一）地形部位

四等地的地形部位面积与比例见表 4-35。四等地在平原中阶分布最多,面积为 13.35khm²,占四等地总面积的 50.05%,占和田地区耕地平原中阶总面积的 16.68%; 四等地在平原低阶分布面积为 12.74khm²,占四等地总面积的 47.80%,占和田地区耕地平原低阶总面积的 18.40%;河滩地分布面积为 0.21khm²,占四等地总面积的 0.79%,占和田地区耕地河滩地总面积的 10.25%;四等地在平原高阶分布面积为 0.19khm²,占四等地总面积的 0.72%,占和田地区耕地平原高阶总面积的 1.02%;山地坡下分布面积为 0.17khm²,占四等地总面积的 0.64%,占和田地区耕地山地坡下总面积的 0.76%。无沙漠边缘和山间盆地地形部位面积分布。

表 4-35 四等地的地形部位面积与比例

地形部位	面积（khm²）	比例（%）	占相同地形部位的比例（%）
平原高阶	0.19	0.72	1.02
平原中阶	13.35	50.05	16.68
平原低阶	12.74	47.80	18.40
沙漠边缘	—	—	—
山地坡下	0.17	0.64	0.76
山间盆地	—	—	—
河滩地	0.21	0.79	10.25

（二）灌溉能力

四等地中，灌溉能力为充分满足的耕地面积为 4.78khm²，占四等地面积的 17.92%，占和田地区相同灌溉能力耕地总面积的 8.71%；灌溉能力为满足的耕地面积为 19.66khm²，占四等地面积的 73.73%，占和田地区相同灌溉能力耕地总面积的 22.63%；灌溉能力为基本满足的耕地面积为 2.22khm²，占四等地面积的 8.35%，占和田地区相同灌溉能力耕地总面积的 4.04%。无灌溉能力为不满足的耕地面积（表 4-36）。

表 4-36 不同灌溉能力下四等地的面积与比例

灌溉能力	面积（khm²）	比例（%）	占相同灌溉能力的比例（%）
充分满足	4.78	17.92	8.71
满足	19.66	73.73	22.63
基本满足	2.22	8.35	4.04
不满足	—	—	—

（三）质地

不同耕层质地在和田地区四等地中的面积及占比见表 4-37。四等地中，耕层质地以砂壤为主，面积达 23.27khm²，占比为 87.29%，占和田地区相同质地耕地总面积的 14.49%；其次是轻壤，面积为 1.75khm²，占比为 6.55%，占和田地区相同质地耕地总面积的 15.57%；另外砂土占四等地总面积的 5.38%，占和田地区相同质地耕地总面积的 2.70%；中壤和黏土所占比例较低。

表 4-37 四等地的耕层质地与比例

质地	面积（khm²）	比例（%）	占相同质地耕地面积（%）
砂土	1.43	5.38	2.70

（续表）

质地	面积（khm²）	比例（%）	占相同质地耕地面积（%）
砂壤	23.27	87.29	14.49
轻壤	1.75	6.55	15.57
中壤	0.07	0.26	8.84
黏土	0.14	0.52	16.21
总计	26.66	100.00	11.77

（四）盐渍化程度

四等地的盐渍化程度见表4-38。无盐渍化的耕地面积为23.61khm²，占四等地总面积的88.55%，占相同盐渍化程度耕地面积的11.60%；轻度盐渍化的耕地面积为2.20khm²，占四等地总面积的8.25%，占相同盐渍化程度耕地面积的11.86%；中度盐渍化的耕地面积为0.82khm²，占四等地总面积的3.06%，占相同盐渍化程度耕地面积的22.97%；重度盐渍化的耕地面积为0.03khm²，占四等地总面积的0.14%，占相同盐渍化程度耕地面积的8.80%。无盐土的耕地面积分布。

表4-38　四等地的盐渍化程度与比例

盐渍化程度	面积（khm²）	比例（%）	占相同盐渍化程度耕地面积（%）
无	23.61	88.55	11.60
轻度	2.20	8.25	11.86
中度	0.82	3.06	22.97
重度	0.03	0.14	8.80
盐土	—	—	—
总计	26.66	100.00	11.77

（五）养分状况

对和田地区四等地耕层养分进行统计，见表4-39。四等地的养分含量平均值分别为：有机质10.1g/kg、全氮0.45g/kg、碱解氮46.5mg/kg、有效磷24.9mg/kg、速效钾131mg/kg、缓效钾1 204mg/kg、有效铜0.61mg/kg、有效铁9.1mg/kg、有效锌0.69mg/kg、有效硼3.1mg/kg、有效锰3.2mg/kg、有效硫44.06mg/kg、有效钼0.16mg/kg、有效硅101.29mg/kg、pH为8.45、盐分1.3g/kg。

表4-39　四等地土壤养分含量

项目	平均值	标准差
有机质（g/kg）	10.1	4.57

（续表）

项目	平均值	标准差
全氮（g/kg）	0.45	0.14
碱解氮（mg/kg）	46.5	16.6
有效磷（mg/kg）	24.9	11.8
速效钾（mg/kg）	131	53
缓效钾（mg/kg）	1 204	206
有效铜（mg/kg）	0.61	0.16
有效铁（mg/kg）	9.1	2.5
有效锌（mg/kg）	0.69	0.27
有效硼（mg/kg）	3.1	5.2
有效锰（mg/kg）	3.2	0.9
有效硫（mg/kg）	44.06	14.44
有效钼（mg/kg）	0.16	0.04
有效硅（mg/kg）	101.29	26.34
pH	8.45	0.22
盐分（g/kg）	1.3	1.6

对和田地区四等地中各县市的土壤养分含量平均值比较见表4-40。可以发现有机质含量和田市最高，为15.5g/kg，民丰县最低，为8.2g/kg；全氮含量和田市最高，为0.60g/kg，民丰县最低，为0.34g/kg；碱解氮含量和田市最高，为66.7mg/kg，于田县最低，为35.3mg/kg；有效磷含量和田市最高，为37.1mg/kg，民丰县最低，为10.6mg/kg；速效钾含量策勒县最高，为213mg/kg，于田县最低，为94mg/kg；缓效钾含量和田市最高，为1 590mg/kg，民丰县最低，为899mg/kg；盐分含量策勒县最高，为4.4g/kg，和田市最低，为0.7g/kg。微量元素硼、钼、铜、铁、锰、锌的有效含量各有高低，差异不明显。

表4-40 四等地中各县市土壤养分含量平均值比较

养分项目	策勒县	和田市	和田县	洛浦县	民丰县	墨玉县	皮山县	于田县
有机质（g/kg）	10.9	15.5	14.0	8.6	8.2	8.7	10.5	8.3
全氮（g/kg）	0.45	0.60	0.57	0.41	0.34	0.41	0.45	0.38
碱解氮（mg/kg）	53.4	66.7	53.8	43.1	46.3	46.2	52.8	35.3
有效磷（mg/kg）	22.7	37.1	28.7	19.7	10.6	30.2	25.0	20.3
速效钾（mg/kg）	213	180	149	111	101	144	125	94

（续表）

养分项目	策勒县	和田市	和田县	洛浦县	民丰县	墨玉县	皮山县	于田县
缓效钾（mg/kg）	1 276	1 590	1 327	1 455	899	1 121	1 105	1 040
有效铜（mg/kg）	0.83	0.77	0.62	0.57	0.89	0.46	0.48	0.66
有效铁（mg/kg）	10.6	8.2	9.5	7.3	8.8	7.1	9.4	10.9
有效锌（mg/kg）	0.60	0.74	0.96	0.77	0.40	0.68	0.50	0.60
有效硼（mg/kg）	1.2	4.2	1.8	13.6	2.0	1.2	0.7	1.7
有效锰（mg/kg）	3.3	3.1	3.4	2.6	2.8	3.4	4.1	2.6
有效硫（mg/kg）	40.78	39.64	38.56	66.38	47.8	37.25	39.23	44.98
有效钼（mg/kg）	0.19	0.15	0.18	0.19	0.18	0.17	0.13	0.15
有效硅（mg/kg）	87.7	113.78	98.11	150.09	71.79	92.15	82.2	97.72
pH	8.33	8.44	8.36	8.44	8.25	8.59	8.34	8.50
盐分（g/kg）	4.4	0.7	0.8	1.3	0.9	1.3	2.2	0.8

四等地有机质含量为二级（20.0～25.0g/kg）的面积为0.46khm²，占比1.72%；有机质含量为三级（15.0～20.0g/kg）的面积为4.85khm²，占比18.19%；有机质含量为四级（10.0～15.0g/kg）的面积为6.69khm²，占比25.10%；有机质含量为五级（≤10.0g/kg）的面积为14.66khm²，占比54.99%。表明和田地区四等地有机质含量以中等偏下为主，偏上的面积和比例较少（表4-41）。

四等地全氮含量为二级（1.00～1.50g/kg）的面积为0.05khm²，占比0.17%；全氮含量为三级（0.75～1.00g/kg）的面积为1.03khm²，占比3.88%；全氮含量为四级（0.50～0.75g/kg）的面积为6.62khm²，占比24.82%；全氮含量为五级（≤0.50g/kg）的面积为18.97khm²，占比71.13%。表明和田地区四等地全氮含量以中等偏下为主，偏上的面积和比例较少。

四等地碱解氮含量为二级（120～150mg/kg）的面积为0.002khm²，占比0.01%；碱解氮含量为三级（90～120mg/kg）的面积为0.39khm²，占比1.47%；碱解氮含量为四级（60～90gmg/kg）的面积为4.61khm²，占比17.30%；碱解氮含量为五级（≤60mg/kg）的面积为21.65khm²，占比81.22%。表明和田地区四等地碱解氮含量以偏下为主，中等和偏上的面积和比例较少。

四等地有效磷含量为一级（>30.0g/kg）的面积9.80khm²，占比36.76%；有效磷含量为二级（20.0～30.0g/kg）的面积为6.69khm²，占比25.09%；有效磷含量为三级（15.0～20.0g/kg）的面积为6.07khm²，占比22.78%；有效磷含量为四级（8.0～15.0g/kg）的面积为3.78khm²，占比14.17%；有效磷含量为五级（≤8.0g/kg）的面积为0.32khm²，占比1.20%。表明和田地区四等地有效磷含量以中等偏上为主，偏下的面积和比例较少。

四等地速效钾含量为一级（>250g/kg）的面积为1.00khm²，占比3.77%；速效钾含量为二级（200～250g/kg）的面积为1.92khm²，占比7.19%；速效钾含量为三级（150～200g/kg）的面积为5.72khm²，占比21.45%；速效钾含量为四级（100～150g/kg）的面积为11.02khm²，占比41.34%；速效钾含量为五级（≤100g/kg）的面积为7.00khm²，占比26.25%。表明和田地区四等地速效钾含量以中等偏下为主，偏上的面积和比例较少。

表4-41　四等地土壤养分各级别面积与比例

养分项目	一级		二级		三级		四级		五级	
	面积（khm²）	占比（%）	面积（khm²）	占比（%）	面积（khm²）	占比（%）	面积（khm²）	占比（%）	面积（khm²）	占比（%）
有机质	—	—	0.46	1.72	4.85	18.19	6.69	25.10	14.66	54.99
全氮	—	—	0.05	0.17	1.03	3.88	6.62	24.82	18.97	71.13
碱解氮	—	—	0.002	0.01	0.39	1.47	4.61	17.30	21.65	81.22
有效磷	9.80	36.76	6.69	25.09	6.07	22.78	3.78	14.17	0.32	1.20
速效钾	1.00	3.77	1.92	7.19	5.72	21.45	11.02	41.34	7.00	26.25

第六节　五等地耕地质量等级特征

一、五等地分布特征

（一）区域分布

和田地区五等地耕地面积37.70khm²，占和田地区耕地面积的16.65%。其中，策勒县4.36khm²，占策勒县耕地的18.08%；和田市1.53khm²，占和田市耕地的10.34%；和田县3.07khm²，占和田县耕地的10.11%；洛浦县5.13khm²，占洛浦县耕地的18.13%；民丰县0.99khm²，占民丰县耕地的14.26%；墨玉县6.96khm²，占墨玉县耕地的13.97%；皮山县7.89khm²，占皮山县耕地的21.23%；于田县7.77khm²，占于田县耕地的22.21%。

表4-42　各县市五等地面积及占辖区耕地面积的比例

县市	面积（khm²）	比例（%）
策勒县	4.36	18.08
和田市	1.53	10.34
和田县	3.07	10.11
洛浦县	5.13	18.13
民丰县	0.99	14.26

（续表）

县市	面积（khm²）	比例（%）
墨玉县	6.96	13.97
皮山县	7.89	21.23
于田县	7.77	22.21

五等地在县域的分布上差异较小。五等地面积占全县耕地面积的比例在20%~30%的有2个，分别是皮山县和于田县。

五等地面积占全县耕地面积的比例在10%~20%的有6个，分别是策勒县、和田市、和田县、洛浦县、民丰县和墨玉县。

（二）土壤类型

从土壤类型来看，和田地区五等地分布面积和比例最大的土壤类型分别是灌淤土、棕漠土和草甸土，分别占五等地总面积的46.65%、23.29%和16.32%，其次为风沙土、林灌草甸土、水稻土、盐土和沼泽土等，其他土类分布面积较少。详见表4-43。

表4-43　五等地主要土壤类型耕地面积与比例

土壤类型	面积（khm²）	比例（%）
草甸土	6.15	16.32
潮土	0.13	0.35
风沙土	0.91	2.42
灌淤土	17.59	46.65
灰棕漠土	—	—
林灌草甸土	0.88	2.33
水稻土	0.58	1.53
新积土	0.14	0.37
盐土	1.86	4.94
沼泽土	0.40	1.05
棕钙土	0.28	0.75
棕漠土	8.78	23.29
总计	37.70	100.00

二、五等地属性特征

（一）地形部位

五等地的地形部位面积与比例见表4-44。五等地在平原中阶分布最多，面积为

15.49khm²，占五等地总面积的 41.10%，占和田地区耕地平原中阶总面积的 19.36%；五等地在平原低阶分布面积为 14.91khm²，占五等地总面积的 39.55%，占和田地区耕地平原低阶总面积的 21.52%；五等地在平原高阶分布面积为 4.05khm²，占五等地总面积的 10.74%，占和田地区耕地平原高阶总面积的 21.49%；五等地山地坡下分布面积为 2.29khm²，占五等地总面积的 6.06%，占和田地区耕地山地坡下总面积的 10.13%；五等地河滩地分布面积为 0.96khm²，占五等地总面积的 2.55%，占和田地区耕地河滩地总面积的 46.59%。无沙漠边缘和山间盆地面积分布。

表 4-44 五等地的地形部位面积与比例

地形部位	面积（khm²）	比例（%）	占相同地形部位的比例（%）
平原高阶	4.05	10.74	21.49
平原中阶	15.49	41.10	19.36
平原低阶	14.91	39.55	21.52
沙漠边缘	—	—	—
山地坡下	2.29	6.06	10.13
山间盆地	—	—	—
河滩地	0.96	2.55	46.59

（二）灌溉能力

五等地中，灌溉能力为充分满足的耕地面积为 4.47khm²，占五等地面积的 11.84%，占和田地区相同灌溉能力耕地总积的 8.14%；灌溉能力为满足的耕地面积为 24.90khm²，占五等地面积的 66.05%，占和田地区相同灌溉能力耕地总面积的 28.66%；灌溉能力为基本满足的耕地面积为 7.96khm²，占五等地面积的 21.12%，占和田地区相同灌溉能力耕地总面积的 14.44%；灌溉能力为不满足的耕地面积为 0.37khm²，占五等地面积的 0.99%，占和田地区相同灌溉能力耕地总面积的 1.25%（表 4-45）。

表 4-45 不同灌溉能力下五等地的面积与比例

灌溉能力	面积（khm²）	比例（%）	占相同灌溉能力的比例（%）
充分满足	4.47	11.84	8.14
满足	24.90	66.05	28.66
基本满足	7.96	21.12	14.44
不满足	0.37	0.99	1.25

（三）质地

不同耕层质地在和田地区五等地中的面积及占比见表 4-46。五等地中，耕层质地以砂壤为主，面积达 28.68khm²，占比为 76.07%，占和田地区相同质地耕地总面积的 17.86%；其次是砂土，面积为 6.36khm²，占比为 16.86%，占和田地区相同质地耕地总面积的 11.98%；另外轻壤、中壤和黏土面积较少，占五等地总面积的 6.14%、0.55%和 0.38%，分别占和田地区相同质地耕地总面积的 20.62%、26.85%和 16.76%。

表 4-46　五等地耕层质地与比例

质地	面积（khm²）	比例（%）	占相同质地耕地面积（%）
砂土	6.36	16.86	11.98
砂壤	28.68	76.07	17.86
轻壤	2.31	6.14	20.62
中壤	0.21	0.55	26.85
黏土	0.14	0.38	16.76
总计	37.70	100.00	16.65

（四）盐渍化程度

五等地的盐渍化程度见表 4-47。无盐渍化的耕地面积为 34.08khm²，占五等地总面积的 90.41%，占相同盐渍化程度耕地面积的 16.74%；轻度盐渍化的耕地面积为 2.46khm²，占五等地总面积的 6.53%，占相同盐渍化程度耕地面积的 13.28%；中度盐渍化的耕地面积为 0.66khm²，占五等地总面积的 1.75%，占相同盐渍化程度耕地面积的 18.60%；重度盐渍化的耕地面积为 0.24khm²，占五等地总面积的 0.63%，占相同盐渍化程度耕地面积的 57.12%；盐土耕地面积为 0.26khm²，占五等地总面积的 0.68%，占相同盐渍化程度耕地面积的 69.52%。

表 4-47　五等地的盐渍化程度

盐渍化程度	面积（khm²）	比例（%）	占相同盐渍化程度耕地面积（%）
无	34.08	90.41	16.74
轻度	2.46	6.53	13.28
中度	0.66	1.75	18.60
重度	0.24	0.63	57.12
盐土	0.26	0.68	69.52
总计	37.70	100.00	16.65

（五）养分状况

对和田地区五等地耕层养分进行统计，见表 4-48。五等地的养分含量平均值分别为：有机质 11.2g/kg、全氮 0.46g/kg、碱解氮 49.9mg/kg、有效磷 25.4mg/kg、速效钾 142mg/kg、缓效钾 1 214mg/kg、有效铜 0.60mg/kg、有效铁 8.9mg/kg、有效锌

0.68mg/kg、有效硼 2.6mg/kg、有效锰 3.2mg/kg、有效硫 42.25mg/kg、有效钼 0.16mg/kg、有效硅 97.05mg/kg、pH 8.40、盐分 1.6g/kg。

表 4-48 五等地土壤养分含量

项目	平均值	标准差
有机质（g/kg）	11.2	4.54
全氮（g/kg）	0.46	0.14
碱解氮（mg/kg）	49.9	18.4
有效磷（mg/kg）	25.4	25.8
速效钾（mg/kg）	142	70
缓效钾（mg/kg）	1 214	205
有效铜（mg/kg）	0.60	0.14
有效铁（mg/kg）	8.9	1.8
有效锌（mg/kg）	0.68	0.24
有效硼（mg/kg）	2.6	3.9
有效锰（mg/kg）	3.2	0.9
有效硫（mg/kg）	42.25	11.08
有效钼（mg/kg）	0.16	0.04
有效硅（mg/kg）	97.05	21.07
pH	8.40	0.22
盐分（g/kg）	1.6	3.5

对和田地区五等地中各县市的土壤养分含量平均值比较见表 4-49。可以发现有机质含量和田市最高，为 15.3g/kg，民丰县最低，为 7.9g/kg；全氮含量和田市最高，为 0.58g/kg，民丰县最低，为 0.35g/kg；碱解氮含量和田市最高，为 64.8mg/kg，于田县最低，为 37.7mg/kg；有效磷含量和田市最高，为 37.7mg/kg，民丰县最低，为 12.3mg/kg；速效钾含量策勒县最高，为 212mg/kg，于田县最低，为 89mg/kg；缓效钾含量和田市最高，为 1 651mg/kg，民丰县最低，为 940mg/kg；盐分含量策勒县最高，为 4.2g/kg，和田市最低，为 0.7g/kg。微量元素硼、钼、铜、铁、锰、锌的有效含量各有高低，差异不明显。

表 4-49 五等地中各县市土壤养分含量平均值比较

养分项目	策勒县	和田市	和田县	洛浦县	民丰县	墨玉县	皮山县	于田县
有机质（g/kg）	12.4	15.3	10.5	12.3	7.9	10.9	10.1	10.8
全氮（g/kg）	0.51	0.58	0.48	0.51	0.35	0.47	0.44	0.41

（续表）

养分项目	策勒县	和田市	和田县	洛浦县	民丰县	墨玉县	皮山县	于田县
碱解氮（mg/kg）	60.9	64.8	46.3	53.0	45.2	52.3	51.4	37.7
有效磷（mg/kg）	22.1	37.7	22.5	25.6	12.3	30.3	32.9	17.2
速效钾（mg/kg）	212	173	153	153	119	127	157	89
缓效钾（mg/kg）	1 215	1 651	1 381	1 460	940	1 191	1 117	1 008
有效铜（mg/kg）	0.73	0.79	0.64	0.61	0.83	0.51	0.59	0.56
有效铁（mg/kg）	11.1	8.0	8.9	8.5	8.7	7.7	9.2	8.8
有效锌（mg/kg）	0.68	0.67	0.86	0.75	0.43	0.85	0.62	0.47
有效硼（mg/kg）	1.6	3.1	2.6	8.3	2.2	1.4	0.7	1.3
有效锰（mg/kg）	3.3	3.0	3.2	2.8	2.7	3.8	4.2	2.2
有效硫（mg/kg）	42.70	36.14	39.21	51.5	47.06	38.93	42.26	39.93
有效钼（mg/kg）	0.17	0.14	0.17	0.17	0.18	0.17	0.13	0.17
有效硅（mg/kg）	89.67	105.2	101.25	123.32	76.69	98.54	81.5	91.15
pH	8.24	8.43	8.43	8.43	8.33	8.42	8.32	8.50
盐分（g/kg）	4.2	0.7	1.1	1.4	1.0	1.2	2.0	0.8

五等地有机质含量为二级（20.0~25.0g/kg）的面积为0.19khm²，占比0.52%；有机质含量为三级（15.0~20.0g/kg）的面积为6.57khm²，占比17.42%；有机质含量为四级（10.0~15.0g/kg）的面积为13.67khm²，占比36.26%；有机质含量为五级（≤10.0g/kg）的面积为17.27khm²，占比45.80%。表明和田地区五等地有机质含量以中等偏下为主，偏上的面积和比例较少（表4-50）。

五等地全氮含量二级（1.00~1.50g/kg）的面积为0.04khm²，占比0.10%；全氮含量为三级（0.75~1.00g/kg）的面积为0.62khm²，占比1.65%；全氮含量为四级（0.50~0.75g/kg）的面积为11.13khm²，占比29.54%；全氮含量为五级（≤0.50g/kg）的面积为25.90khm²，占比68.71%。表明和田地区五等地全氮含量以中等偏下为主，偏上的面积和比例较少。

五等地碱解氮含量为二级（120~150mg/kg）的面积为0.06khm²，占比0.16%；碱解氮含量为三级（90~120mg/kg）的面积为1.04khm²，占比2.77%；碱解氮含量为四级（60~90gmg/kg）的面积为7.76khm²，占比20.57%；碱解氮含量为五级（≤60mg/kg）的面积为28.84khm²，占比76.50%。表明和田地区五等地碱解氮含量以偏下为主，中等偏上的面积和比例较少。

五等地有效磷含量为一级（>30.0g/kg）的面积为11.68khm²，占比30.99%；有效磷含量为二级（20.0~30.0g/kg）的面积为7.07khm²，占比18.76%；有效磷含量为三级（15.0~20.0g/kg）的面积为8.47khm²，占比22.46%；有效磷含量为四级（8.0~

15.0g/kg）的面积为 9.98khm²，占比 26.48%；有效磷含量为五级（≤8.0g/kg）的面积为 0.50khm²，占比 1.31%。表明和田地区五等地有效磷含量以中等偏上为主，偏下的面积和比例较少。

五等地速效钾含量为一级（>250g/kg）的面积为 2.96khm²，占比 7.84%；速效钾含量为二级（200~250g/kg）的面积为 3.08khm²，占比 8.18%；速效钾含量为三级（150~200g/kg）的面积为 7.34khm²，占比 19.48%；速效钾含量为四级（100~150g/kg）的面积为 14.36khm²，占比 38.09%；速效钾含量为五级（≤100g/kg）的面积为 9.95khm²，占比 26.41%。表明和田地区五等地速效钾含量以中等偏下为主，偏上的面积和比例较少。

表 4-50　五等地土壤养分各级别面积与比例

养分项目	一级		二级		三级		四级		五级	
	面积（khm²）	占比（%）	面积（khm²）	占比（%）	面积（khm²）	占比（%）	面积（khm²）	占比（%）	面积（khm²）	占比（%）
有机质	—	—	0.19	0.52	6.57	17.42	13.67	36.26	17.27	45.80
全氮	—	—	0.04	0.10	0.62	1.65	11.13	29.54	25.90	68.71
碱解氮	—	—	0.06	0.16	1.04	2.77	7.76	20.57	28.84	76.50
有效磷	11.68	30.99	7.07	18.76	8.47	22.46	9.98	26.48	0.50	1.31
速效钾	2.96	7.84	3.08	8.18	7.34	19.48	14.36	38.09	9.95	26.41

第七节　六等地耕地质量等级特征

一、六等地分布特征

（一）区域分布

和田地区六等地耕地面积 12.50khm²，占和田地区耕地面积的 5.52%。其中，策勒县 2.27khm²，占策勒县耕地的 9.42%；和田市 0.45khm²，占和田市耕地的 3.04%；和田县 0.86khm²，占和田县耕地的 2.83%；洛浦县 2.16khm²，占洛浦县耕地的 7.63%；民丰县 0.24khm²，占民丰县耕地的 3.42%；墨玉县 1.44khm²，占墨玉县耕地的 2.89%；皮山县 3.75khm²，占皮山县耕地的 10.09%；于田县 1.33khm²，占于田县耕地的 3.81%（表 4-51）。

表 4-51　各县市六等地面积及占辖区耕地面积的比例

县市	面积（khm²）	比例（%）
策勒县	2.27	9.42
和田市	0.45	3.04

（续表）

县市	面积（khm²）	比例（%）
和田县	0.86	2.83
洛浦县	2.16	7.63
民丰县	0.24	3.42
墨玉县	1.44	2.89
皮山县	3.75	10.09
于田县	1.33	3.81

　　六等地在县域的分布上差异较小。六等地面积占全县耕地面积的比例在10%～20%的仅有1个，是皮山县。

　　六等地面积占全县耕地面积的比例在10%以下的有7个，分别是策勒县、和田市、和田县、洛浦县、民丰县、墨玉县和于田县。

（二）土壤类型

　　从土壤类型来看，和田地区六等地分布面积和比例最大的土壤类型分别是棕漠土、灌淤土和草甸土，分别占六等地总面积的40.68%、30.03%和19.68%，其次为潮土、风沙土、水稻土和新积土等，其他土类分布面积较少。详见表4-52。

表4-52　六等地主要土壤类型耕地面积与比例

土壤类型	面积（khm²）	比例（%）
草甸土	2.46	19.68
潮土	0.26	2.09
风沙土	0.25	1.97
灌淤土	3.75	30.03
灰棕漠土	—	—
林灌草甸土	0.04	0.29
水稻土	0.25	1.99
新积土	0.28	2.21
盐土	0.03	0.23
沼泽土	0.08	0.65
棕钙土	0.02	0.18
棕漠土	5.08	40.68
总计	12.50	100.00

二、六等地属性特征

（一）地形部位

六等地的地形部位面积与比例见表4-53。六等地在平原中阶和平原低阶分布最多，面积分别为4.80km² 和3.67km²，分别占六等地总面积的38.38%和29.35%，分别占和田地区耕地平原中阶和平原低阶总面积的6.00%和5.30%；六等地在平原高阶分布面积为2.40km²，占六等地总面积的19.17%，占和田地区耕地平原高阶总面积的12.72%；六等地在山地坡下分布面积为1.00km²，占六等地总面积的8.02%，占和田地区耕地山地坡下总面积的4.45%；六等地在沙漠边缘分布面积为0.50km²，占六等地总面积的4.01%，占和田地区耕地沙漠边缘总面积的1.50%；六等地在河滩地分布面积为0.13km²，占六等地总面积的1.07%，占和田地区耕地河滩地总面积的6.45%。无山间盆地地形部位面积分布。

表4-53　六等地的地形部位面积与比例

地形部位	面积（khm²）	比例（%）	占相同地形部位的比例（%）
平原高阶	2.40	19.17	12.72
平原中阶	4.80	38.38	6.00
平原低阶	3.67	29.35	5.30
沙漠边缘	0.50	4.01	1.50
山地坡下	1.00	8.02	4.45
山间盆地	—	—	—
河滩地	0.13	1.07	6.45

（二）灌溉能力

六等地中，灌溉能力为充分满足的耕地面积为1.29km²，占六等地面积的10.29%，占和田地区相同灌溉能力耕地总面积的2.34%；灌溉能力为满足的耕地面积为4.95km²，占六等地面积的39.62%，占和田地区相同灌溉能力耕地总面积的5.70%；灌溉能力为基本满足的耕地面积为5.24km²，占六等地面积的41.92%，占和田地区相同灌溉能力耕地总面积的9.51%；灌溉能力为不满足的耕地面积为1.02km²，占六等地面积的8.17%，占和田地区相同灌溉能力耕地总面积的3.45%（表4-54）。

表4-54　不同灌溉能力下六等地的面积与比例

灌溉能力	面积（khm²）	比例（%）	占相同灌溉能力的比例（%）
充分满足	1.29	10.29	2.34
满足	4.95	39.62	5.70

（续表）

灌溉能力	面积（khm²）	比例（%）	占相同灌溉能力的比例（%）
基本满足	5.24	41.92	9.51
不满足	1.02	8.17	3.45

（三）质地

不同耕层质地在和田地区六等地中的面积及占比见表4-55。六等地中，耕层质地以砂壤为主，面积达9.97khm²，占比为79.74%，占和田地区相同质地耕地总面积的6.21%；其次是砂土，面积为2.27khm²，占比为18.17%，占和田地区相同质地耕地总面积的4.28%；另外轻壤和黏土分别占六等地总面积的2.09%和0.003%，分别占和田地区相同质地耕地总面积的2.32%和0.04%。无中壤质地的耕地分布。

表4-55 六等地的耕层质地与比例

质地	面积（khm²）	比例（%）	占相同质地耕地面积（%）
砂土	2.27	18.17	4.28
砂壤	9.97	79.74	6.21
轻壤	0.26	2.09	2.32
中壤	0.00	0.00	0.00
黏土	0.0003	0.003	0.04
总计	12.50	100.00	5.52

（四）盐渍化程度

六等地的盐渍化程度见表4-56。无盐渍化的耕地面积为10.29khm²，占六等地总面积的82.35%，占相同盐渍化程度耕地面积的5.06%；轻度盐渍化的耕地面积为1.93khm²，占六等地总面积的15.43%，占相同盐渍化程度耕地面积的10.41%；中度盐渍化的耕地面积为0.19khm²，占六等地总面积的1.54%，占相同盐渍化程度耕地面积的5.43%；重度盐渍化的耕地面积为0.08khm²，占六等地总面积的0.63%，占相同盐渍化程度耕地面积的18.99%；盐土耕地面积为0.01khm²，占六等地总面积的0.05%，占相同盐渍化程度耕地面积的1.57%。

表4-56 六等地的盐渍化程度

盐渍化程度	面积（khm²）	比例（%）	占相同盐渍化程度耕地面积（%）
无	10.29	82.35	5.06
轻度	1.93	15.43	10.41
中度	0.19	1.54	5.43

（续表）

盐渍化程度	面积（khm²）	比例（%）	占相同盐渍化程度耕地面积（%）
重度	0.08	0.63	18.99
盐土	0.01	0.05	1.57
总计	12.50	100.00	5.52

（五）养分状况

对和田地区六等地耕层养分进行统计，见表4-57。六等地的养分含量平均值分别为：有机质11.9g/kg、全氮0.48g/kg、碱解氮52.8mg/kg、有效磷25.8mg/kg、速效钾150mg/kg、缓效钾1 236mg/kg、有效铜0.64mg/kg、有效铁9.0mg/kg、有效锌0.69mg/kg、有效硼3.1mg/kg、有效锰3.1mg/kg、有效硫44.60mg/kg、有效钼0.16mg/kg、有效硅97.33mg/kg、pH 8.34、盐分1.6g/kg。

表4-57　六等地土壤养分含量

项目	平均值	标准差
有机质（g/kg）	11.9	4.6
全氮（g/kg）	0.48	0.14
碱解氮（mg/kg）	52.8	18.5
有效磷（mg/kg）	25.8	27.4
速效钾（mg/kg）	150	68
缓效钾（mg/kg）	1 236	186
有效铜（mg/kg）	0.64	0.14
有效铁（mg/kg）	9.0	1.7
有效锌（mg/kg）	0.69	0.17
有效硼（mg/kg）	3.1	5.6
有效锰（mg/kg）	3.2	0.8
有效硫（mg/kg）	44.60	15.62
有效钼（mg/kg）	0.16	0.04
有效硅（mg/kg）	97.33	27.33
pH	8.34	0.21
盐分（g/kg）	1.6	2.7

对和田地区六等地中各县市的土壤养分含量平均值比较见表4-58。可以发现有机质含量和田市最高，为17.0g/kg，于田县最低，为8.19g/kg；全氮含量和田市最高，为0.65g/kg，于田县最低，为0.36g/kg；碱解氮含量和田市最高，为76.7mg/kg，于田

县最低，为 34.0mg/kg；有效磷含量和田市最高，为 55.3mg/kg，民丰县最低，为 14.7mg/kg；速效钾含量皮山县最高，为 1 961mg/kg，于田县最低，为 91mg/kg；缓效钾含量和田市最高，为 1 647mg/kg，民丰县最低，为 899mg/kg；盐分含量皮山县最高，为 2.7g/kg，和田市和和田县最低，为 0.6g/kg。微量元素硼、钼、铜、铁、锰、锌的有效含量各有高低，差异不明显。

表 4-58 六等地中各县市土壤养分含量平均值比较

养分项目	策勒县	和田市	和田县	洛浦县	民丰县	墨玉县	皮山县	于田县
有机质（g/kg）	12.6	17.0	12.0	10.3	11.2	12.3	13.1	8.2
全氮（g/kg）	0.50	0.65	0.48	0.44	0.42	0.51	0.50	0.36
碱解氮（mg/kg）	56.4	76.7	41.8	45.7	56.5	52.8	61.4	34.0
有效磷（mg/kg）	18.1	55.3	21.7	20.0	14.7	25.6	36.6	16.4
速效钾（mg/kg）	168	185	144	130	96	113	196	91
缓效钾（mg/kg）	1 226	1 647	1 384	1 417	899	1 296	1 116	1 017
有效铜（mg/kg）	0.71	0.76	0.63	0.59	0.89	0.58	0.66	0.58
有效铁（mg/kg）	10.4	8.4	8.6	7.8	8.8	8.4	9.2	9.5
有效锌（mg/kg）	0.63	0.69	0.78	0.77	0.40	0.85	0.68	0.53
有效硼（mg/kg）	1.8	3.7	1.4	11.2	2.0	1.3	0.7	1.4
有效锰（mg/kg）	3.1	3.1	2.9	2.6	2.8	3.3	4.3	2.1
有效硫（mg/kg）	43.31	37.73	35.70	60.38	47.74	35.84	45.10	39.34
有效钼（mg/kg）	0.17	0.15	0.21	0.18	0.18	0.18	0.13	0.16
有效硅（mg/kg）	89.82	105.33	93.06	135.93	71.81	95.21	79.81	98.42
pH	8.30	8.29	8.38	8.47	8.30	8.26	8.25	8.52
盐分（g/kg）	1.9	0.6	0.6	1.2	0.9	1.5	2.7	0.9

六等地有机质含量为二级（20.0～25.0g/kg）的面积为 0.01khm²，占比 0.09%；有机质含量为三级（15.0～20.0g/kg）的面积为 3.14khm²，占比 25.10%；有机质含量为四级（10.0～15.0g/kg）的面积为 4.64khm²，占比 37.13%；有机质含量为五级（≤10.0g/kg）的面积为 4.71khm²，占比 37.68%。表明和田地区六等地有机质含量以中等偏下为主，偏上的面积和比例较少（表 4-59）。

六等地全氮含量为三级（0.75～1.00g/kg）的面积为 0.09khm²，占比 0.75%；全氮含量为四级（0.50～0.75g/kg）的面积为 5.11khm²，占比 40.85%；全氮含量为五级（≤0.50g/kg）的面积为 7.30khm²，占比 58.40%。表明和田地区六等地全氮含量以偏下为主，中等偏上的面积和比例较少。

六等地碱解氮含量为二级（120～150mg/kg）的面积为 0.001khm²，占比 0.01%；碱解氮含量为三级（90～120mg/kg）的面积为 0.20khm²，占比 1.63%；碱解氮含量为四级（60～90gmg/kg）的面积为4.01khm²，占比32.11%；碱解氮含量为五级（≤60mg/kg）的面积为8.28khm²，占比66.25%。表明和田地区六等地碱解氮含量以偏下为主，中等偏上的面积和比例较少。

六等地有效磷含量为一级（>30.0g/kg）的面积为3.75khm²，占比30.02%；有效磷含量为二级（20.0～30.0g/kg）的面积为2.17khm²，占比17.36%；有效磷含量为三级（15.0～20.0g/kg）的面积为3.70khm²，占比29.60%；有效磷含量为四级（8.0～15.0g/kg）的面积为2.69khm²，占比21.54%；有效磷含量为五级（≤8.0g/kg）的面积为0.18khm²，占比1.48%。表明和田地区六等地有效磷含量以中等偏上为主，偏下的面积和比例较少。

六等地速效钾含量为一级（>250g/kg）的面积为0.88khm²，占比7.05%；速效钾含量为二级（200～250g/kg）的面积为1.61khm²，占比12.90%；速效钾含量为三级（150～200g/kg）的面积为2.95khm²，占比23.57%；速效钾含量为四级（100～150g/kg）的面积为4.85khm²，占比38.79%；速效钾含量为五级（≤100g/kg）的面积为2.21khm²，占比17.69%。表明和田地区六等地速效钾含量以中等偏下为主，偏上的面积和比例较少（表4-59）。

表4-59 六等地土壤养分各级别面积与比例

养分项目	一级		二级		三级		四级		五级	
	面积（khm²）	比例（%）	面积（khm²）	比例（%）	面积（khm²）	比例（%）	面积（khm²）	比例（%）	面积（khm²）	比例（%）
有机质	—		0.01	0.09	3.14	25.10	4.64	37.13	4.71	37.68
全氮	—		—	—	0.09	0.75	5.11	40.85	7.30	58.40
碱解氮	—		0.001	0.01	0.20	1.63	4.01	32.11	8.28	66.25
有效磷	3.75	30.02	2.17	17.36	3.70	29.60	2.69	21.54	0.18	1.48
速效钾	0.88	7.05	1.61	12.90	2.95	23.57	4.85	38.79	2.21	17.69

第八节　七等地耕地质量等级特征

一、七等地分布特征

（一）区域分布

和田地区七等地耕地面积27.61khm²，占和田地区耕地面积的12.19%。其中，策勒县3.23khm²，占策勒县耕地的13.42%；和田市0.60khm²，占和田市耕地的4.06%；和田县3.33khm²，占和田县耕地的10.99%；洛浦县4.93khm²，占洛浦县耕地的17.35%；民丰县0.53khm²，占民丰县耕地的7.71%；墨玉县6.67khm²，占墨玉县耕地的13.41%；皮山县5.93khm²，占皮山县耕地的15.94%；于田县2.39khm²，占于田县耕地的 6.83%。

表 4-60　各县市七等地面积及占辖区耕地面积的比例

县市	面积（khm²）	比例（%）
策勒县	3.23	13.42
和田市	0.60	4.06
和田县	3.33	10.99
洛浦县	4.93	17.35
民丰县	0.53	7.71
墨玉县	6.67	13.41
皮山县	5.93	15.94
于田县	2.39	6.83

　　七等地在县域的分布上差异较小。七等地面积占全县耕地面积的比例在 10%~20% 的有 5 个，分别是策勒县、和田县、洛浦县、墨玉县和皮山县。

　　七等地面积占全县耕地面积的比例在 10% 以下的有 3 个，分别是和田市、民丰县和于田县。

（二）土壤类型

　　从土壤类型来看，和田地区七等地分布面积和比例最大的土壤类型分别是灌淤土、棕漠土和草甸土，分别占七等地总面积的 38.36%、27.67% 和 14.48%，其次为盐土、风沙土、潮土和新积土，分别占七等地总面积的 7.79%、6.43%、2.79% 和 1.11%，其他土类分布面积较少。详见表 4-61。

表 4-61　七等地主要土壤类型耕地面积与比例

土壤类型	面积（khm²）	比例（%）
草甸土	4.00	14.48
潮土	0.77	2.79
风沙土	1.77	6.43
灌淤土	10.59	38.36
灰棕漠土	—	—
林灌草甸土	0.21	0.78
水稻土	0.08	0.28
新积土	0.31	1.11
盐土	2.15	7.79
沼泽土	0.03	0.10

（续表）

土壤类型	面积（khm²）	比例（%）
棕钙土	0.06	0.21
棕漠土	7.64	27.67
总计	27.61	100.00

二、七等地属性特征

（一）地形部位

七等地的地形部位面积与比例见表4-62。七等地在平原低阶分布面积最多，面积为7.20km²，占七等地总面积的26.08%，占和田地区耕地平原低阶总面积的10.40%；七等地在平原中阶分布面积为6.11km²，占七等地总面积的22.11%，占和田地区耕地平原中阶总面积的7.63%；七等地在山地坡下分布面积为5.95km²，占七等地总面积的21.56%，占和田地区耕地山地坡下总面积的26.38%；七等地在平原高阶分布面积为5.67km²，占七等地总面积的20.54%，占和田地区耕地平原高阶总面积的30.10%；七等地在沙漠边缘分布面积为2.42km²，占七等地总面积的8.77%，占和田地区耕地沙漠边缘总面积的7.27%；七等地在河滩地分布面积为0.26km²，占七等地总面积的0.94%，占和田地区耕地河滩地总面积的12.54%。无山间盆地地形部位面积分布。

表4-62　七等地的地形部位面积与比例

地形部位	面积（km²）	比例（%）	占相同地形部位的比例（%）
平原高阶	5.67	20.54	30.10
平原中阶	6.11	22.11	7.63
平原低阶	7.20	26.08	10.40
沙漠边缘	2.42	8.77	7.27
山地坡下	5.95	21.56	26.38
山间盆地	—	—	—
河滩地	0.26	0.94	12.54

（二）灌溉能力

七等地中，灌溉能力为充分满足的耕地面积为1.73km²，占七等地面积的6.27%，占和田地区相同灌溉能力耕地总面积的3.16%；灌溉能力为满足的耕地面积为9.78km²，占七等地面积的35.40%，占和田地区相同灌溉能力耕地总面积的11.25%；灌溉能力为基本满足的耕地面积为11.68km²，占七等地面积的42.31%，占和田地区相同灌溉能力耕地总面积的21.20%；灌溉能力为不满足的耕地面积为4.42km²，占七等地面积的16.02%，占和田地区相同灌溉能力耕地总面积的14.93%（表4-63）。

表 4-63 不同灌溉能力下七等地的面积与比例

灌溉能力	面积（khm²）	比例（%）	占相同灌溉能力的比例（%）
充分满足	1.73	6.27	3.16
满足	9.78	35.40	11.25
基本满足	11.68	42.31	21.20
不满足	4.42	16.02	14.93

（三）质地

不同耕层质地在和田地区七等地中的面积及占比见表 4-64。七等地中，耕层质地以砂壤为主，面积达 19.92khm²，占比为 72.14%，占和田地区相同质地耕地总面积的 12.40%；其次是砂土，面积为 7.55khm²，占比 27.35%，占和田地区相同质地耕地总面积的 14.24%；另外轻壤和黏土面积为 0.01khm² 和 0.13khm²，占七等地总面积的 0.05% 和 0.46%，占和田地区相同质地耕地总面积的 0.13% 和 14.86%。无中壤质地的耕地面积分布。

表 4-64 七等地的耕层质地与比例

质地	面积（khm²）	比例（%）	占相同质地耕地面积（%）
砂土	7.55	27.35	14.24
砂壤	19.92	72.14	12.40
轻壤	0.01	0.05	0.13
中壤	—	—	—
黏土	0.13	0.46	14.86
总计	27.61	100.00	12.19

（四）盐渍化程度

七等地的盐渍化程度见表 4-65。无盐渍化的耕地面积为 24.50khm²，占七等地总面积的 88.72%，占相同盐渍化程度耕地面积的 12.03%；轻度盐渍化的耕地面积为 2.71khm²，占七等地总面积的 9.83%，占相同盐渍化程度耕地面积的 14.65%；中度盐渍化的耕地面积为 0.28khm²，占七等地总面积的 1.01%，占相同盐渍化程度耕地面积的 7.85%；重度盐渍化的耕地面积为 0.04khm²，占七等地总面积的 0.14%，占相同盐渍化程度耕地面积的 9.26%；盐土耕地面积为 0.08khm²，占七等地总面积的 0.30%，占相同盐渍化程度耕地面积的 22.71%。

表 4-65 七等地的盐渍化程度

盐渍化程度	面积（khm²）	比例（%）	占相同盐渍化程度耕地面积（%）
无	24.50	88.72	12.03

（续表）

盐渍化程度	面积（khm²）	比例（%）	占相同盐渍化程度耕地面积（%）
轻度	2.71	9.83	14.65
中度	0.28	1.01	7.85
重度	0.04	0.14	9.26
盐土	0.08	0.30	22.71
总计	27.61	100.00	12.19

（五）养分状况

对和田地区七等地耕层养分进行统计，见表4-66。七等地的养分含量平均值分别为：有机质12.1g/kg、全氮0.50g/kg、碱解氮56.0mg/kg、有效磷27.8mg/kg、速效钾150mg/kg、缓效钾1 228mg/kg、有效铜0.63mg/kg、有效铁9.1mg/kg、有效锌0.75mg/kg、有效硼2.3mg/kg、有效锰3.4mg/kg、有效硫42.84mg/kg、有效钼0.16mg/kg、有效硅95.59mg/kg、pH 8.33、盐分1.6g/kg。

表4-66　七等地土壤养分含量

项目	平均值	标准差
有机质（g/kg）	12.1	4.53
全氮（g/kg）	0.50	0.14
碱解氮（mg/kg）	56.0	17.2
有效磷（mg/kg）	27.8	15.3
速效钾（mg/kg）	150	55
缓效钾（mg/kg）	1 228	166
有效铜（mg/kg）	0.63	0.12
有效铁（mg/kg）	9.1	1.4
有效锌（mg/kg）	0.75	0.22
有效硼（mg/kg）	2.3	2.5
有效锰（mg/kg）	3.4	0.8
有效硫（mg/kg）	42.84	7.26
有效钼（mg/kg）	0.16	0.03
有效硅（mg/kg）	95.59	16.20
pH	8.33	0.20
盐分（g/kg）	1.6	2.5

对和田地区七等地中各县市的土壤养分含量平均值比较见表4-67。可以发现有机

质含量和田市最高，为 15.7g/kg，洛浦县最低，为 8.44g/kg；全氮含量和田市最高，
为 0.60g/kg，民丰县最低，为 0.37g/kg；碱解氮含量和田市最高，为 63.8mg/kg，策勒
县最低，为 46.0mg/kg；有效磷含量和田县最高，为 40.9mg/kg，民丰县最低，为
13.0mg/kg；速效钾含量皮山县最高，为 182mg/kg，民丰县最低，为 91mg/kg；缓效钾
含量和田市最高，为 1 606mg/kg，民丰县最低，为 899mg/kg；盐分含量皮山县最高，
为 3.2g/kg，和田市最低，为 0.6g/kg。微量元素硼、钼、铜、铁、锰、锌的有效含量
各有高低，差异不明显。

表 4-67　七等地中各县市土壤养分含量平均值比较

养分项目	策勒县	和田市	和田县	洛浦县	民丰县	墨玉县	皮山县	于田县
有机质（g/kg）	9.2	15.7	14.2	8.4	9.2	12.6	14.2	12.2
全氮（g/kg）	0.40	0.60	0.58	0.44	0.37	0.51	0.55	0.48
碱解氮（mg/kg）	46.0	63.8	60.0	46.2	50.6	57.6	67.9	47.0
有效磷（mg/kg）	17.4	35.6	40.9	17.7	13.0	36.2	30.5	15.3
速效钾（mg/kg）	168	145	151	140	91	117	182	129
缓效钾（mg/kg）	1 189	1 606	1 363	1 361	899	1 247	1 119	1 037
有效铜（mg/kg）	0.68	0.74	0.66	0.62	0.89	0.55	0.63	0.62
有效铁（mg/kg）	10.1	8.1	8.7	9.2	8.8	8.3	9.4	9.7
有效锌（mg/kg）	0.61	0.72	0.95	0.76	0.40	0.96	0.65	0.54
有效硼（mg/kg）	1.6	4.8	2.8	5.4	2.0	1.4	0.7	1.6
有效锰（mg/kg）	3.0	3.0	3.6	2.7	2.8	3.7	4.3	2.4
有效硫（mg/kg）	44.13	41.70	42.05	45.54	47.76	40.14	42.85	42.11
有效钼（mg/kg）	0.16	0.15	0.15	0.15	0.18	0.18	0.13	0.16
有效硅（mg/kg）	88.78	111.49	109.76	103.46	71.77	100.51	80.69	94.73
pH	8.32	8.30	8.35	8.52	8.25	8.31	8.24	8.30
盐分（g/kg）	1.9	0.6	0.7	1.5	0.8	1.1	3.2	0.8

七等地有机质含量为二级（20.0～25.0g/kg）的面积为 0.08khm²，占比 0.29%；
有机质含量为三级（15.0～20.0g/kg）的面积为 6.32khm²，占比 22.89%；有机质含量
为四级（10.0～15.0g/kg）的面积为 9.67khm²，占比 35.01%；有机质含量为五级
（≤10.0g/kg）的面积为 11.54khm²，占比 41.81%。表明和田地区七等地有机质含量以
中等偏下为主，偏上的面积和比例较少（表 4-68）。

七等地全氮含量为二级（1.00～1.50g/kg）的面积为 0.01khm²，占比 0.03%；全
氮含量为三级（0.75～1.00g/kg）的面积为 0.49khm²，占比 1.77%；全氮含量为四级
（0.50～0.75g/kg）的面积为 11.26khm²，占比 40.79%；全氮含量为五级
（≤0.50g/kg）的面积为 15.85khm²，占比 57.41%。表明和田地区七等地全氮含量以偏

下为主，中等偏上的面积和比例较少。

七等地碱解氮含量为二级（120~150mg/kg）的面积为0.06khm²，占比0.23%；碱解氮含量为三级（90~120mg/kg）的面积为0.36khm²，占比1.30%；碱解氮含量为四级（60~90gmg/kg）的面积为8.41khm²，占比30.47%；碱解氮含量为五级（≤60mg/kg）的面积为18.78khm²，占比68.00%。表明和田地区七等地碱解氮含量以偏下为主，中等偏上的面积和比例较少。

七等地有效磷含量为一级（>30.0g/kg）的面积为12.17khm²，占比44.09%；有效磷含量为二级（20.0~30.0g/kg）的面积为4.00khm²，占比14.50%；有效磷含量为三级（15.0~20.0g/kg）的面积为5.80khm²，占比20.99%；有效磷含量为四级（8.0~15.0g/kg）的面积为5.32khm²，占比19.26%；有效磷含量为五级（≤8.0g/kg）的面积为0.32khm²，占比1.16%。表明和田地区七等地有效磷含量以中等偏上为主，偏下的面积和比例较少。

七等地速效钾含量为一级（>250g/kg）的面积为1.67khm²，占比6.06%；速效钾含量为二级（200~250g/kg）的面积为1.96khm²，占比7.09%；速效钾含量为三级（150~200g/kg）的面积为7.16khm²，占比25.92%；速效钾含量为四级（100~150g/kg）的面积为12.30khm²，占比44.54%；速效钾含量为五级（≤100g/kg）的面积为4.53khm²，占比16.39%。表明和田地区七等地速效钾含量以中等偏下为主，偏上的面积和比例较少（表4-68）。

表4-68　七等地土壤养分各级别面积与比例

养分项目	一级		二级		三级		四级		五级	
	面积（khm²）	比例（%）	面积（khm²）	比例（%）	面积（khm²）	比例（%）	面积（khm²）	比例（%）	面积（khm²）	比例（%）
有机质	—	—	0.08	0.29	6.32	22.89	9.67	35.01	11.54	41.81
全氮	—	—	0.01	0.03	0.49	1.77	11.26	40.79	15.85	57.41
碱解氮	—	—	0.06	0.23	0.36	1.30	8.41	30.47	18.78	68.00
有效磷	12.17	44.09	4.00	14.50	5.80	20.99	5.32	19.26	0.32	1.16
速效钾	1.67	6.06	1.96	7.09	7.16	25.92	12.30	44.54	4.53	16.39

第九节　八等地耕地质量等级特征

一、八等地分布特征

（一）区域分布

和田地区八等地耕地面积22.10khm²，占和田地区耕地面积的9.76%。其中，策勒县3.06khm²，占策勒县耕地的12.69%；和田市0.67khm²，占和田市耕地的4.52%；

和田县 4.93khm²，占和田县耕地的 16.23%；洛浦县 0.87khm²，占洛浦县耕地的 3.08%；民丰县 1.62khm²，占民丰县耕地的 23.32%；墨玉县 4.04khm²，占墨玉县耕地的 8.12%；皮山县 6.02khm²，占皮山县耕地的 16.20%；于田县 0.89khm²，占于田县耕地的 2.54%（表4-69）。

表4-69　各县市八等地面积及占辖区耕地面积的比例

县市	面积（khm²）	比例（%）
策勒县	3.06	12.69
和田市	0.67	4.52
和田县	4.93	16.23
洛浦县	0.87	3.08
民丰县	1.62	23.32
墨玉县	4.04	8.12
皮山县	6.02	16.20
于田县	0.89	2.54

八等地在县域的分布上差异较大。八等地面积占全县耕地面积的比例大于20%的仅有1个，是民丰县。

八等地面积占全县耕地面积的比例在10%~20%的有3个，分别是策勒县、和田县和皮山县。

八等地面积占全县耕地面积的比例在10%以下的有4个，分别是和田市、洛浦县、墨玉县和于田县。

（二）土壤类型

从土壤类型来看，和田地区八等地分布面积和比例最大的土壤类型分别是棕漠土、灌淤土和风沙土，分别占八等地总面积的30.87%、27.71%和22.34%，其次是草甸土、盐土和潮土，分别占八等地总面积的12.52%、2.19%和2.15%，其他土类分布面积较少。详见表4-70。

表4-70　八等地主要土壤类型耕地面积与比例

土壤类型	面积（khm²）	比例（%）
草甸土	2.77	12.52
潮土	0.47	2.15
风沙土	4.94	22.34
灌淤土	6.12	27.71
灰棕漠土	—	—
林灌草甸土	0.17	0.78

（续表）

土壤类型	面积（khm²）	比例（%）
水稻土	0.09	0.42
新积土	0.01	0.05
盐土	0.49	2.19
沼泽土	0.22	0.97
棕钙土	—	—
棕漠土	6.82	30.87
总计	22.1	100.00

二、八等地属性特征

（一）地形部位

八等地的地形部位面积与比例见表4-71。八等地在平原低阶分布最多，面积为5.22km²，占八等地总面积的23.60%，占和田地区耕地平原低阶总面积的7.53%；八等地在沙漠边缘分布面积为4.96km²，占八等地总面积的22.45%，占和田地区耕地沙漠边缘总面积的14.89%；八等地在山地坡下分布面积为4.28km²，占八等地总面积的19.37%，占和田地区耕地山地坡下总面积的18.98%；八等地在平原高阶分布面积为3.86km²，占八等地总面积的17.45%，占和田地区耕地平原高阶总面积的20.47%；八等地在平原中阶分布面积为3.48km²，占八等地总面积的15.75%，占和田地区耕地平原中阶总面积的4.35%；八等地在河滩地分布面积为0.30km²，占八等地总面积的1.38%，占和田地区耕地河滩地总面积的14.73%。无山间盆地地形部位面积分布。

表4-71　八等地的地形部位面积与比例

地形部位	面积（khm²）	比例（%）	占相同地形部位的比例（%）
平原高阶	3.86	17.45	20.47
平原中阶	3.48	15.75	4.35
平原低阶	5.22	23.60	7.53
沙漠边缘	4.96	22.45	14.89
山地坡下	4.28	19.37	18.98
山间盆地	—	—	—
河滩地	0.30	1.38	14.73

（二）灌溉能力

八等地中，灌溉能力为充分满足的耕地面积为0.13km²，占八等地面积的0.61%，占和田地区相同灌溉能力耕地总面积的 0.25%；灌溉能力为满足的耕地面积为 9.84km²，占八等地面积的 44.53%，占和田地区相同灌溉能力耕地总面积的 11.33%；灌溉能力为基本满足的耕地面积为 6.77km²，占八等地面积的 30.63%，占和田地区相同灌溉能力耕地总面积的 12.29%；灌溉能力为不满足的耕地面积为 5.36km²，占八等地面积的 24.23%，占和田地区相同灌溉能力耕地总面积的 18.07%（表4-72）。

表4-72 不同灌溉能力下八等地的面积与比例

灌溉能力	面积（km²）	比例（%）	占相同灌溉能力的比例（%）
充分满足	0.13	0.61	0.25
满足	9.84	44.53	11.33
基本满足	6.77	30.63	12.29
不满足	5.36	24.23	18.07

（三）质地

不同耕层质地在和田地区八等地中的面积及占比见表4-73。八等地中，耕层质地以砂壤为主，面积达 13.15km²，占比为 59.48%，占和田地区相同质地耕地总面积的 8.19%；其次是砂土，面积为 8.91km²，占比为 40.32%，占和田地区相同质地耕地总面积的 16.80%；另外黏土面积为 0.04km²，占八等地总面积的 0.20%，占和田地区相同质地耕地总面积的 5.24%；无轻壤和中壤质地的耕地面积分布。

表4-73 八等地的耕层质地与比例

质地	面积（km²）	比例（%）	占相同质地耕地面积（%）
砂土	8.91	40.32	16.80
砂壤	13.15	59.48	8.19
轻壤	0.00	0.0	0.00
中壤	0.00	0.00	0.00
黏土	0.04	0.20	5.24
总计	22.10	100.00	9.76

（四）盐渍化程度

八等地的盐渍化程度见表4-74。无盐渍化的耕地面积为 18.36km²，占八等地总面积的 83.07%，占相同盐渍化程度耕地面积的 9.02%；轻度盐渍化的耕地面积为 3.30km²，占八等地总面积的 14.93%，占相同盐渍化程度耕地面积的 17.81%；中度盐渍化的耕地面积为 0.43km²，占八等地总面积的 1.96%，占相同盐渍化程度耕地面积的 12.17%；重度盐渍化的耕地面积为 0.01km²，占八等地总面积的 0.03%，占相同盐渍化程度耕地面积的 1.72%；盐土耕地面积为 0.002km²，占八等地总面积的

0.01%，占相同盐渍化程度耕地面积的 0.56%。

表 4-74　八等地的盐渍化程度

盐渍化程度	面积（khm²）	比例（%）	占相同盐渍化程度耕地面积（%）
无	18.36	83.07	9.02
轻度	3.30	14.93	17.81
中度	0.43	1.96	12.17
重度	0.01	0.03	1.72
盐土	0.002	0.01	0.56
总计	22.10	100.00	9.76

（五）养分状况

对和田地区八等地耕层养分进行统计，见表 4-75。八等地的养分含量平均值分别为：有机质 11.4g/kg、全氮 0.48g/kg、碱解氮 53.3mg/kg、有效磷 26.4mg/kg、速效钾 150mg/kg、缓效钾 1 242mg/kg、有效铜 0.63mg/kg、有效铁 8.9mg/kg、有效锌 0.74mg/kg、有效硼 2.1mg/kg、有效锰 3.6mg/kg、有效硫 42.08mg/kg、有效钼 0.15mg/kg、有效硅 96.62mg/kg、pH 8.40、盐分 1.4g/kg。

表 4-75　八等地土壤养分含量

项目	平均值	标准差
有机质（g/kg）	11.4	5.0
全氮（g/kg）	0.48	0.16
碱解氮（mg/kg）	53.3	19.1
有效磷（mg/kg）	26.4	13.6
速效钾（mg/kg）	150	52
缓效钾（mg/kg）	1 242	192
有效铜（mg/kg）	0.63	0.14
有效铁（mg/kg）	8.9	1.2
有效锌（mg/kg）	0.74	0.23
有效硼（mg/kg）	2.1	1.8
有效锰（mg/kg）	3.6	0.8
有效硫（mg/kg）	42.08	6.21
有效钼（mg/kg）	0.15	0.02
有效硅（mg/kg）	96.62	15.51
pH	8.40	0.23
盐分（g/kg）	1.4	1.5

对和田地区八等地中各县市的土壤养分含量平均值比较见表4-76。可以发现有机质含量和田县最高，为13.1g/kg，民丰县最低，为6.1g/kg；全氮含量和田县最高，为0.56g/kg，民丰县最低，为0.29g/kg；碱解氮含量皮山县最高，为62.2mg/kg，民丰县最低，为35.3mg/kg；有效磷含量和田县最高，为33.9mg/kg，民丰县最低，为12.4mg/kg；速效钾含量洛浦县最高，为187mg/kg，于田县最低，为109mg/kg；缓效钾含量洛浦县最高，为1 508mg/kg，民丰县最低，为963mg/kg；盐分含量策勒县最高，为2.6g/kg，和田市、和田县和民丰县最低，为0.7g/kg。微量元素硼、钼、铜、铁、锰、锌的有效含量各有高低，差异不明显。

表4-76　八等地中各县市土壤养分含量平均值比较

养分项目	策勒县	和田市	和田县	洛浦县	民丰县	墨玉县	皮山县	于田县
有机质（g/kg）	8.4	10.4	13.1	9.5	6.1	10.8	12.7	12.2
全氮（g/kg）	0.36	0.44	0.56	0.45	0.29	0.48	0.52	0.42
碱解氮（mg/kg）	46.7	48.0	57.4	50.1	35.3	48.4	62.2	42.4
有效磷（mg/kg）	20.1	23.4	33.9	20.5	12.4	25.9	25.5	19.6
速效钾（mg/kg）	174	141	152	187	111	124	160	109
缓效钾（mg/kg）	1 168	1 494	1 377	1 508	963	1 187	1 106	1 032
有效铜（mg/kg）	0.67	0.68	0.68	0.68	0.78	0.52	0.58	0.59
有效铁（mg/kg）	10.2	8.7	8.6	9.3	8.7	7.8	9.3	8.9
有效锌（mg/kg）	0.62	0.78	0.93	0.69	0.44	0.81	0.61	0.49
有效硼（mg/kg）	1.6	3.9	2.9	4.8	2.2	1.6	0.7	1.5
有效锰（mg/kg）	3.0	3.3	3.5	3.0	2.7	4.2	4.1	2.4
有效硫（mg/kg）	43.61	41.65	41.83	42.62	46.11	40.45	41.91	40.74
有效钼（mg/kg）	0.16	0.15	0.15	0.15	0.18	0.16	0.14	0.18
有效硅（mg/kg）	89.53	105.62	110.45	104.23	79.50	97.30	80.95	90.58
pH	8.26	8.44	8.40	8.58	8.58	8.48	8.29	8.41
盐分（g/kg）	2.6	0.7	0.7	1.9	0.7	1.1	2.3	0.9

八等地有机质含量为二级（20.0~25.0g/kg）的面积为0.27km²，占比1.22%；有机质含量为三级（15.0~20.0g/kg）的面积为4.22km²，占比19.09%；有机质含量为四级（10.0~15.0g/kg）的面积为5.16km²，占比23.32%；有机质含量为五级（≤10.0g/kg）的面积为12.46km²，占比56.37%。表明和田地区八等地有机质含量以中等偏下为主，偏上的面积和比例较少（表4-77）。

八等地全氮含量为三级（0.75~1.00g/kg）的面积为0.75km²，占比3.38%；全氮含量为四级（0.50~0.75g/kg）的面积为5.11km²，占比23.13%；全氮含量为五级（≤0.50g/kg）的面积为16.24km²，占比73.49%。表明和田地区八等地全氮含量以偏下为主，中等偏上的面积和比例较少。

八等地碱解氮含量为二级（120~150mg/kg）的面积为0.21khm²，占比0.97%；碱解氮含量为三级（90~120mg/kg）的面积为0.33khm²，占比1.51%；碱解氮含量为四级（60~90gmg/kg）的面积为3.87khm²，占比17.50%；碱解氮含量为五级（≤60mg/kg）的面积为17.69khm²，占比80.02%。表明和田地区八等地碱解氮含量以偏下为主，中等偏上的面积和比例较少。

八等地有效磷含量为一级（>30.0g/kg）的面积为7.53khm²，占比34.07%；有效磷含量为二级（20.0~30.0g/kg）的面积为3.69khm²，占比16.69%；有效磷含量为三级（15.0~20.0g/kg）的面积为5.70khm²，占比25.79%；有效磷含量为四级（8.0~15.0g/kg）的面积为4.32khm²，占比19.55%；有效磷含量为五级（≤8.0g/kg）的面积为0.86khm²，占比3.90%。表明和田地区八等地有效磷含量以中等偏上为主，偏下的面积和比例较少。

八等地速效钾含量为一级（>250g/kg）的面积为1.16khm²，占比5.25%；速效钾含量为二级（200~250g/kg）的面积为1.43khm²，占比6.48%；速效钾含量为三级（150~200g/kg）的面积为6.84khm²，占比30.97%；速效钾含量为四级（100~150g/kg）的面积为9.44khm²，占比42.70%；速效钾含量为五级（≤100g/kg）的面积为3.23khm²，占比14.60%。表明和田地区八等地速效钾含量以中等偏下为主，偏上的面积和比例较少。详见表4-77。

表4-77　八等地土壤养分各级别面积与比例

养分项目	一级		二级		三级		四级		五级	
	面积（khm²）	比例（%）	面积（khm²）	比例（%）	面积（khm²）	比例（%）	面积（khm²）	比例（%）	面积（khm²）	比例（%）
有机质	—	—	0.27	1.22	4.22	19.09	5.16	23.32	12.46	56.37
全氮	—	—	—	—	0.75	3.38	5.11	23.13	16.24	73.49
碱解氮	—	—	0.21	0.97	0.33	1.51	3.87	17.50	17.69	80.02
有效磷	7.53	34.07	3.69	16.69	5.70	25.79	4.32	19.55	0.86	3.90
速效钾	1.16	5.25	1.43	6.48	6.84	30.97	9.44	42.70	3.23	14.60

第十节　九等地耕地质量等级特征

一、九等地分布特征

（一）区域分布

和田地区九等地耕地面积10.25khm²，占和田地区耕地面积的4.53%。其中，策勒县0.90khm²，占策勒县耕地的3.72%；和田市0.94khm²，占和田市耕地的6.37%；和田县 1.36khm²，占和田县耕地的 4.49%；洛浦县 0.11khm²，占洛浦县耕地的 0.39%；民丰县 0.84khm²，占民丰县耕地的 12.02%；墨玉县 3.34khm²，占墨玉县耕地的 6.71%；皮山县 2.31khm²，占皮山县耕地的 6.21%；于田县 0.45khm²，占于田县耕地的 1.28%（表4-78）。

表4-78 各县市九等地面积及占辖区耕地面积的比例

县市	面积（khm²）	比例（%）
策勒县	0.90	3.72
和田市	0.94	6.37
和田县	1.36	4.49
洛浦县	0.11	0.39
民丰县	0.84	12.02
墨玉县	3.34	6.71
皮山县	2.31	6.21
于田县	0.45	1.28

九等地在县域的分布上差异较小。九等地面积占全县耕地面积的比例大于10%的仅有1个，是民丰县。

九等地面积占全县耕地面积的比例在10%以下的有7个，分别是策勒县、和田市、和田县、洛浦县、墨玉县、皮山县和于田县。

（二）土壤类型

从土壤类型来看，和田地区九等地分布面积和比例最大的土壤类型分别是灌淤土、风沙土和草甸土，分别占九等地总面积的41.60%、21.22%和16.28%，其次是棕漠土、林灌草甸土和潮土，分别占九等地总面积的9.96%、7.20%和2.73%，其他土类分布面积较少。详见表4-79。

表4-79 九等地主要土壤类型耕地面积与比例

土壤类型	面积（khm²）	比例（%）
草甸土	1.67	16.28
潮土	0.28	2.73
风沙土	2.18	21.22
灌淤土	4.26	41.60
灰棕漠土	0.002	0.02
林灌草甸土	0.74	7.20
水稻土	0.02	0.23

（续表）

土壤类型	面积（khm²）	比例（%）
新积土	0.03	0.30
盐土	0.04	0.40
沼泽土	0.01	0.06
棕钙土	—	—
棕漠土	1.02	9.96
总计	10.25	100.00

二、九等地属性特征

（一）地形部位

九等地的地形部位面积与比例见表4-80。九等地在沙漠边缘分布最多，面积为3.98khm²，占九等地总面积的38.88%，占和田地区沙漠边缘总面积的11.95%；九等地在山地坡下分布面积为2.39khm²，占九等地总面积的23.30%，占和田地区山地坡下总面积的10.58%；九等地在平原低阶分布面积为1.58khm²，占九等地总面积的15.37%，占和田地区耕地平原低阶总面积的2.27%；九等地在平原高阶分布面积为1.38khm²，占九等地总面积的13.51%，占和田地区耕地平原高阶总面积的7.35%；九等地在平原中阶分布面积为0.91khm²，占九等地总面积的8.83%，占和田地区耕地平原中阶总面积的1.13%；九等地在河滩地分布面积为0.01khm²，占九等地总面积的0.11%，占和田地区耕地河滩地总面积的0.56%。无山间盆地地形部位面积分布。

表4-80　九等地的地形部位面积与比例

地形部位	面积（khm²）	比例（%）	占相同地形部位的比例（%）
平原高阶	1.38	13.51	7.35
平原中阶	0.91	8.83	1.13
平原低阶	1.58	15.37	2.27
沙漠边缘	3.98	38.88	11.95
山地坡下	2.39	23.30	10.58
山间盆地	—	—	—
河滩地	0.01	0.11	0.56

（二）灌溉能力

九等地中，灌溉能力为充分满足的耕地面积为0.07khm²，占九等地面积的0.68%，占和田地区相同灌溉能力耕地总面积的 0.13%；灌溉能力为满足的耕地面积为 2.21km²，占九等地面积的 21.57%，占和田地区相同灌溉能力耕地总面积的 2.54%；灌溉能力为基本满足的耕地面积为 5.24km²，占九等地面积的 51.08%，占和田地区相同灌溉能力耕地总面积的 9.50%；灌溉能力为不满足的耕地面积为 2.73km²，占九等地面积的 26.67%，占和田地区相同灌溉能力耕地总面积的 9.22%（表4-81）。

表4-81　不同灌溉能力下九等地的面积与比例

灌溉能力	面积（khm²）	比例（%）	占相同灌溉能力的比例（%）
充分满足	0.07	0.68	0.13
满足	2.21	21.57	2.54
基本满足	5.24	51.08	9.50
不满足	2.73	26.67	9.22

（三）质地

不同耕层质地在和田地区九等地中的面积及占比见表4-82。九等地中，耕层质地以砂壤为主，面积达 5.43km²，占比为 53.00%，占和田地区相同质地耕地总面积的 3.38%；其次是砂土，面积为 4.66km²，占比为 45.51%，占和田地区相同质地耕地总面积的 8.79%；另外轻壤和黏土所占比例较低，占九等地总面积的 0.27% 和 1.22%。无中壤质地的耕地面积分布。

表4-82　九等地耕层质地面积与比例

质地	面积（khm²）	比例（%）	占相同质地耕地面积（%）
砂土	4.66	45.51	8.79
砂壤	5.43	53.00	3.38
轻壤	0.03	0.27	0.25
中壤	—	—	—
黏土	0.13	1.22	14.56
总计	10.25	100.00	4.52

（四）盐渍化程度

九等地的盐渍化程度见表4-83。无盐渍化的耕地面积为 8.39km²，占九等地总面积的 81.88%，占相同盐渍化程度耕地面积的 4.12%；轻度盐渍化的耕地面积为 1.49km²，占九等地总面积的 14.56%，占相同盐渍化程度耕地面积的 8.05%；中度盐渍化的耕地面积为 0.36km²，占九等地总面积的 3.47%，占相同盐渍化程度耕地面积的 9.99%；重度盐渍化的耕地面积为 0.01km²，占九等地总面积的 0.09%，占相同盐渍化程度耕地面积的 2.27%。无盐土质地的耕地面积分布。

表4-83　九等地的盐渍化程度

盐渍化程度	面积（khm²）	比例（%）	占相同盐渍化程度耕地面积（%）
无	8.39	81.88	4.12
轻度	1.49	14.56	8.05
中度	0.36	3.47	9.99
重度	0.01	0.09	2.27
盐土	—	—	—
总计	10.25	100.00	4.52

（五）养分状况

对和田地区九等地耕层养分进行统计，见表4-84。九等地的养分含量平均值分别为：有机质9.84g/kg、全氮0.43g/kg、碱解氮49.1mg/kg、有效磷28.2mg/kg、速效钾165mg/kg、缓效钾 1 247mg/kg、有效铜0.6mg/kg、有效铁8.5mg/kg、有效锌0.73mg/kg、有效硼2.6mg/kg、有效锰3.6mg/kg、有效硫43.13mg/kg、有效钼0.15mg/kg、有效硅98.39mg/kg、pH 8.47、盐分1.7g/kg。

表4-84　九等地土壤养分含量

项目	平均值	标准差
有机质（g/kg）	9.84	4.47
全氮（g/kg）	0.43	0.13
碱解氮（mg/kg）	49.1	16.6
有效磷（mg/kg）	28.2	15.5
速效钾（mg/kg）	165	60
缓效钾（mg/kg）	1 247	169
有效铜（mg/kg）	0.6	0.14
有效铁（mg/kg）	8.5	1.4
有效锌（mg/kg）	0.73	0.24
有效硼（mg/kg）	2.6	2.9
有效锰（mg/kg）	3.6	0.6
有效硫（mg/kg）	43.13	8.48
有效钼（mg/kg）	0.15	0.02
有效硅（mg/kg）	98.39	19.12
pH	8.47	0.24
盐分（g/kg）	1.7	1.6

对和田地区九等地中各县市的土壤养分含量平均值比较见表4-85。可以发现有机质含量于田县最高，为13.6g/kg，民丰县最低，为6.2g/kg；全氮含量和田市最高，为0.49g/kg，民丰县最低，为0.30g/kg；碱解氮含量皮山县最高，为58.7mg/kg，民丰县最低，为38.4mg/kg；有效磷含量墨玉县最高，为37.5mg/kg，民丰县最低，为13.3mg/kg；速效钾含量洛浦县最高，为191mg/kg，于田县最低，为129mg/kg；缓效钾含量和田市最高，为1 497mg/kg，民丰县最低，为1 012mg/kg；盐分含量皮山县最高，为2.9g/kg，和田市和于田县最低，为0.6g/kg。微量元素硼、钼、铜、铁、锰、锌的有效含量各有高低，差异不明显。

表4-85　九等地中各县市土壤养分含量平均值比较

养分项目	策勒县	和田市	和田县	洛浦县	民丰县	墨玉县	皮山县	于田县
有机质（g/kg）	9.1	11.6	7.4	8.20	6.2	9.3	12.5	13.6
全氮（g/kg）	0.41	0.49	0.37	0.38	0.30	0.42	0.48	0.47
碱解氮（mg/kg）	47.3	54.0	41.4	39.1	38.4	48.9	58.7	40.5
有效磷（mg/kg）	23.0	23.8	21.6	17.1	13.3	37.5	29.1	29.2
速效钾（mg/kg）	175	145	173	191	156	167	166	129
缓效钾（mg/kg）	1 230	1 497	1 415	1 441	1 012	1 211	1 103	1 063
有效铜（mg/kg）	0.74	0.69	0.65	0.62	0.71	0.49	0.59	0.67
有效铁（mg/kg）	9.9	8.8	8.9	7.8	8.7	7.4	9.0	11.0
有效锌（mg/kg）	0.57	0.79	0.89	0.76	0.47	0.80	0.62	0.61
有效硼（mg/kg）	1.4	5.4	4.5	11.8	2.5	1.5	0.7	1.7
有效锰（mg/kg）	3.1	3.3	3.5	2.7	2.6	3.8	4.1	2.6
有效硫（mg/kg）	43.19	45.51	44.70	62.44	46.00	38.90	43.12	44.47
有效钼（mg/kg）	0.18	0.15	0.15	0.18	0.18	0.16	0.14	0.15
有效硅（mg/kg）	87.43	115.82	112.59	139.31	85.28	97.61	80.91	97.20
pH	8.31	8.43	8.54	8.76	8.60	8.54	8.33	8.56
盐分（g/kg）	2.4	0.6	1.2	2.4	1.3	1.4	2.9	0.6

九等地有机质含量为二级（20.0~25.0g/kg）的面积为0.06khm²，占比0.57%；有机质含量为三级（15.0~20.0g/kg）的面积为1.38khm²，占比13.44%；有机质含量为四级（10.0~15.0g/kg）的面积为2.75khm²，占比26.85%；有机质含量为五级（≤10.0g/kg）的面积为6.06khm²，占比59.14%。表明和田地区九等地有机质含量以偏下为主，中等偏上的面积和比例较少（表4-86）。

九等地全氮含量为三级（0.75~1.00g/kg）的面积为0.12khm²，占比1.12%；全氮含量为四级（0.50~0.75g/kg）的面积为2.17khm²，占比21.22%；全氮含量为五级（≤0.50g/kg）的面积为7.96khm²，占比77.66%。表明和田地区九等地全氮含量以偏下为主，中等偏上的面积和比例较少。

九等地碱解氮含量为二级（120～150mg/kg）的面积为0.04khm²，占比0.40%；碱解氮含量为三级（90～120mg/kg）的面积为0.08khm²，占比0.76%；碱解氮含量为四级（60～90gmg/kg）的面积为2.36khm²，占比23.07%；碱解氮含量为五级（≤60mg/kg）的面积为7.76khm²，占比75.77%。表明和田地区九等地碱解氮含量以偏下为主，中等偏上的面积和比例较少。

九等地有效磷含量为一级（>30.0g/kg）的面积为4.66khm²，占比45.45%；有效磷含量为二级（20.0～30.0g/kg）的面积为1.45khm²，占比14.45%；有效磷含量为三级（15.0～20.0g/kg）的面积为2.17khm²，占比21.14%；有效磷含量为四级（8.0～15.0g/kg）的面积为1.67khm²，占比16.25%；有效磷含量为五级（≤8.0g/kg）的面积为0.31khm²，占比3.01%。表明和田地区九等地有效磷含量以中等偏上为主，偏下的面积分布较少。

九等地速效钾含量为一级（>250g/kg）的面积为0.90khm²，占比8.81%；速效钾含量为二级（200～250g/kg）的面积为0.98khm²，占比9.57%；速效钾含量为三级（150～200g/kg）的面积为2.87khm²，占比28.05%；速效钾含量为四级（100～150g/kg）的面积为4.54khm²，占比44.27%；速效钾含量为五级（≤100g/kg）的面积为0.95khm²，占比9.30%。表明和田地区九等地速效钾含量以中等偏下为主，偏上的面积和比例较少。详见表4-86。

表4-86　九等地土壤养分各级别面积与比例

养分项目	一级		二级		三级		四级		五级	
	面积（khm²）	比例（%）	面积（khm²）	比例（%）	面积（khm²）	比例（%）	面积（khm²）	比例（%）	面积（khm²）	比例（%）
有机质	—	—	0.06	0.57	1.38	13.44	2.75	26.85	6.06	59.14
全氮	—	—	—	—	0.12	1.12	2.17	21.22	7.96	77.66
碱解氮	—	—	0.04	0.40	0.08	0.76	2.36	23.07	7.76	75.77
有效磷	4.66	45.45	1.45	14.15	2.17	21.14	1.67	16.25	0.31	3.01
速效钾	0.90	8.81	0.98	9.57	2.87	28.05	4.54	44.27	0.95	9.30

第十一节　十等地耕地质量等级特征

一、十等地分布特征

（一）区域分布

和田地区十等地耕地面积30.60khm²，占和田地区耕地面积的13.51%。其中，策勒县2.24khm²，占策勒县耕地的9.29%；和田市3.02khm²，占和田市耕地的20.38%；

和田县 5.47khm²，占和田县耕地的 18.02%；洛浦县 0.84khm²，占洛浦县耕地的 2.98%；民丰县 0.72khm²，占民丰县耕地的 10.43%；墨玉县 8.46khm²，占墨玉县耕地的 17.00%；皮山县 3.96khm²，占皮山县耕地的 10.64%；于田县 5.89khm²，占于田县耕地的 16.84%（表4-87）。

表4-87　十等地面积及占辖区耕地面积的比例

县市	面积（khm²）	比例（%）
策勒县	2.24	9.29
和田市	3.02	20.38
和田县	5.47	18.02
洛浦县	0.84	2.98
民丰县	0.72	10.43
墨玉县	8.46	17.00
皮山县	3.96	10.64
于田县	5.89	16.84

十等地在县域的分布上差异较大，十等地面积占全县耕地面积的比例大于20%的仅有1个，是和田市。

十等地面积占全县耕地面积的比例在10%~20%的有5个，分别是和田县、民丰县、墨玉县、皮山县和于田县。

十等地面积占全县耕地面积的比例在10%以下的有2个，分别是策勒县和洛浦县。

（二）土壤类型

从土壤类型来看，和田地区十等地分布面积和比例最大的土壤类型分别是风沙土和灌淤土，分别占十等地总面积的 40.50% 和 20.21%，其次是草甸土、潮土、林灌草甸土、新积土、棕钙土和棕漠土，其他土类分布面积较少。详见表4-88。

表4-88　十等地主要土壤类型耕地面积与比例

土壤类型	面积（khm²）	比例（%）
草甸土	4.13	13.49
潮土	0.54	1.75
风沙土	12.39	40.50
灌淤土	6.19	20.21
灰棕漠土	—	—
林灌草甸土	0.69	2.24
水稻土	0.01	0.04

（续表）

土壤类型	面积（khm²）	比例（%）
新积土	0.62	2.06
盐土	—	—
沼泽土	0.20	0.67
棕钙土	0.72	2.35
棕漠土	5.11	16.69
总计	30.6	100.00

二、十等地属性特征

（一）地形部位

十等地的地形部位面积与比例见表4-89。十等地在沙漠边缘分布最多，面积为21.46km²，占十等地总面积的70.12%，占和田地区耕地沙漠边缘总面积的64.38%；十等地在山地坡下分布面积为6.48km²，占十等地总面积的21.17%，占和田地区山地坡下总面积的28.72%；十等地在平原高阶分布面积为1.27km²，占十等地总面积的4.15%，占和田地区平原高阶总面积的6.74%；十等地在平原中阶分布面积为0.72km²，占十等地总面积的2.36%，占和田地区耕地平原中阶总面积的0.90%；十等地在山间盆地分布面积为0.39km²，占十等地总面积的1.28%，占和田地区耕地山间盆地总面积的100.00%；十等地在平原低阶分布面积为0.28km²，占十等地总面积的0.92%，占和田地区平原低阶总面积的0.40%。无河滩地地形部位面积分布。

表4-89 十等地的地形部位面积与比例

地形部位	面积（khm²）	比例（%）	占相同地形部位的比例（%）
平原高阶	1.27	4.15	6.74
平原中阶	0.72	2.36	0.90
平原低阶	0.28	0.92	0.40
沙漠边缘	21.46	70.12	64.38
山地坡下	6.48	21.17	28.72
山间盆地	0.39	1.28	100.00
河滩地	—	—	—

（二）灌溉能力

十等地中，灌溉能力为满足的耕地面积为0.37km²，占十等地面积的1.22%，占和田地区相同灌溉能力耕地总面积的0.43%；灌溉能力为基本满足的耕地面积为

14.50km^2，占十等地面积的 47.37%，占和田地区相同灌溉能力耕地总面积的
26.31%；灌溉能力为不满足的耕地面积为 15.73km^2，占十等地面积的 51.41%，占
和田地区相同灌溉能力耕地总面积的 53.08%。无充分满足灌溉能力耕地。详见表
4-90。

表 4-90　不同灌溉能力下十等地的面积与比例

灌溉能力	面积（khm^2）	比例（%）	占相同灌溉能力的比例（%）
充分满足	—	—	—
满足	0.37	1.22	0.43
基本满足	14.50	47.37	26.31
不满足	15.73	51.41	53.08

（三）质地

不同耕层质地在和田地区十等地中的面积及占比见表 4-91。十等地中，耕层质地
以砂土为主，面积达 18.67km^2，占比为 61.02%，占和田地区相同质地耕地总面积的
35.21%；其次是砂壤，面积为 11.44km^2，占比为 37.40%，占和田地区相同质地耕地
总面积的 7.13%；另外轻壤、中壤和黏土占十等地总面积分别为 0.47%、0.61% 和
0.50%，占和田地区相同质地耕地总面积分别为 1.30%、23.94% 和 17.81%。

表 4-91　十等地的耕层质地面积与比例

质地	面积（khm^2）	比例（%）	占相同质地耕地面积（%）
砂土	18.67	61.02	35.21
砂壤	11.44	37.40	7.13
轻壤	0.15	0.47	1.30
中壤	0.19	0.61	23.94
黏土	0.15	0.50	17.81
总计	30.60	100.00	13.51

（四）盐渍化程度

十等地的盐渍化程度见表 4-92。无盐渍化的耕地面积为 28.48km^2，占十等地总
面积的 93.06%，占相同盐渍化程度耕地面积的 13.99%；轻度盐渍化的耕地面积为
1.93km^2，占十等地总面积的 6.32%，占相同盐渍化程度耕地面积的 10.43%；中度盐
渍化的耕地面积为 0.16km^2，占十等地总面积的 0.53%，占相同盐渍化程度耕地面积
的 4.56%；重度盐渍化的耕地面积为 0.01km^2，占十等地总面积的 0.02%，占相同盐
渍化程度耕地面积的 1.84%；盐土的耕地面积为 0.02km^2，占十等地总面积的 0.07%，
占相同盐渍化程度耕地面积的 5.64%。

表 4-92　十等地的盐渍化程度

盐渍化程度	面积（khm²）	比例（%）	占相同盐渍化程度耕地面积（%）
无	28.48	93.06	13.99
轻度	1.93	6.32	10.43
中度	0.16	0.53	4.56
重度	0.01	0.02	1.84
盐土	0.02	0.07	5.64
总计	30.60	100.00	13.51

（五）养分状况

对和田地区十等地耕层养分进行统计，见表 4-93。十等地的养分含量平均值分别为：有机质 10.4g/kg、全氮 0.45g/kg、碱解氮 47.3mg/kg、有效磷 25.8mg/kg、速效钾 143mg/kg、缓效钾 1 194mg/kg、有效铜 0.57mg/kg、有效铁 8.5mg/kg、有效锌 0.69mg/kg、有效硼 2.1mg/kg、有效锰 3.5mg/kg、有效硫 40.86mg/kg、有效钼 0.16mg/kg、有效硅 96.70mg/kg、pH 8.48、盐分 1.2g/kg。

表 4-93　十等地土壤养分含量

项目	平均值	标准差
有机质（g/kg）	10.4	4.8
全氮（g/kg）	0.45	0.14
碱解氮（mg/kg）	47.3	15.2
有效磷（mg/kg）	25.8	11.2
速效钾（mg/kg）	143	43
缓效钾（mg/kg）	1 194	191
有效铜（mg/kg）	0.57	0.11
有效铁（mg/kg）	8.5	1.7
有效锌（mg/kg）	0.69	0.23
有效硼（mg/kg）	2.1	1.8
有效锰（mg/kg）	3.5	0.8
有效硫（mg/kg）	40.86	5.70
有效钼（mg/kg）	0.16	0.02
有效硅（mg/kg）	96.70	14.59
pH	8.48	0.21
盐分（g/kg）	1.2	1.4

对和田地区十等地中各县市的土壤养分含量平均值比较见表4-94。可以发现有机质含量洛浦县最高，为14.8g/kg，民丰县最低，为6.0g/kg；全氮含量洛浦县最高，为0.57g/kg，民丰县最低，为0.31g/kg；碱解氮含量策勒县最高，为62.0mg/kg，民丰县最低，为35.9mg/kg；有效磷含量和田县最高，为30.9mg/kg，民丰县最低，为18.8mg/kg；速效钾含量策勒县最高，为169mg/kg，皮山县最低，为132mg/kg；缓效钾含量洛浦县最高，为1 525mg/kg，于田县最低，为975mg/kg；盐分含量皮山县最高，为3.0g/kg，和田市最低，为0.6g/kg。微量元素硼、钼、铜、铁、锰、锌的有效含量各有高低，差异不明显。

表4-94 十等地中各县市土壤养分含量平均值比较

养分项目	策勒县	和田市	和田县	洛浦县	民丰县	墨玉县	皮山县	于田县
有机质（g/kg）	12.7	12.9	10.9	14.8	6.0	8.6	11.3	11.1
全氮（g/kg）	0.50	0.51	0.47	0.57	0.31	0.41	0.44	0.45
碱解氮（mg/kg）	62.0	53.2	49.8	57.6	35.9	41.2	52.6	42.5
有效磷（mg/kg）	26.7	22.3	30.9	30.5	18.8	24.4	27.2	21.3
速效钾（mg/kg）	169	135	148	148	150	146	132	117
缓效钾（mg/kg）	1 215	1 487	1 409	1 525	1 014	1 133	1 106	975
有效铜（mg/kg）	0.68	0.67	0.66	0.70	0.70	0.49	0.51	0.54
有效铁（mg/kg）	11.4	8.5	8.7	8.2	8.6	7.4	9.4	8.3
有效锌（mg/kg）	0.74	0.79	0.91	0.78	0.47	0.69	0.56	0.43
有效硼（mg/kg）	1.8	6.2	3.6	6.4	2.4	1.3	0.7	1.5
有效锰（mg/kg）	3.4	3.2	3.5	3.1	2.6	4.0	4.0	2.4
有效硫（mg/kg）	43.70	47.14	42.19	47.59	45.50	37.71	38.69	43.15
有效钼（mg/kg）	0.15	0.16	0.15	0.16	0.18	0.16	0.14	0.18
有效硅（mg/kg）	90.14	118.84	111.92	123.41	85.57	93.57	82.94	88.58
pH	8.19	8.41	8.54	8.43	8.66	8.57	8.38	8.51
盐分（g/kg）	1.3	0.6	0.7	1.1	1.5	1.1	3.0	1.0

十等地有机质含量为二级（20.0~25.0g/kg）的面积为0.30khm²，占比0.97%；有机质含量为三级（15.0~20.0g/kg）的面积为6.50khm²，占比21.22%；有机质含量为四级（10.0~15.0g/kg）的面积为6.50khm²，占比21.23%；有机质含量为五级（≤10.0g/kg）的面积为17.32khm²，占比56.58%。表明和田地区十等地有机质含量以中等偏下为主，偏上的面积和比例较少（表4-95）。

十等地全氮含量为三级（0.75~1.00g/kg）的面积为0.68khm²，占比2.24%；全氮含量为四级（0.50~0.75g/kg）的面积为8.52khm²，占比27.85%；全氮含量为五级（≤0.50g/kg）的面积为21.40khm²，占比69.91%。表明和田地区十等地全氮含量以偏下为主，中等偏上的面积和比例较少。

十等地碱解氮含量为三级（90~120mg/kg）的面积为 0.06khm²，占比 0.21%；碱解氮含量为四级（60~90mg/kg）的面积为 4.72khm²，占比 15.43%；碱解氮含量为五级（<60mg/kg）的面积为 25.82khm²，占比 84.36%。表明和田地区十等地碱解氮含量以偏下为主，中等偏上的面积和比例较少。

十等地有效磷含量为一级（>30.0g/kg）的面积为 12.57khm²，占比 41.09%；有效磷含量为二级（20.0~30.0g/kg）的面积为 6.57khm²，占比 21.46%；有效磷含量为三级（15.0~20.0g/kg）的面积为 5.81khm²，占比 18.99%；有效磷含量为四级（8.0~15.0g/kg）的面积为 5.13khm²，占比 16.75%；有效磷含量为五级（≤8.0g/kg）的面积为 0.52khm²，占比 1.71%。表明和田地区十等地有效磷含量以中等偏上为主，偏下的面积和比例较少。

十等地速效钾含量为一级（>250g/kg）的面积为 0.32khm²，占比 1.03%；速效钾含量为二级（200~250g/kg）的面积为 1.78khm²，占比 5.82%；速效钾含量为三级（150~200g/kg）的面积为 7.94khm²，占比 25.93%；速效钾含量为四级（100~150g/kg）的面积为 17.18khm²，占比 56.13%；速效钾含量为五级（≤100g/kg）的面积为 3.39khm²，占比 11.09%。表明和田地区十等地速效钾含量以中等偏下为主，偏上的面积和比例较少。

表 4-95 十等地土壤养分各级别面积与比例

养分项目	一级		二级		三级		四级		五级	
	面积（khm²）	比例（%）	面积（khm²）	比例（%）	面积（khm²）	比例（%）	面积（khm²）	比例（%）	面积（khm²）	比例（%）
有机质	—	—	0.30	0.97	6.50	21.23	6.50	21.22	17.32	56.58
全氮	—	—	—	—	0.68	2.24	8.52	27.85	21.40	69.91
碱解氮	—	—	—	—	0.06	0.21	4.72	15.43	25.82	84.36
有效磷	12.57	41.09	6.57	21.46	5.81	18.99	5.13	16.75	0.52	1.71
速效钾	0.32	1.03	1.78	5.82	7.94	25.93	17.18	56.13	3.39	11.09

第十二节 耕地质量提升与改良利用

耕地质量评价的目的是依据评价的结果对和田地区的耕地质量进行保护提升，以逐步提高和田地区农作物产量，改良中低产田。和田地区气候条件差、地形地貌较为复杂，因此对于本次评价出的不同等级的耕地在耕地质量提升与改良措施上应分别对待，依据各等级及其主要障碍因素，分别采取不同的地力提升与改良措施。本次评价出的一至三等地限制因素相对较少，归为高等地；四至六等地限制因素中等，归为中等地；七至十级耕地肥力低，具有较高的限制因素，因此归为低等地。针对和田地区高、中、低不同质量等级的耕地，要因地制宜地确定改良利用方案，科学规划，合理配置，并制定相应的政策法规，以地力培肥、土壤改良、养分平衡、质量修复为主要出发点，做到因土用地，在保证耕地质量不下降的基础上，实现经济、社会、生态环境的同步发展，着力提升耕地内在质量，为农业生产夯实长远基础。

1. 高等地的地力保持途径

和田地区高等地主要分布在具有灌溉条件的平原上，质地壤土，较少障碍因素，熟化程度高，有机质及养分含量高，机械化耕作与收割方便，适种范围广，是和田地区重要的农作物产地。但由于和田地区地力基础较低，因此地力保持途径关键在于以下几点。

一是增施有机肥，以不断培肥地力。通过政府引导、部门示范等途径，逐渐改变农户重化学肥料轻有机肥料的习惯，提高农户秸秆还田和农家肥的施用量，以保持和提高地力。

二是完善灌溉配套设施。充分利用和田地区现有的河流、水库等水利条件，改造陈旧灌溉沟渠，推进高效、节水灌溉方式的推广。

三是用地养地相结合。尽管和田地区的高等地目前而言具有一定程度的优势，但毕竟大部分处于干旱、半干旱地区，易受到多重因素的威胁，因此在利用上除尽可能让高等地发挥作用之外，还应注重耕地的养护。可采取轮作、套种复种绿肥等形式，以达到培肥地力、维持土壤养分平衡的目的。

2. 中等地的地力提升措施

和田地区中等地主要分布在具有一定灌溉条件的平原，这些耕地分布范围广、面积较大，质地中等，土壤质量差别较大，有机质及养分含量中等，灌溉能力多在满足或基本满足，生产潜力巨大。应从以下四个方面提升地力。

第一，大力促进秸秆还田及有机肥的施用，以培肥地力。土壤有机质和养分含量较低是和田地区中等地质量低下的重要原因之一，一方面可以通过发展和田地区具有优势的畜牧业，多积农家肥，另一方面将作物秸秆制肥施入农地，同时也要保证化学肥料的合理投入。

第二，加大农、林、路、渠的配套建设。和田地区中等地所处区域一般较为干旱，生态环境脆弱，易受干旱、大风等危害影响。因此需要尽快建立健全农、林、路、渠相配套的农田防护林体系，同时充分利用现有的河流、水库等水资源，提高中等地的灌溉水平和能力，努力改善农田环境，增强农业抵抗和防御自然灾害的能力。

第三，可以实行耕地休耕制度。和田地区中等地尽管具有较高的潜力，但也不能过度地利用，可以在一些地方试点耕地轮休制度，通过深翻之后让耕地休息1~2年后，实现用地养地相结合，保护和提升地力，增强农业发展后劲。

第四，积极推广应用农业新技术，大力推广测土配方施肥技术，在增施农肥的基础上，精细整地，隔年轮翻加深耕等活化土壤。

3. 低等地的培肥改良途径

和田地区低等地部分是由于养分贫瘠造成的，其他因素，如盐渍化、荒漠化、沙化、水资源短缺等均可能是限制耕地质量的因素，因此可以将和田地区低等地按照限制因素的不同划分成不同的类型，并针对不同的类型提出相应的改良措施。

（1）肥力贫瘠型　此类耕地主要分布在土壤发育微弱、植被覆盖度较低、养分积累困难、有机质及养分含量低的地带。因此在改良上应以增施有机肥和补充作物所需氮磷钾肥为主，同时注重秸秆还田，使地力逐渐提高。

（2）水、热限制型　此类耕地主要指由于耕地所处海拔较高，水热成为农作物生长的限制因素，从土壤本身的肥力来看，其有机质及各种养分含量并不算低，但由于全年仅有夏季才会有较高的热量，受到积温的限制，不利于作物的生长。对于此类耕地，首先应通过抢抓农时，充分利用热量最为丰富的夏季，合理规划农作物种植时间；其次也可以通过引进适宜于热量限制区域的农作物品种进行种植。

（3）盐碱障碍型　这类耕地在和田地区分布面积较广，除部分由于土壤本身盐碱含量较高引起的，还有一部分是由于不合理的灌溉引起的次生盐渍化。对于此类耕地的改良，第一可以通过建立完善的排灌系统，做到灌、排分开，加强用水管理，严格控制地下水水位，通过灌水冲洗、引洪放淤等，不断淋洗和排出土壤中的盐分。第二通过深耕、平整土地、加填客土、盖草、翻淤、盖沙、增施有机肥等改善土壤成分和结构，增强土壤渗透性能，加速盐分淋洗。第三可以种植和翻压绿肥牧草、秸秆还田、施用菌肥、种植耐盐植物、植树造林等，提高土壤肥力，改良土壤结构，并改善农田小气候，减少地表水分蒸发，抑制返盐。

（4）沙化威胁型　这类耕地主要分布在距离沙漠较近的绿洲、农牧交错区域，由于人为过度放牧或翻耕因此受到沙化威胁，土壤表现出过分疏松、漏水漏肥、有机质缺乏、蒸发量大、保温性能低、肥劲短、后期易脱肥等特点。对于这类耕地，一是大量施用有机肥料。这是改良砂质土壤的最有效方法，即把各种厩肥、堆肥在春耕或秋耕时翻入土中，由于有机质的缓冲作用，可以适当多施可溶性化学肥料，尤其是铵态氮肥和磷肥能够保存在缝中不致流失。二是施用河泥、塘泥。施用河泥不但可以增加土壤养分的补给，也可以使过度疏松、漏水、漏肥的现象大有改善。三是在两季作物间隔的空余季节，种植豆科蔬菜间作、轮作，以增加土壤中的腐殖质和氮素肥料。同时为了阻止土壤的进一步沙化，在受到沙化威胁的耕地周围建立必要的防护林体系。

（5）水源短缺型　这类耕地主要是由于距离水源地较远，常年缺水，作物收成很低。对于这类耕地，短期内改变灌溉短缺状况也不现实，主要通过改变耕作方式，加强田间水肥管理，通过覆盖地膜等提高水分利用效率，并通过秸秆覆盖减少地面蒸发。这些途径在一定程度上可以提高作物产量。

第五章　耕地土壤有机质及主要营养元素

土壤有机质及主要营养元素是作物生长发育所必需的物质基础，其含量直接影响作物的生长发育及产量与品质。土壤有机质及主要营养元素状况是土壤肥力的核心内容，是土壤生产力的物质基础。农业生产上通常以土壤耕层养分含量作为衡量土壤肥力的主要依据。通过对和田地区耕地土壤有机质及主要营养元素状况的测定评价，以期为该区域作物科学施肥制度的建立、高产高效及环境安全的可持续发展提供理论依据与技术支撑。

根据和田地区土壤有机质及养分含量状况，参照《全国九大农区及省级耕地质量监测指标分级标准（试行）》（耕地监测函〔2019〕30号）及新疆第二次土壤普查分级标准，将土壤有机质、全氮、有效磷、速效钾、碱解氮、缓效钾、有效铁、有效锰、有效铜、有效锌、有效硫、有效硅、有效钼、有效硼和pH、盐分等土壤主要营养元素指标分为5个级别，见表5-1。

表5-1　和田地区土壤有机质及主要营养元素分级标准

项目	单位	分级标准				
		一级（高）	二级（较高）	三级（中）	四级（较低）	五级（低）
有机质	g/kg	>25.0	20.0~25.0	15.0~20.0	10.0~15.0	≤10.0
全氮	g/kg	>1.50	1.00~1.50	0.75~1.00	0.50~0.75	≤0.50
碱解氮	mg/kg	>150	120~150	90~120	60~90	≤60
有效磷	mg/kg	>30.0	20.0~30.0	15.0~20.0	8.0~15.0	≤8.0
速效钾	mg/kg	>250	200~250	150~200	100~150	≤100
缓效钾	mg/kg	>1 200	1 000~1 200	800~1 000	600~800	≤600
有效铁	mg/kg	>20.0	15.0~20.0	10.0~15.0	5.0~10.0	≤5.0
有效锰	mg/kg	>15.0	10.0~15.0	5.0~10.0	3.0~5.0	≤3.0
有效铜	mg/kg	>2.00	1.50~2.00	1.00~1.50	0.50~1.00	≤0.50
有效锌	mg/kg	>2.00	1.50~2.00	1.00~1.50	0.50~1.00	≤0.50
有效硫	mg/kg	>50.0	30.0~50.0	15.0~30.0	10.0~15.0	≤10.0
有效硅	mg/kg	>250	150~250	100~150	50~100	≤50
有效钼	mg/kg	>0.20	0.15~0.20	0.10~0.15	0.05~0.10	≤0.05
有效硼	mg/kg	>2.00	1.50~2.00	1.00~1.50	0.50~1.00	≤0.50

第一节 土壤有机质

土壤有机质是指存在于土壤中的所有含碳的有机化合物，它主要包括土壤中各种动物、植物残体，微生物体及其分解和合成的各种有机化合物，其中经过微生物作用形成的腐殖质，主要为腐殖酸及其盐类物质，是土壤有机质的主体。土壤有机质基本成分是纤维素、木质素、淀粉、糖类、油脂、蛋白质等，土壤有机质的主要元素组成是C、O、H、N，分别占52%~58%、9%~34%、3.3%~4.8%和3.7%~4.1%，其次还有硫、磷、铁、镁等。

土壤有机质是衡量土壤肥力的重要指标之一，是土壤的重要组成部分。它不仅是植物营养的重要来源，也是微生物生活和活动的能源。土壤有机质与土壤的发生演变、肥力水平和诸多属性密切相关，而且对于土壤结构的形成、熟化，改善土壤物理性质，调节水肥气热状况也起着重要作用。土壤有机质不仅含有作物生长所需的各种养分，可以直接或间接地为作物生长提供氮、磷、钾、钙、镁、硫和各种微量元素；还影响和制约土壤结构的形成及通气性、渗透性、缓冲性、交换性能和保水保肥性能，是评价耕地质量的重要指标。

一、土壤有机质含量及其空间差异

通过对和田地区371个耕层土壤样品有机质含量测定结果分析，和田地区耕层土壤有机质平均值为8.74g/kg，标准差为3.90g/kg。平均含量以和田市含量最高，为11.60g/kg，其次分别为洛浦县10.40g/kg、和田县9.33g/kg、皮山县8.58g/kg、于田县8.24 g/kg、墨玉县8.12g/kg、策勒县7.44 g/kg，民丰县含量最低，为6.67 g/kg。

和田地区土壤有机质平均变异系数为44.59%，最大值出现在民丰县，为51.41%；最小值出现在皮山县，为35.77%。详见表5-2。

表5-2 和田地区土壤有机质含量及其空间差异

县市	点位数（个）	平均值（g/kg）	标准差（g/kg）	变异系数（%）
策勒县	41	7.44	2.95	39.62
和田市	22	11.60	4.56	39.36
和田县	55	9.33	4.08	43.78
洛浦县	47	10.40	4.46	43.06
民丰县	16	6.67	3.43	51.41
墨玉县	80	8.12	3.61	44.47
皮山县	56	8.58	3.07	35.77
于田县	54	8.24	3.85	46.74
和田地区	371	8.74	3.90	44.59

二、不同土壤类型土壤有机质含量差异

通过对和田地区主要土类土壤有机质测定值平均分析，耕层土壤有机质含量平均最高值出现在盐土，为10.10g/kg，最低值出现在林灌草甸土，为4.99g/kg。

不同土类土壤有机质变异系数平均值为44.59%，最大值为林灌草甸土，为64.80%，最小值为新积土，为19.76%。详见表5-3。

表5-3　和田地区主要土类土壤有机质含量差异

序号	土类	点位数（个）	平均值（g/kg）	标准差（g/kg）	变异系数（%）
1	草甸土	45	8.84	4.57	51.73
2	潮土	14	6.96	3.73	53.54
3	风沙土	18	6.45	2.64	40.96
4	灌淤土	194	9.52	3.78	39.72
5	林灌草甸土	8	4.99	3.23	64.80
6	水稻土	4	9.59	4.23	44.11
7	盐土	9	10.10	4.76	47.03
8	新积土	2	8.66	1.71	19.76
9	沼泽土	1	9.15	—	—
10	棕钙土	5	5.41	2.13	39.45
11	棕漠土	71	7.90	3.41	43.16

三、不同地形、地貌类型土壤有机质含量差异

和田地区不同地形、地貌类型土壤有机质含量平均值由高到低顺序为：平原低阶>平原中阶>河滩地>山地坡上>平原高阶>沙漠边缘。平原低阶和平原中阶有机质含量较高，分别为9.61g/kg和9.00g/kg，平原高阶和沙漠边缘有机质含量较低，分别为5.96g/kg和4.92g/kg。

不同地形、地貌类型土壤有机质变异系数较大值出现在沙漠边缘，为56.98%；较小值出现在河滩地，为38.60%。详见表5-4。

表5-4　和田地区不同地形、地貌类型土壤有机质含量差异

地貌/平均	地形	点位数（个）	平均值（g/kg）	标准差（g/kg）	变异系数（%）
盆地	山地坡上	7	7.69	3.68	47.93

（续表）

地貌/平均	地形	点位数 （个）	平均值 （g/kg）	标准差 （g/kg）	变异系数 （%）
平原	高阶	4	5.96	3.26	54.67
	中阶	312	9.00	3.92	43.52
	低阶	4	9.61	3.86	40.19
	河滩地	29	8.44	3.26	38.60
沙漠	边缘	15	4.92	2.80	56.98

四、不同土壤质地土壤有机质含量差异

通过对和田地区不同质地样品土壤有机质含量测试结果分析，土壤有机质平均含量从高到低的顺序，表现为黏土>砂壤>轻壤>砂土，其黏土较高，为 16.30g/kg，砂土较低，为 7.32g/kg。

不同质地土壤有机质含量的变异系数平均为 44.59%，最大值为砂壤 44.18%，最小值为黏土 16.62%，详见表 5-5。

表 5-5　和田地区不同质地土壤有机质含量差异

质地	点位数 （个）	平均值 （g/kg）	标准差 （g/kg）	变异系数 （%）
黏土	3	16.30	2.72	16.62
轻壤	27	8.86	3.86	43.55
砂壤	293	8.88	3.92	44.18
砂土	48	7.32	3.07	41.95
总计	371	8.74	3.90	44.59

五、土壤有机质的分级与分布

从和田地区耕层土壤有机质分级面积统计数据看，和田地区耕地土壤有机质多数在三级、四级、五级之间。按等级分，二级占 1.77%，三级占 26.74%，四级占 28.81%，五级占 42.68%。无一级地面积分布，提升空间较大。详见表 5-6、图 5-1。

表 5-6　土壤有机质不同等级在和田地区的分布

县市	二级 （20.0~25.0g/kg）		三级 （15.0~20.0g/kg）		四级 （10.0~15.0g/kg）		五级 （≤10.0g/kg）		合计	
	面积 （khm²）	占比 （%）	面积 （khm²）	占比 （%）	面积 （khm²）	占比 （%）	面积 （khm²）	占比 （%）	面积 （khm²）	占比 （%）
策勒县	—	—	3.33	5.49	7.34	11.26	13.42	13.89	24.09	10.64

（续表）

县市	二级 (20.0~25.0g/kg)		三级 (15.0~20.0g/kg)		四级 (10.0~15.0g/kg)		五级 (≤10.0g/kg)		合计	
	面积 (khm²)	占比 (%)	面积 (khm²)	占比 (%)	面积 (khm²)	占比 (%)	面积 (khm²)	占比 (%)	面积 (khm²)	占比 (%)
和田市	0.90	22.46	9.72	16.05	1.91	2.92	2.27	2.35	14.80	6.53
和田县	0.58	14.59	11.13	18.38	9.02	13.82	9.61	9.94	30.34	13.40
洛浦县	1.34	33.46	8.22	13.58	7.25	11.11	11.51	11.91	28.32	12.50
民丰县	—	—	0.53	0.87	0.62	0.96	5.80	6.00	6.95	3.07
墨玉县	0.42	10.54	12.44	20.55	14.87	22.78	22.06	22.82	49.79	21.99
皮山县	0.34	8.54	9.04	14.93	12.40	19.01	15.40	15.93	37.18	16.42
于田县	0.42	10.41	6.15	10.15	11.83	18.14	16.59	17.16	34.99	15.45
总计	4.00	1.77	60.56	26.74	65.24	28.81	96.66	42.68	226.46	100.00

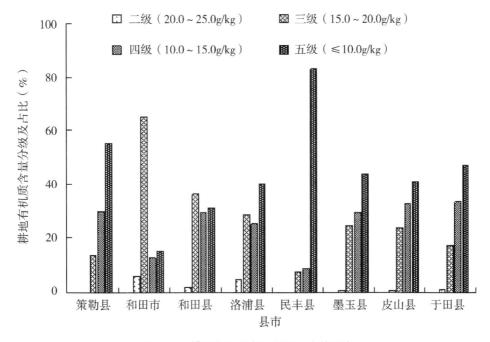

图5-1 耕层有机质含量在各县市的分布

（一）二级

和田地区有机质二级地面积4.00khm²，占和田地区总耕地面积的1.77%。洛浦县二级地面积最大，为1.34khm²，占二级地面积的33.46%；其次为和田市和和田县，分别占二级地面积的22.46%和14.59%；皮山县和于田县面积最低，分别占二级地面积的8.54%和10.41%；策勒县和民丰县无二级地面积分布。

（二）三级

和田地区有机质三级地面积 60.56khm²，占和田地区总耕地面积的 26.74%。墨玉县三级地面积最大，为 12.44khm²，占三级地面积的 20.55%；其次为和田县和和田市，分别占三级地面积 18.38% 和 16.05%；策勒县和民丰县面积最小，分别占三级地面积 5.49% 和 0.87%。

（三）四级

和田地区有机质四级地面积 65.24khm²，占和田地区总耕地面积 28.81%。墨玉县四级地面积最大，为 14.87khm²，占和田地区四级地面积的 22.78%；其次为皮山县和于田县，分别占四级地面积 19.01% 和 18.14%；和田市和民丰县面积最小，分别占四级地面积 2.92% 和 0.96%。

（四）五级

和田地区有机质五级地面积 96.66khm²，占和田地区总耕地面积的 42.68%。墨玉县五级地面积最大，为 22.06khm²，占和田地区五级地面积的 22.82%；其次为于田县和皮山县，分别占五级地面积 17.16% 和 15.93%；和田市和民丰县面积最小，分别占五级地面积 2.35% 和 6.00%。

六、土壤有机质调控

土壤有机质在微生物的作用下，不断进行着矿质化过程和腐殖化过程，在增加有机质的前提下，使土壤的腐殖化过程大于矿化过程，土壤有机质含量出现增长，满足作物在连续生产中对土壤肥力的要求，实现了农业可持续发展。秸秆还田、种植绿肥、增施有机肥与合理的养分配比是和田地区土壤有机质提升的有效途径。

（一）大力推广秸秆直接还田

秸秆中含有大量的有机质、氮磷钾和微量元素，将其归还于土壤中，不但可以提高土壤有机质，还可改善土壤的孔隙度和团聚体含量，改善土壤物理性质，达到蓄水保墒、培肥地力，改善农业生态环境，提高农业综合生产能力。由于秸秆的 C/N 大，多在（60~100）:1，碳多氮少，因此在实施秸秆还田时，应配施适量的氮、磷肥料。还田量一般以 200~400kg/亩为宜。还田时配合使用秸秆腐熟剂，使秸秆快速腐熟分解，不仅可以增加土壤有机质和养分，还可改善土壤结构，使孔隙度增加，土壤疏松，容重减轻，提高微生物活力和促进作物根系的发育。提倡机械化粉碎深翻秸秆还田，玉米每亩地秸秆还田量控制在 600kg 以内，同时配合施用秸秆腐熟剂 3~5kg+尿素 5~10kg，改善土壤结构，抑制土壤盐碱化。

（二）种植绿肥

绿肥含有丰富的有机质及氮素，种植绿肥可显著改善土壤理化性状。特别是豆科绿肥（如草木樨、苜蓿等），可以固定空气中的氮素，增加土壤氮素的有效供给。非豆科绿肥（如玉米、油菜等）由于生物产量高，柔嫩多汁，翻压到土壤中，能快速腐解，也能快速增加土壤有机质含量。目前绿肥的种植模式主要有果园套种绿肥、复播绿肥等形式。

（三）增施农家肥及商品有机肥

农家肥与商品有机肥有机质含量高，制造原理基本相同，只不过商品有机肥是在工厂发酵，条件可控，发酵彻底。要充分利用各种废弃物制造有机肥料，提升土壤有机质含量，促进农业资源的循环利用。结合饲养业和沼气业的发展，拓宽有机肥来源。改进有机肥制造方法和技术，提高工效，减少损失，增进肥效。充分利用各种渣肥（糖渣、酒渣、菇渣、酱渣），饼肥（棉饼、豆饼、麻饼）制造有机肥。使有机肥含量高浓度化，形状颗粒化。同时重视商品有机肥和无机复混肥的施用。让农民在施用有机肥时像施用化肥一样省工、省力，当年见效，以提高农民施用有机肥的积极性。

（四）开展测土配方施肥

化肥的大量投入增加了作物产量，但与此同时大量的养分流失与蒸发，破坏了环境，特别是不合理的养分配比破坏了土壤肥力。测土配方施肥是一种科学施肥方法，它是在施用有机肥的基础上，通过土壤测试、植株营养诊断、田间试验提出合理的养分配比，满足作物均衡吸收各种养分，达到有机与无机养分平衡。有机、无机肥料相结合，一直是科学施肥所倡导的施肥原则，可以对种植的作物生长起到缓急相济、互补长短、缓解氮磷钾比例失调的作用，提高肥料利用率，培肥地力。

第二节　土壤全氮

氮是作物生长发育所必需的营养元素之一，也是农业生产中影响作物产量的最主要的养分限制因子。土壤中的全氮含量代表着土壤氮素的总贮量和供氮潜力。因此，土壤全氮是土壤肥力的主要指标之一。

土壤中的氮元素可分为有机氮和无机氮，两者之和称为全氮。土壤中的氮素绝大部分以有机态的氮存在，无机氮主要是铵态氮、硝态氮和亚硝态氮，它们容易被作物吸收利用。我国耕地土壤全氮含量一般都在 0.2~2.0g/kg，高于 2.0g/kg 的很少，大部分低于 1.0g/kg。

耕作土壤氮素的来源主要为生物固氮、降水、灌水和地下水、施入土壤中的含氮肥料。全氮的含量与有机质含量呈正相关，影响土壤有机质的因素，包括水热条件、土壤质地、微生物种类与数量等，都会对土壤全氮含量产生显著影响。另外，土壤中全氮的含量还受耕作、施肥、灌溉及利用方式的影响，变异性很大。

一、土壤全氮含量及其空间差异

通过对和田地区 371 个耕层土壤样品全氮含量测定结果分析，和田地区耕层土壤全氮平均值为 0.48g/kg，标准差为 0.23g/kg。平均含量以和田市含量最高，为 0.60g/kg，其次分别为洛浦县 0.58g/kg、和田县 0.53g/kg、墨玉县 0.47g/kg、皮山县 0.46g/kg、于田县 0.43g/kg、策勒县 0.40g/kg，民丰县含量最低，为 0.34g/kg。

和田地区土壤全氮平均变异系数为 47.06%，最小值出现在皮山县，为 38.83%；最大值出现在民丰县，为 50.38%。详见表 5-7。

表5-7 和田地区土壤全氮含量及其空间差异

县市	点位数 （个）	平均值 （g/kg）	标准差 （g/kg）	变异系数 （%）
策勒县	41	0.40	0.17	41.49
和田市	22	0.60	0.25	40.80
和田县	55	0.53	0.25	46.28
洛浦县	47	0.58	0.26	44.23
民丰县	16	0.34	0.17	50.38
墨玉县	80	0.47	0.22	46.92
皮山县	56	0.46	0.18	38.83
于田县	54	0.43	0.22	50.31
和田地区	371	0.48	0.23	47.06

二、不同土壤类型土壤全氮含量差异

通过对和田地区主要土类土壤全氮测定值平均分析，耕层土壤全氮含量平均最高值出现在沼泽土，为0.62g/kg，最低值出现在林灌草甸土，为0.26g/kg。

不同土类土壤全氮变异系数以林灌草甸土和草甸土较高，分别为65.85%和55.21%，以新积土和棕钙土变异系数较低，分别为18.05%和35.46%，详见表5-8。

表5-8 和田地区主要土类土壤全氮含量差异

序号	土类	点位数 （个）	平均值 （g/kg）	标准差 （g/kg）	变异系数 （%）
1	草甸土	45	0.47	0.26	55.21
2	潮土	14	0.37	0.20	54.65
3	风沙土	18	0.34	0.14	41.03
4	灌淤土	194	0.53	0.22	41.47
5	林灌草甸土	8	0.26	0.17	65.85
6	水稻土	4	0.51	0.24	47.59
7	盐土	9	0.58	0.29	49.22
8	新积土	2	0.47	0.08	18.05
9	沼泽土	1	0.62	—	—
10	棕钙土	5	0.28	0.10	35.46
11	棕漠土	71	0.43	0.20	46.32

三、不同地形、地貌类型土壤全氮含量差异

和田地区不同地形、地貌类型土壤全氮含量平均值由高到低顺序为：平原低阶>平

原中阶>沙漠边缘>河滩地>山地坡上>平原高阶>沙漠边缘。平原低阶和平原中阶全氮含量较高，分别为 0.53g/kg 和 0.49g/kg，平原高阶和沙漠边缘全氮含量较低，分别为 0.33g/kg 和 0.27g/kg。

不同地形、地貌类型土壤全氮变异系数较大值出现在平原高阶，为 63.03%，较小值出现在河滩地，为 42.76%。详见表 5-9。

表 5-9　和田地区不同地区形、地貌类型土壤全氮含量差异

地貌	地形	点位数 （个）	平均值 （g/kg）	标准差 （g/kg）	变异系数 （%）
盆地	山地坡上	7	0.43	0.23	54.10
平原	高阶	4	0.33	0.21	63.03
	中阶	312	0.49	0.23	45.83
	低阶	4	0.53	0.25	47.79
	河滩地	29	0.47	0.20	42.76
沙漠	边缘	15	0.27	0.16	58.95

四、不同土壤质地土壤全氮含量差异

通过对和田地区不同质地样品土壤全氮含量测试结果分析，土壤全氮平均含量从高到低的顺序表现为黏土>砂壤>轻壤>砂土，其中黏土最高，为 0.92g/kg，砂土最低，为 0.40g/kg。

不同质地土壤全氮含量的变异系数较高值为砂壤 46.38%，较低值为黏土 22.83%，详见表 5-10。

表 5-10　和田地区不同质地土壤全氮含量差异

质地	点位数 （个）	平均值 （g/kg）	标准差 （g/kg）	变异系数 （%）
黏土	3	0.92	0.21	22.83
轻壤	27	0.46	0.21	46.11
砂壤	293	0.49	0.23	46.38
砂土	48	0.40	0.18	45.34
总计	371	0.48	0.23	47.06

五、土壤全氮的分级与分布

从和田地区耕层土壤全氮分级面积统计数据看，和田地区耕地土壤全氮多数在四、五级之间。按等级分，二级占 0.19%，三级占 4.42%，四级占 35.81%，五级占

59.57%。无一级地面积分布，提升空间较大。详见表5-11、图5-2。

表5-11　土壤全氮不同等级在和田地区的分布

县市	二级(1.00~1.50g/kg)		三级(0.75~1.00g/kg)		四级(0.50~0.75g/kg)		五级(≤0.50g/kg)		合计	
	面积(khm²)	占比(%)	面积(khm²)	占比(%)	面积(khm²)	占比(%)	面积(khm²)	占比(%)	面积(khm²)	占比(%)
策勒县	—	—	0.23	2.30	5.00	6.16	18.86	13.98	24.09	10.64
和田市	—	—	1.84	18.40	9.38	11.56	3.58	2.65	14.80	6.53
和田县	0.05	11.93	2.78	27.82	13.87	17.10	13.64	10.11	30.34	13.40
洛浦县	0.33	74.81	2.56	25.52	9.44	11.65	15.99	11.85	28.32	12.50
民丰县	—	—	—	—	0.54	0.66	6.41	4.75	6.95	3.07
墨玉县	0.06	13.26	0.99	9.89	21.81	26.90	26.93	19.96	49.79	21.99
皮山县	—	—	0.81	8.06	13.14	16.20	23.24	17.22	37.18	16.42
于田县	—	—	0.80	8.01	7.92	9.77	26.26	19.47	34.99	15.45
总计	0.44	0.19	10.01	4.42	81.10	35.81	134.91	59.57	226.46	100.00

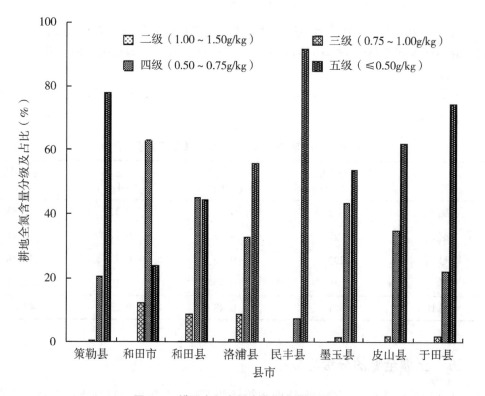

图5-2　耕层全氮含量在各县市的分布

（一）二级

和田地区二级地面积 0.44km²，占和田地区总耕地面积的 0.19%。洛浦县二级地面积最大，为 0.33km²，占二级地面积的 74.81%；其次为和田县和墨玉县，分别占二级地面积的 11.93%和 13.26%。策勒县、和田市、民丰县、皮山县和于田县无二级地面积分布。

（二）三级

和田地区三级地面积 10.01km²，占和田地区总耕地面积的 4.42%。和田县三级地面积最大，为 2.78km²，占三级地面积的 27.82%；其次为和田市和洛浦县，分别占三级地面积 18.40%和 25.52%；策勒县和于田县面积最小，分别占三级地面积 2.30%和 8.01%。民丰县无三级地面积分布。

（三）四级

和田地区四级地面积 81.10km²，占和田地区总耕地面积 35.81%。墨玉县四级地面积最大，为 21.81km²，占和田地区四级地面积的 26.90%；其次为和田县和皮山县，分别占和田地区四级地面积的 17.10%和 16.20%；民丰县和策勒县面积最小，分别占和田地区四级地面积的 0.66%和 6.16%。

（四）五级

和田地区五级地面积 134.91km²，占和田地区总耕地面积的 59.57%。墨玉县五级地面积最大，为 26.93km²，占和田地区五级地面积的 19.96%；其次为于田县和皮山县，面积分别为 26.26km² 和 23.24km²，分别占和田地区五级地面积的 19.47%和 17.22%；和田市和民丰县面积最小，分别占五级地面积的 2.65%和 4.75%。

六、土壤全氮调控

土壤全氮反映土壤氮素的总贮量和供氮潜力，土壤速效氮反映近期土壤的氮素供应能力。土壤氮的有效化过程（包括氨化作用和硝化作用）和无效化过程（包括反硝化作用、化学脱氮作用和矿物晶格固定）是土壤氮素的调控关键。合理施肥、耕作、灌溉等，控制土壤氮素的有机矿化速率以尽量减少氮素损失的数量，又能达到提高土壤氮素利用率的效果。

（一）调节土壤 C/N

土壤全氮含量与施入的氮肥量呈正相关，施入的氮肥越多，土壤全氮的含量也会随之增加。可利用有机物质 C/N 比与土壤有效氮的相互关系，来调节土壤氮素状况。在有机物质开始分解时，其 C/N >30，矿化作用所释放的有效氮量远少于微生物吸收同化的数量，此时微生物要从土壤中吸收一部分原有的氮，转为微生物体中的有机氮。随着有机物的不断分解，其中碳被用作微生物活动的能源所消耗，剩余物质的 C/N 迅速下降。当 C/N 达到 30~15 时，矿化释放的氮量和同化的固氮量基本相等，此时土壤中的氮素无亏损。全氮进一步分解，微生物种类更迭，C/N 继续不断下降，当下降到 C/N<15 时，氮的矿化量超过了同化量，土壤的有效氮有了盈余，作物的氮营养条件也开始得到改善。

（二）合理施用氮肥

合理施用氮肥的目的在于减少氮素的损失，提高氮肥利用率，充分发挥氮肥增产效益。要做到合理施用，必须根据下列因素来考虑氮肥的分配和施用。

1. 土壤条件

一般石灰性土或碱性土，可以施酸性或生理酸性的氮肥，如硫酸铵、氯化铵等，这些肥料除了能中和土壤碱性外，在碱性条件下铵态氮比较容易被作物吸收；在盐碱土中不宜施用含氯的氯化铵，以免增加盐分，影响作物生长。肥沃的土壤，施氮量宜少，保肥能力强的土壤施肥次数可少些；反之，则施氮量适当增加，分次施用。

2. 作物营养特性

不同作物、不同时期对氮的需求也是不一样的，如水稻、玉米、小麦等作物需要较多氮肥，而豆科作物有根瘤固定空气中的氮素，因而对氮肥的需要较少。不同作物对氮肥品种的反应也不同，忌氯作物如烟草、淀粉类作物、葡萄等应少施或不施氯化铵。多数蔬菜施用硝态氮肥效果好，如萝卜施用铵态氮肥会抑制其生长。甜菜用硝酸钠效果好。作物不同生育期施氮肥的效果也不一样。在作物施肥的关键时期如营养临界期或最高效率期进行施肥，增产作用显著。如玉米在抽穗开花前后需要养分最多，重施穗肥能获得显著增产。所以考虑作物不同生育期对养分的需求，掌握适宜的施肥时期和施肥量，是经济有效施用氮肥的关键。

3. 氮肥本身的性质

凡是铵态肥（特别是碳酸氢铵、氨水）都要深施盖土，防止挥发，由于它们都是速效肥料，在土壤中又不易流失，故可作基肥和追肥，适宜水田、旱地施用；硝态氮肥在土中移动性大，肥效快，适宜作旱地追肥；酰胺态氮肥（如尿素）作为底肥、基肥、追肥都可以。总之，要根据氮肥的特性来考虑它们的施用方法。

4. 氮肥与其他肥料配施

在缺乏有效磷和有效钾的土壤上，单施氮肥效果很差，增施氮肥还有可能减产。因为在缺磷、钾的情况下，蛋白质和许多重要含氮化合物很难形成，严重地影响了作物的生长。各地试验已经证明，氮肥与适量磷钾肥配合，增产效果显著。

（三）其他措施

1. 采用氮肥抑制剂

工厂生产肥料时，在肥料表面包一层薄膜，以减缓氮素释放速度，起到缓效之作用，提高氮肥的利用率，如缓释肥料。

2. 控制氮肥的施用量

采取配方施肥技术，确定氮肥用量，以达到发挥氮肥最佳经济效益的效果。

3. 合理施肥与灌水

在石灰性土壤上，施用铵态肥时，应采取深施复土、随施随灌水或分次施肥方法。对水稻田来说，将 NH_4^+ 施在还原层，把 NO_3^- 施入氧化层，防止反硝化作用产生所引起氮的损失。总之，应用耕作、灌溉措施，采取合理的施肥方法做到尽量减少氮的损失，达到提高氮肥利用率的目的。

第三节 土壤碱解氮

碱解氮包括无机态氮和结构简单能为作物直接吸收利用的有机态氮，它可供作物近期吸收利用，故又称速效氮。碱解氮含量的高低，取决于有机质含量的高低和质量的好坏，以及放入氮素化肥数量的多少。碱解氮在土壤中的含量不够稳定，易受土壤水热条件和生物活动的影响而发生变化，但它能反映近期土壤的氮素供应能力。

一、土壤碱解氮含量及其空间差异

通过对和田地区371个耕层土壤样品碱解氮含量测定结果分析，和田地区耕层土壤碱解氮平均值为51.0mg/kg，标准差为26.3mg/kg。平均含量以和田市含量较高，为66.0mg/kg，其次分别为洛浦县60.3mg/kg、皮山县55.3mg/kg、墨玉县50.4mg/kg、和田县49.9mg/kg、策勒县44.4 mg/kg、民丰县42.3mg/kg，于田县含量较低，为42.1mg/kg。

和田地区土壤碱解氮平均变异系数为51.50%，最小值出现在和田市，为43.33%；最大值出现在于田县，为53.88%。详见表5-12。

表5-12 和田地区土壤碱解氮含量及其空间差异

名称	点位数（个）	平均值（mg/kg）	标准差（mg/kg）	变异系数（%）
策勒县	41	44.4	21.9	49.28
和田市	22	66.0	28.6	43.33
和田县	55	49.9	22.3	44.69
洛浦县	47	60.3	29.3	48.56
民丰县	16	42.3	19.1	45.20
墨玉县	80	50.4	26.3	52.19
皮山县	56	55.3	29.5	53.45
于田县	54	42.1	22.7	53.88
和田地区	371	51.0	26.3	51.50

二、不同土壤类型土壤碱解氮含量差异

通过对和田地区主要土类土壤碱解氮测定平均值分析，耕层土壤碱解氮含量平均最高值出现在沼泽土，为90.0mg/kg；最低值出现在棕钙土，为26.3mg/kg。

不同土类土壤碱解氮变异系数以草甸土和潮土较高，分别为60.08%和59.29%；以新积土和棕钙土变异系数较低，分别为18.19%和26.91%。详见表5-13。

表 5-13　和田地区主要土类土壤碱解氮含量差异

序号	土类	点位数（个）	平均值（mg/kg）	标准差（mg/kg）	变异系数（%）
1	草甸土	45	50.1	30.1	60.08
2	潮土	14	39.4	23.4	59.29
3	风沙土	18	36.0	15.1	41.91
4	灌淤土	194	55.2	26.2	47.53
5	林灌草甸土	8	34.3	14.0	40.72
6	水稻土	4	53.0	21.2	39.95
7	盐土	9	56.1	25.3	45.02
8	新积土	2	41.2	7.5	18.19
9	沼泽土	1	90.0	—	—
10	棕钙土	5	26.3	7.1	26.91
11	棕漠土	71	48.9	25.8	52.88

三、不同地形、地貌类型土壤碱解氮含量差异

和田地区不同地形、地貌类型土壤碱解氮含量平均值由高到低顺序为平原低阶>平原中阶>山地坡上>河滩地>平原高阶>沙漠边缘。平原低阶和平原中阶碱解氮含量较高，分别为 54.6mg/kg 和 52.0mg/kg，平原高阶和沙漠边缘碱解氮含量较低，分别为37.0mg/kg 和 34.4mg/kg。

不同地形、地貌类型土壤碱解氮变异系数最大值出现在平原低阶，为 62.30%；最小值出现在河滩地，为 42.69%。详见表 5-14。

表 5-14　和田地区不同地形、地貌类型土壤碱解氮含量差异

地貌/平均	地形	点位数（个）	平均值（mg/kg）	标准差（mg/kg）	变异系数（%）
盆地	山地坡上	7	51.4	23.7	46.06
平原	高阶	4	37.0	22.0	59.57
	中阶	312	52.0	26.8	51.56
	低阶	4	54.6	34.0	62.30
	河滩地	29	50.3	21.5	42.69
沙漠	边缘	15	34.4	19.4	56.50

四、不同土壤质地土壤碱解氮含量差异

通过对和田地区不同质地样品土壤碱解氮含量测试结果分析，土壤碱解氮平均含量从高到低的顺序表现为黏土>砂壤>轻壤>砂土。其中黏土较高，为97.4mg/kg；砂土较低，为40.8mg/kg。

不同质地土壤碱解氮含量的变异系数最大值为轻壤57.77%，最小值为黏土18.57%。详见表5-15。

表5-15　和田地区不同质地土壤碱解氮含量差异

质地	点位数（个）	平均值（mg/kg）	标准差（mg/kg）	变异系数（%）
黏土	3	97.4	18.1	18.57
轻壤	27	41.2	23.8	57.77
砂壤	293	53.1	26.7	50.33
砂土	48	40.8	18.4	45.12
总计	371	51.0	26.3	51.50

五、土壤碱解氮的分级与分布

从和田地区耕层土壤碱解氮分级面积统计数据看，和田地区耕地土壤碱解氮多数在四级和五级。按等级分，二级占0.23%，三级占2.16%，四级占26.64%，五级占70.96%。无一级地面积分布，提升空间较大。详见表5-16、图5-3。

表5-16　土壤碱解氮不同等级在和田地区的分布

县市	二级（120~150mg/kg）		三级（90~120mg/kg）		四级（60~90mg/kg）		五级（≤60mg/kg）		合计	
	面积（khm²）	占比（%）	面积（khm²）	占比（%）	面积（khm²）	占比（%）	面积（khm²）	占比（%）	面积（khm²）	占比（%）
策勒县	—	—	0.35	7.12	5.30	8.78	18.44	11.48	24.09	10.64
和田市	—	—	0.60	12.30	8.18	13.55	6.02	3.74	14.80	6.53
和田县	—	—	0.41	8.36	8.29	13.74	21.64	13.47	30.34	13.40
洛浦县	0.11	21.35	1.36	27.78	7.30	12.10	19.55	12.16	28.32	12.50
民丰县	—	—	—	—	0.45	0.75	6.50	4.04	6.95	3.07
墨玉县	—	—	0.62	12.67	14.60	24.19	34.57	21.51	49.79	21.99
皮山县	0.42	78.65	1.56	31.77	12.51	20.74	22.69	14.13	37.18	16.42
于田县	—	—	—	—	3.71	6.15	31.28	19.47	34.99	15.45
总计	0.53	0.23	4.90	2.16	60.34	26.64	160.69	70.96	226.46	100.00

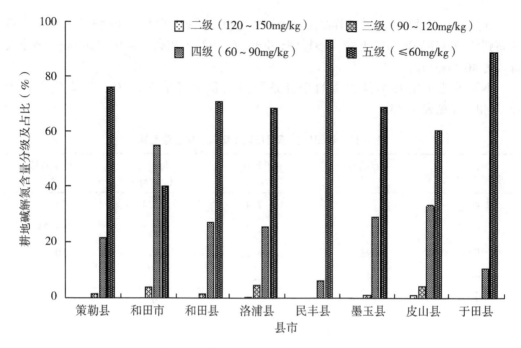

图 5-3　耕层碱解氮含量在各县市的分布

（一）二级

和田地区二级地面积 0.53khm²，占和田地区总耕地面积的 0.23%，主要分布在皮山县和洛浦县，分别占二级地面积的 78.65% 和 21.35%，其他县市无二级地面积分布。

（二）三级

和田地区三级地面积 4.90khm²，占和田地区总耕地面积的 2.16%。皮山县三级地面积最大，为 1.56khm²，占三级地面积的 31.77%；其次为洛浦县和墨玉县，分别占三级地面积的 27.78% 和 12.67%；策勒县和和田县三级地面积最小，分别占三级地面积的 7.12% 和 8.36%。民丰县和于田县无三级地面积分布。

（三）四级

和田地区四级地面积 60.34khm²，占和田地区总耕地面积 26.64%。墨玉县四级地面积最大，为 14.60khm²，占和田地区四级地面积的 24.19%；其次为皮山县和和田县，分别占四级地面积的 20.74% 和 13.74%；民丰县和于田县四级地面积分布最小，分别占四级地面积的 0.75% 和 6.15%。

（四）五级

和田地区五级地面积 160.69khm²，占和田地区总耕地面积的 70.96%。墨玉县五级地面积最大，为 34.57khm²，占和田地区五级地面积的 21.51%；其次为于田县和皮山县，分别占五级地面积的 19.47% 和 14.13%；和田市和民丰县五级地面积最小，分别占五级地面积的 3.74% 和 4.04%。

六、土壤碱解氮调控

(一) 合理控制氮肥用量

氮肥是用量最高的肥料品种之一，氮肥的使用在一定程度上使作物产量得到了很大的提高。但与此同时，大面积过量施用氮肥也造成了局部地区的环境污染。因此，控制氮肥用量一直是环境保护的重大问题，控制氮肥用量一方面要与磷肥、钾肥等配合使用，另一方面要少量多次施用，避免"一炮轰"，造成浪费，同时还可与其他的控氮措施一起使用，如硝化抑制剂、尿素增效剂等。

(二) 选择适宜的氮肥品种

尿素、硫酸铵、硝酸铵、碳酸氢铵都是较好的速效氮肥，不同的氮肥肥效差异很大，其用法与用量也需掌握恰当。基本上所有的氮肥水溶性都较好，要注意氮素的挥发与淋失。在作物出现缺氮症状时，叶面喷施含氮肥料能迅速缓解症状。

(三) 确定合理的施肥时期

氮肥的施用时间也直接影响着肥效的发挥。在干旱少雨地区，施完氮肥一般要先覆土，避免挥发，其次要及时浇水，以提高肥效，俗语"肥随水来肥随水去"。氮肥一般可以用作基肥，于播种或移栽前耕地时施入，通过耕耙使之与土壤混合。此外氮肥还可作为追肥使用，也可作为叶面肥喷施使用。

第四节　土壤有效磷

土壤有效磷是土壤中可被植物吸收的磷组分，包括全部水溶性磷、部分吸附态磷及有机态磷，有的土壤中还包括某些沉淀态磷。土壤有效磷是反映土壤磷素养分供应水平的指标，土壤磷素含量在一定程度上反映了土壤中磷素的贮量和供应能力。土壤中有效磷含量低于 3.0mg/kg 时，作物往往表现出缺磷症状。土壤中的磷主要来源含磷矿物质，在长期的风化和成土过程中，经过生物的积累而逐渐聚积到土壤的上层；开垦后，则主要来源于施用磷肥。

一、土壤有效磷含量及其空间差异

通过对和田地区 371 个耕层土壤样品有效磷含量测定结果分析，和田地区耕层土壤有效磷平均值为 26.7mg/kg，标准差为 30.7mg/kg。平均含量以和田市含量最高，为 33.6mg/kg，其次分别为洛浦县 32.5mg/kg、皮山县 30.6mg/kg、墨玉县 29.7mg/kg、和田县 25.1mg/kg、于田县 20.9mg/kg、策勒县 19.0mg/kg，民丰县含量最低，为 15.0mg/kg。

和田地区土壤有效磷平均变异系数为 115.13%，最小值出现在民丰县，为 48.32%；最大值出现在皮山县，为 205.73%。详见表 5-17。

表 5-17　和田地区土壤有效磷含量及其空间差异

县市	点位数 （个）	平均值 （mg/kg）	标准差 （mg/kg）	变异系数 （%）
策勒县	41	19.0	10.0	52.64
和田市	22	33.6	30.3	90.19
和田县	55	25.1	18.4	73.11
洛浦县	47	32.5	25.7	78.85
民丰县	16	15.0	7.3	48.32
墨玉县	80	29.7	22.1	74.47
皮山县	56	30.6	63.0	205.73
于田县	54	20.9	12.4	59.46
和田地区	371	26.7	30.7	115.13

二、不同土壤类型土壤有效磷含量差异

通过对和田地区主要土类土壤有效磷测定平均值分析，耕层土壤有效磷含量平均最高值出现在沼泽土，为 39.0mg/kg；最低值出现在棕钙土，为 12.2mg/kg。

不同土类土壤有效磷变异系数以棕漠土和新积土较高，分别为 188.95% 和 93.60%；以林灌草甸土和水稻土变异系数较低，分别为 50.51% 和 56.37%。详见表 5-18。

表 5-18　和田地区主要土类土壤有效磷含量差异

序号	土类	点位数（个）	平均值 （mg/kg）	标准差 （mg/kg）	变异系数 （%）
1	草甸土	45	24.5	17.5	71.51
2	潮土	14	21.2	14.9	70.23
3	风沙土	18	21.8	16.2	74.06
4	灌淤土	194	27.1	22.0	81.21
5	林灌草甸土	8	22.3	11.3	50.51
6	水稻土	4	21.7	12.2	56.37
7	盐土	9	34.5	24.0	69.55
8	新积土	2	20.7	19.4	93.60
9	沼泽土	1	39.0	—	—
10	棕钙土	5	12.2	10.0	81.79
11	棕漠土	71	29.9	56.5	188.95

三、不同地形、地貌类型土壤有效磷含量差异

和田地区不同地形、地貌类型土壤有效磷含量平均值由高到低顺序为河滩地>平原中阶>平原低阶>沙漠边缘>山地坡上>平原高阶。河滩地和平原中阶有效磷含量较高，分别为 28.0mg/kg 和 27.4mg/kg；山地坡上和平原高阶有效磷含量较低，分别为14.2mg/kg 和 9.6mg/kg。

不同地形、地貌类型土壤有效磷变异系数最大值出现在平原中阶，为 118.02%；最小值出现在平原高阶，为 35.45%。详见表 5-19。

表 5-19 和田地区不同地形、地貌类型土壤有效磷含量差异

地貌/平均	地形	点位数（个）	平均值（mg/kg）	标准差（mg/kg）	变异系数（%）
盆地	山地坡上	7	14.2	12.5	87.64
平原	高阶	4	9.6	3.4	35.45
	中阶	312	27.4	32.3	118.02
	低阶	4	27.2	22.4	82.44
	河滩地	29	28.0	23.6	84.31
沙漠	边缘	15	19.0	12.0	63.26

四、不同土壤质地土壤有效磷含量差异

通过对和田地区不同质地样品土壤有效磷含量测试结果分析，土壤有效磷平均含量从高到低的顺序表现为黏土>砂壤>砂土>轻壤。其中黏土最高，为 55.2mg/kg；轻壤最低，为 19.9mg/kg。

不同质地土壤有效磷含量的变异系数最大值为砂壤 120.47%，最小值为黏土34.04%。详见表 5-20。

表 5-20 和田地区不同质地土壤有效磷含量差异

质地	点位数（个）	平均值（mg/kg）	标准差（mg/kg）	变异系数（%）
黏土	3	55.2	18.8	34.04
轻壤	27	19.9	11.3	56.96
砂壤	293	27.6	33.3	120.47
砂土	48	22.8	18.8	82.49
总计	371	26.7	30.7	115.13

五、土壤有效磷的分级与分布

从和田地区耕层土壤有效磷分级面积统计数据看，和田地区耕地土壤有效磷多数在

一级、二级和三级之间。按等级分，一级占 43.60%，二级占 18.41%，三级占 20.61%，四级占 15.96%，五级占 1.42%。提升空间较大。详见表5-21、图5-4。

表5-21　土壤有效磷不同等级在和田地区的分布

县市	一级 (>30.0mg/kg)		二级 (30.0~20.0mg/kg)		三级 (15.0~20.0mg/kg)		四级 (8.0~15.0mg/kg)		五级 (≤8.0mg/kg)		合计	
	面积 (khm²)	占比 (%)	面积 (khm²)	占比 (%)	面积 (khm²)	占比 (%)	面积 (khm²)	占比 (%)	面积 (khm²)	占比 (%)	面积 (khm²)	占比 (%)
策勒县	2.39	2.42	8.44	20.26	7.06	15.12	5.89	16.29	0.31	9.75	24.09	10.64
和田市	10.30	10.43	1.60	3.83	1.22	2.61	1.61	4.46	0.07	2.16	14.80	6.53
和田县	19.98	20.23	4.20	10.08	3.84	8.22	1.92	5.31	0.40	12.62	30.34	13.40
洛浦县	12.03	12.18	3.54	8.48	8.18	17.52	4.44	12.31	0.13	4.04	28.32	12.50
民丰县	0.08	0.09	0.37	0.89	2.75	5.89	2.83	7.84	0.92	28.45	6.95	3.07
墨玉县	33.83	34.26	7.10	17.02	6.17	13.23	2.40	6.64	0.29	8.87	49.79	21.99
皮山县	13.98	14.16	5.82	13.96	5.21	11.15	11.51	31.86	0.66	20.65	37.18	16.42
于田县	6.15	6.23	10.63	25.48	12.25	26.26	5.53	15.29	0.43	13.46	34.99	15.45
总计	98.74	43.60	41.70	18.41	46.68	20.61	36.13	15.96	3.21	1.42	226.46	100.00

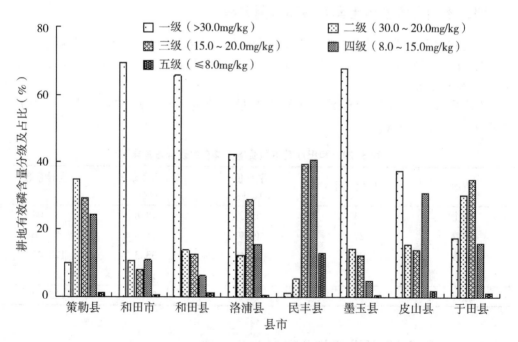

图5-4　耕层有效磷含量在各县市的分布

（一）一级

和田地区一级地面积 98.74khm²，占和田地区总耕地面积的 43.60%。墨玉县一级地面积最大，为 33.83khm²，占一级地面积的 34.26%；其次为和田县和皮山县，分别占一级地面积的 20.23%和 14.16%；民丰县和策勒县一级地面积最小，分别占一级地面积的 0.09%和 2.42%。

（二）二级

和田地区二级地面积 41.70khm²，占和田地区总耕地面积的 18.41%。于田县和策勒县二级地面积最大，分别为 10.63khm² 和 8.44khm²，分别占二级地面积的 25.48%和 20.26%；其次为墨玉县和皮山县，分别占二级地面积的 17.02%和 13.96%；民丰县和和田市二级地面积最小，分别占二级地面积的 0.89%和 3.83%。

（三）三级

和田地区三级地面积 46.68khm²，占和田地区总耕地面积的 20.61%。于田县三级地面积最大，为 12.25khm²，占三级地面积的 26.26%；其次为洛浦县和策勒县，分别占 17.52%和 15.12%；和田市和民丰县三级地面积最小，分别占三级地面积的 2.61%和 5.89%。

（四）四级

和田地区四级地面积 36.13khm²，占和田地区总耕地面积的 15.96%。皮山县四级地面积最大，为 11.51khm²，占和田地区四级地面积的 31.86%；其次为策勒县和于田县，分别占四级地面积的 16.29%和 15.29%；和田市和和田县四级地面积最小，分别占四级地面积的 4.46%和 5.31%。

（五）五级

和田地区五级地面积 3.21khm²，占和田地区总耕地面积的 1.42%。民丰县五级地面积最大，为 0.92khm²，占和田地区五级地面积的 28.45%；其次为皮山县，占五级地面积的 20.65%；和田市和洛浦县五级地面积最小，分别占五级地面积的 2.16%和 4.04%。

六、土壤有效磷调控

一般磷肥都有后效，提高土壤中磷的有效性，一般要从以下三方面调控：一是采取增施速效态磷肥来增加土壤中有效磷的含量，以保证供给当季作物对磷的吸收利用。二是调节土壤环境条件，如在酸性上施石灰，在碱性土壤上施石膏，尽量减弱土壤中的固磷机制。三是要促使土壤中难溶态磷的溶解，提高磷的活性，使难溶性磷逐渐转化为有效态磷。

根据土壤条件和固磷机制的不同，一般可采取以下农业措施。

（一）调节土壤 pH

在施肥中应多施用酸性肥料，以中和土壤中的碱性，如有机肥、过磷酸钙等。由于土壤酸度适中，有利于微生物的活动，从而增强了磷的活化过程。

（二） 因土、因作物施磷肥

在施用磷肥时要考虑不同的土壤条件和作物不同种类选择适宜的磷肥品种，如在碱性土壤上施用过磷酸钙，有利于提高磷肥的有效性。磷矿粉适合在豆科作物和油菜作物上施用，因为这种作物吸收利用磷的能力比一般作物强得多。

（三） 磷肥与有机肥混施

磷肥与有机肥混合堆、沤后一起施用，效果较好。因为有机肥在分解过程中所产生的中间产物（有机酸类），能够对铁、铝、钙起一定的络合作用，因而降低了 Fe^{3+}、Al^{3+}、Ca^{2+} 的离子浓度，可减弱磷的化学固定作用。另外，形成的腐殖质还可在土壤固体表面形成胶膜，可减弱磷的表面固定作用。在石灰性土壤上结合施用大量的有机肥（道理同上）也可降低磷的固定作用，从而提高磷的有效性。

（四） 集中施磷肥

采取集中施用磷肥的方法，尽量减少或避免与土壤的接触面，把磷肥施在根系附近效果较好。因为磷的活动性很小，穴施、条施或把磷肥制成颗粒肥，或采取叶面喷肥方式等，均可提高磷肥的有效性。在碱性土壤上施用酸性磷肥，如磷矿粉、钙镁磷肥、过磷酸钙等，应采用撒施效果较好。磷肥剂型以粉状为好，其细度越细，效果越好，尽量多与土壤接触才能提高其有效性。

第五节　土壤速效钾

钾是作物生长发育过程中所必需的营养元素之一，与作物的生理代谢、抗逆及品质的改善密切相关，被认为是品质元素。钾还可以提高肥料的利用率，改善环境质量。钾是土壤中含量最高的矿质营养元素。土壤中的钾素基本呈无机形态存在，根据钾的存在形态和作物吸收能力，可把土壤中的钾素分为四个部分：土壤矿物态钾（难溶性钾）、非交换态钾（缓效钾）、吸附性钾（交换性钾）、水溶性钾。后两种合称为速效性钾（速效钾），一般占全钾的 1%~2%，可以被当季作物吸收利用，是反映土壤肥力高低的标志之一。

一、土壤速效钾含量及其空间差异

通过对和田地区 371 个耕层土壤样品速效钾含量测定结果分析，和田地区耕层土壤速效钾平均值为 141mg/kg，标准差为 85mg/kg。平均含量以策勒县含量较高，为 168mg/kg，其次分别为和田市 156mg/kg、洛浦县 152mg/kg、皮山县 151mg/kg、和田县 149mg/kg、墨玉县 131mg/kg、民丰县 118mg/kg，于田县含量较低，为 104mg/kg。

和田地区土壤速效钾平均变异系数为 60.39%，最小值出现在和田县，为 39.94%；最大值出现在皮山县，为 76.15%。详见表 5-22。

表 5-22　和田地区土壤速效钾含量及其空间差异

县市	点位数（个）	平均值（mg/kg）	标准差（mg/kg）	变异系数（%）
策勒县	41	168	125	74.59
和田市	22	156	66	42.04
和田县	55	149	60	39.94
洛浦县	47	152	75	49.20
民丰县	16	118	47	40.40
墨玉县	80	131	77	58.69
皮山县	56	151	115	76.15
于田县	54	104	50	47.85
和田地区	371	141	85	60.39

二、不同土壤类型土壤速效钾含量差异

通过对和田地区主要土类土壤速效钾测定值平均分析，耕层土壤速效钾含量平均最大值出现在盐土，为 168mg/kg；最小值出现在棕钙土，为 74mg/kg。

不同土类土壤速效钾变异系数以灌淤土和棕漠土较高，分别为 64.48% 和 62.74%；以新积土和林灌草甸土变异系数较低，分别为 1.57% 和 22.84%。详见表 5-23。

表 5-23　和田地区主要土类土壤速效钾含量差异

序号	土类	点位数（个）	平均值（mg/kg）	标准差（mg/kg）	变异系数（%）
1	草甸土	45	151	82	54.51
2	潮土	14	146	89	60.78
3	风沙土	18	161	73	45.68
4	灌淤土	194	139	89	64.48
5	林灌草甸土	8	111	25	22.84
6	水稻土	4	113	31	27.58
7	盐土	9	168	55	32.97
8	新积土	2	136	2	1.57
9	沼泽土	1	83	—	—
10	棕钙土	5	74	27	37.09
11	棕漠土	71	139	87	62.74

三、不同地形、地貌类型土壤速效钾含量差异

和田地区不同地形、地貌类型土壤速效钾含量平均值由高到低顺序为：平原低阶>河滩地>平原中阶>沙漠边缘>山地坡上>平原高阶。平原低阶和河滩地速效钾含量较高，分别为205mg/kg和163mg/kg；山地坡上和平原高阶速效钾含量较低，分别为107mg/kg和92mg/kg。

不同地形、地貌类型土壤速效钾变异系数最大值出现在平原低阶，为113.41%；最小值出现在沙漠边缘，为38.57%。详见表5-24。

表5-24 和田地区不同地形、地貌类型土壤速效钾含量差异

地貌	地形	点位数（个）	平均值（mg/kg）	标准差（mg/kg）	变异系数（%）
盆地	山地坡上	7	107	42	39.26
平原	高阶	4	92	70	76.16
	中阶	312	140	86	61.11
	低阶	4	205	233	113.41
	河滩地	29	163	63	38.72
沙漠	边缘	15	117	45	38.57

四、不同土壤质地土壤速效钾含量差异

通过对和田地区不同质地样品土壤速效钾含量测试结果分析，土壤速效钾平均含量从高到低的顺序表现为砂土>砂壤>黏土>轻壤。其中砂土最高，为147mg/kg；轻壤最低，为83mg/kg。

不同质地土壤速效钾含量的变异系数最大值为砂壤60.68%，最小值为轻壤34.66%。详见表5-25。

表5-25 和田地区不同质地土壤速效钾含量差异

质地	点位数（个）	平均值（mg/kg）	标准差（mg/kg）	变异系数（%）
黏土	3	141	57	40.43
轻壤	27	83	29	34.66
砂壤	293	145	88	60.68
砂土	48	147	78	52.99
总计	371	141	85	60.39

五、土壤速效钾的分级与分布

从和田地区耕层土壤速效钾分级面积统计数据看，和田地区耕地土壤速效钾多数在

三级、四级和五级。按等级分，一级占4.73%，二级占7.46%，三级占25.78%，四级占43.84%，五级占18.20%。提升空间较大。详见表5-26，图5-5。

表5-26　土壤速效钾不同等级在和田地区的分布

县市	一级 (>250mg/kg)		二级 (200~ 250mg/kg)		三级 (150~ 200mg/kg)		四级 (100~ 150 mg/kg)		五级 (≤100mg/kg)		合计	
	面积 (khm²)	占比 (%)	面积 (khm²)	占比 (%)	面积 (khm²)	占比 (%)	面积 (khm²)	占比 (%)	面积 (khm²)	占比 (%)	面积 (khm²)	占比 (%)
策勒县	2.09	19.55	4.69	27.77	12.98	22.23	4.17	4.20	0.16	0.39	24.09	10.64
和田市	0.38	3.57	0.75	4.44	5.51	9.44	7.96	8.02	0.20	0.48	14.80	6.53
和田县	0.36	3.34	1.48	8.79	17.30	29.63	10.35	10.43	0.85	2.07	30.34	13.40
洛浦县	1.72	16.04	3.13	18.56	7.08	12.12	12.31	12.39	4.08	9.91	28.32	12.50
民丰县	—	—	0.31	1.82	0.77	1.33	4.02	4.05	1.85	4.48	6.95	3.07
墨玉县	0.91	8.50	2.66	15.75	8.15	13.96	28.48	28.69	9.59	23.27	49.79	21.99
皮山县	5.18	48.40	3.47	20.53	4.68	8.02	15.28	15.39	8.57	20.80	37.18	16.42
于田县	0.07	0.60	0.39	2.34	1.91	3.27	16.71	16.83	15.91	38.60	34.99	15.45
总计	10.71	4.73	16.88	7.46	58.38	25.78	99.28	43.84	41.21	18.20	226.46	100.00

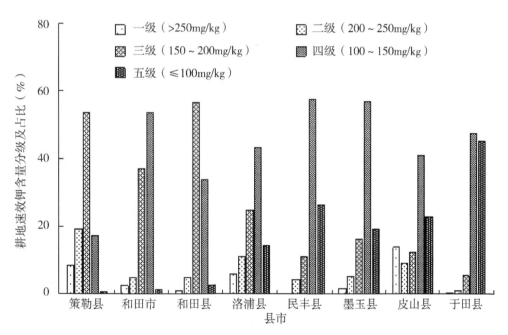

图5-5　耕层速效钾含量在各县市的分布

（一）一级

和田地区一级面积10.71khm²，占和田地区总耕地面积的4.73%。皮山县一级地面积最大，为5.18khm²，占一级地面积的48.40%；其次为策勒县和洛浦县，分别占一级地面积的19.55%和16.04%；于田县和和田县一级地面积最小，分别占一级地面积的0.60%和3.34%。民丰县无一级地面积分布。

（二）二级

和田地区二级地面积16.88khm²，占和田地区总耕地面积的7.46%。策勒县二级地面积最大，为4.69khm²，占二级地面积的27.77%；其次为皮山县和洛浦县，分别占二级地面积的20.53%和18.56%；民丰县和于田县二级地面积最小，分别占二级地面积的1.82%和2.34%。

（三）三级

和田地区三级地面积58.38khm²，占和田地区总耕地面积的25.78%。和田县和策勒县三级地面积最大，分别为17.30khm²和12.98khm²，分别占三级地面积的29.63%和22.23%；其次为墨玉县和洛浦县，分别占三级地面积的13.96%和12.12%；民丰县和于田县三级地面积最小，分别占三级地面积的1.33%和3.27%。

（四）四级

和田地区四级地面积99.28khm²，占和田地区总耕地面积的43.84%。墨玉县四级地面积最大，为28.48khm²，占和田地区四级地面积的28.69%；其次为于田县和皮山县，分别占四级地面积的16.83%和15.39%；民丰县和策勒县四级地面积最小，分别占四级地面积的4.05%和4.20%。

（五）五级

和田地区五级地面积41.21khm²，占和田地区总耕地面积的18.20%。于田县五级地面积最大，为15.91khm²，占和田地区五级地面积的38.60%；其次为墨玉县和皮山县，分别占五级地面积的23.27%和20.80%；策勒县和和田市五级地面积最小，分别占五级地面积的0.39%和0.48%。

六、土壤速效钾调控

提高土壤中钾的有效性，一般要从以下三方面调控：一是采取增施速效态钾肥来增加土壤中钾的含量，以保证供给当季作物对钾的吸收利用；二是调节土壤环境条件，使土壤中的缓效钾快速转化为速效钾；三是要促使土壤中难溶态钾的溶解，提高钾的活性，使难溶性钾逐渐转化为速效钾。

根据土壤条件和作物对钾的吸收，一般可采取以下农业措施。

（一）调节土壤pH

在酸性土壤上施用碱性肥料，降低土壤的酸性，以减少土壤中速效钾的淋溶，增强土壤对钾的固定。在碱性土壤上使用酸性肥料，减少土壤对钾的固定，提高钾的活性。

（二）因土、因作物施钾肥

在施用钾肥时要考虑不同的土壤条件和作物不同种类，选择适宜的钾肥品种。由于钾肥多数水溶性较强，作物后期对钾的吸收较强，提倡钾肥后移，提高钾肥的利用率。

（三）使用有机肥料

在缺钾的土壤上，增施有机肥能起到一定的补钾作用。因为有机肥的钾含量较高，有机肥在腐熟后，能将有机态的钾肥转化为无机钾，供植物吸收利用。

（四）集中施钾肥

采取集中施用钾肥的方法，尽量减少或避免与土壤的接触面，把钾肥施在根系附近效果较好。或采取叶面肥喷施磷酸二氢钾等，均可提高钾肥的有效性，达到迅速补充钾肥的目的。

第六节　土壤缓效钾

缓效钾主要指 2∶1 型层状硅酸盐矿物层间和颗粒边缘的一部分钾，通常占全钾量的 1%~10%。缓效钾是速效钾的贮备库，当速效钾因作物吸收和淋失，浓度降低时，部分缓效钾可以释放出来转化为交换性钾和溶液钾，成为速效钾。因此，判断土壤供钾能力应综合考虑土壤速效钾和土壤缓效钾两项指标。如果土壤速效钾含量低，而缓效钾含量较高时，土壤的供钾能力并不一定很低，施用钾肥往往效果不明显。只有土壤速效钾和缓效钾含量都低的情况下，施用钾肥的效果才十分显著。

一、土壤缓效钾含量及其空间差异

通过对和田地区耕层土壤样品缓效钾含量测定结果分析，和田地区耕层土壤缓效钾平均值为 1 234mg/kg，标准差为 298mg/kg。平均含量以和田市含量较高，为 1 753mg/kg，其次分别为洛浦县 1 558mg/kg、和田县 1 304mg/kg、策勒县 1 265mg/kg、墨玉县和皮山县为 1 128mg/kg、于田县 958mg/kg，民丰县含量较低，为 895mg/kg。

和田地区土壤缓效钾平均变异系数为 24.12%，最小值出现在皮山县，为 6.36%；最大值出现在洛浦县，为 23.74%。详见表 5-27。

表 5-27　和田地区土壤缓效钾含量及其空间差异

县市	平均值（mg/kg）	标准差（mg/kg）	变异系数（%）
策勒县	1 265	103	8.15
和田市	1 753	189	10.77
和田县	1 304	143	10.99
洛浦县	1 558	370	23.74
民丰县	895	—	—
墨玉县	1 128	233	20.62
皮山县	1 128	72	6.36
于田县	958	163	16.99
和田地区	1 234	298	24.12

二、土壤缓效钾的分级与分布

从和田地区耕层土壤缓效钾分级面积统计数据看，和田地区耕地土壤缓效钾多数在一级、二级。按等级分，一级占 51.76%，二级占 38.13%，三级占 8.57%，四级占 1.54%，无五级地面积分布。提升空间较大。详见表 5-28、图 5-6。

表 5-28　土壤缓效钾不同等级在和田地区的分布

县市	一级 （>1 200mg/kg）		二级 （1 000~ 1 200mg/kg）		三级 （800~ 1 000mg/kg）		四级 （600~ 800mg/kg）		合计	
	面积 （khm²）	占比 （%）	面积 （khm²）	占比 （%）	面积 （khm²）	占比 （%）	面积 （khm²）	占比 （%）	面积 （khm²）	占比 （%）
策勒县	17.87	15.25	6.22	7.20	—	—	—	—	24.09	10.64
和田市	14.80	12.62	—	—	—	—	—	—	14.80	6.53
和田县	30.08	25.67	0.26	0.30	—	—	—	—	30.34	13.40
洛浦县	28.00	23.89	0.32	0.37	—	—	—	—	28.32	12.50
民丰县	—	—	1.99	2.30	4.96	25.57	—	—	6.95	3.07
墨玉县	23.55	20.09	20.60	23.86	4.81	24.79	0.83	23.72	49.79	21.99
皮山县	2.91	2.48	34.27	39.69	—	—	—	—	37.18	16.42
于田县	—	—	22.69	26.28	9.64	49.64	2.66	76.28	34.99	15.45
总计	117.21	51.76	86.35	38.13	19.41	8.57	3.49	1.54	226.46	100.00

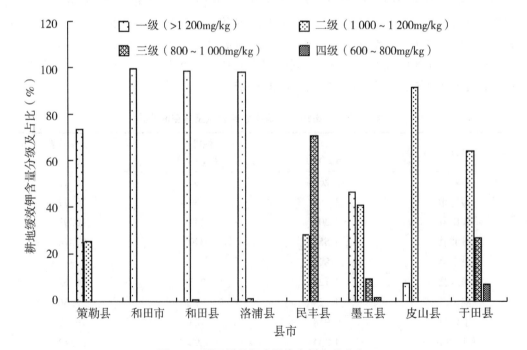

图 5-6　耕层缓效钾含量在各县市的分布

（一）　一级

和田地区一级地面积 117.21khm²，占和田地区总耕地面积的 51.76%。和田县一级地面积最大，为 30.08khm²，占一级地面积的 25.67%；其次为洛浦县和墨玉县，分别占一级地面积的 23.89% 和 20.09%；皮山县一级地面积最小，占一级地面积的 2.48%。民丰县和于田县无一级地面积分布。

（二）　二级

和田地区二级地面积 86.35khm²，占和田地区总耕地面积的 38.13%。皮山县二级地面积最大，为 34.27khm²，占二级地面积的 39.69%；其次为于田县和墨玉县，分别占二级地面积的 26.28% 和 23.86%；和田县和洛浦县二级地面积最小，分别占二级地面积的 0.30% 和 0.37%。

（三）　三级

和田地区三级地面积 19.41khm²，占和田地区总耕地面积的 8.57%。于田县三级地面积最大，为 9.64khm²，占三级地面积的 49.64%；其次为民丰县和墨玉县，分别占三级地面积的 25.57% 和 24.79%。策勒县、和田市、和田县、洛浦县和皮山县无三级地面积分布。

（四）　四级

和田地区四级地面积 3.49khm²，占和田地区总耕地面积的 1.54%。于田县四级地面积最大，为 2.66khm²，占和田地区四级地面积的 76.28%；其次为墨玉县，占四级地面积的 23.72%。策勒县、和田市、和田县、洛浦县、民丰县和于田县无四级地面积分布。

三、土壤缓效钾调控

（一）　土壤缓效钾含量变化的影响因素

土壤钾素含量变化的影响因素很多，主要是施肥和种植制度。和田地区一般土壤不缺乏钾素，但施用钾肥往往能起到一定增产效果，究其原因大概有以下几方面。

1. 有机肥投入不足

虽然土壤速效钾、缓效钾含量不低，但容易被土壤固定，不如施入的钾肥水溶性高，容易被作物吸收。有机肥不仅富含作物生长发育的多种营养元素，还含有丰富的钾素，不但能改良培肥土壤，还可提高土壤钾素供应能力，对土壤钾素的循环十分重要。但有机肥料肥效缓慢，周期长、见效慢，不如化肥养分含量高，施用方便，见效快，因此投入相对不足。

2. 土壤钾素含量出现下滑

人们对钾肥的认识不足，生产上一直存在着"重氮磷肥，轻钾肥"的施肥现象。施用化学钾肥，水溶性好，因而能够被作物迅速吸收，从而达到增产目的。

3. 作物产量和复种指数提高

随着农业的迅猛发展，高产品种的引进和科学栽培技术的应用，复种指数和产量不断提高，从土壤中带走的钾越来越多，加剧了土壤钾素的消耗。

（二）土壤钾素调控

合理施用钾肥应以土壤钾素丰缺状况为依据。因为在土壤缺钾的情况下，钾肥的增产效果极为显著，一般可增产10%~25%。当土壤速效钾含量达到高或极高时，一般就没有必要施钾肥了，因为土壤中的钾已能满足作物的需要。总的来说，和田地区大部分地区的缺钾现象并不十分严重，但某些地区也存在着钾肥施用不合理、钾肥利用率低的现象，造成了钾素资源的大量浪费。因此，科学合理地评价土壤供钾特性、充分发挥土壤的供钾潜力，有效施用和分配钾肥显得尤为重要。针对土壤钾素状况，可以通过以下几种途径进行调控。

1. 提高对钾肥投入的认识

利用一切形式广泛深入地宣传增施钾肥的重要性，以增强农户的施用钾肥意识，增加钾肥投入的自觉性。另外，还应当认识到：①钾肥的肥效一定要在满足作物对氮、磷营养需求的基础上才能显现出来；②土壤速效钾的丰缺标准会随着作物产量的提高和氮、磷化肥用量的增加而变化，例如，原来不缺钾的土壤，这几年施钾也有效了；③我国钾肥资源紧缺，多年来依靠进口，因此有限的钾肥应优先分配在缺钾土壤和喜钾作物上。

2. 深翻晒垡

这一措施可改良土壤结构，协调土壤水、肥、气、热状况，有利于土壤钾素释放。

3. 增施有机肥

作物秸秆还田对增加土壤钾素尤为明显，秸秆可通过过腹、堆沤和直接覆盖三种形式还田。另外，发展绿肥生产也是提高土壤钾素含量的有效途径，可利用秋收后剩余光热资源种植一季绿肥进行肥田。

4. 施用生物钾肥

土壤中钾素含量比较丰富，但90%~98%的钾一般是作物难以吸收的形态。施用生物钾肥可将难溶性钾转变为有效钾，挖掘土壤钾素潜力，从而增加土壤有效钾含量，达到补钾目的。

5. 优化配方施肥，增施化学钾肥

改变多氮、磷肥，少钾肥的施肥现状，充分利用各地地力监测和试验示范结果，因土壤因作物制订施肥方案，协调氮、磷、钾，有机肥与无机肥之间的比例。根据不同土壤及作物，在增施有机肥的基础上，适量增加钾肥用量，逐步扭转钾素亏缺局面。

第七节　土壤有效铁

铁（Fe）是地壳中较丰富的元素。铁在土壤中广泛存在，是土壤的染色剂，和土壤的颜色有直接相关性。土壤中铁的含量主要与土壤pH、氧化还原条件、土壤全氮、碳酸钙含量和成土母质等有关。容易发生缺铁的土壤一般有：盐碱土、施用大量磷肥土壤、风沙土和砂土等。由于铁的有效性差，植物容易出现缺铁症状，其土壤本身可能不缺铁。在酸性和淹水还原条件下，铁以亚铁形式出现，易使植物亚铁中毒。

土壤铁的有效性受到很多因素的影响，如土壤pH、碳酸钙含量、水分、孔隙度等。铁的有效性与 pH 呈负相关。pH 高的土壤易生成难溶的氢氧化铁，降低土壤有效性。长期处于还原条件的酸性土壤，铁被还原成溶解度大的亚铁，铁的有效性增加。干旱少雨地区土壤中氧化环境占优势，降低了铁的溶解度。土壤中有效铁含量与全氮成正比。碱性土壤中，铁能与碳酸根生成难溶的碳酸盐，降低铁的有效性。而在酸性土壤上很难观察到缺铁现象。成土母质影响全铁含量，土壤母质含铁高，土壤表层含铁量也高。

铁作为含量相对较大的微量元素，其在植物生长过程中具有重要的生理意义。因此，明确土壤有效铁含量变化及其分布，对于合理调控土壤肥力，促进作物高产具有重要意义。

一、土壤有效铁含量及其空间差异

通过对和田地区耕层土壤样品有效铁含量测定结果分析，和田地区耕层土壤有效铁平均值为 8.9mg/kg，标准差为 3.2mg/kg。平均含量以和田县含量最高，为 10.7mg/kg，其次分别为策勒县和皮山县 10.5mg/kg、洛浦县 8.9mg/kg、民丰县 8.8mg/kg、于田县 8.2mg/kg、墨玉县 7.5mg/kg，和田市含量最低，为 5.9mg/kg。

和田地区土壤有效铁平均变异系数为 36.00%，最小值出现在和田市，为 20.55%；最大值出现在于田县，为 54.24%。详见表 5-29。

表 5-29 和田地区土壤有效铁含量及其空间差异

县市	平均值（mg/kg）	标准差（mg/kg）	变异系数（%）
策勒县	10.5	3.6	33.98
和田市	5.9	1.2	20.55
和田县	10.7	3.2	29.46
洛浦县	8.9	3.2	36.10
民丰县	8.8	—	—
墨玉县	7.5	2.6	34.41
皮山县	10.5	2.9	27.66
于田县	8.2	4.5	54.24
和田地区	8.9	3.2	36.00

二、土壤有效铁的分级与分布

从和田地区耕层土壤有效铁分级面积统计数据看，和田地区耕地土壤有效铁多数在三级和四级。按等级分，二级占 0.22%，三级占 18.15%，四级占 79.97%，五级占 1.68%，无一级地面积分布。提升空间较大。详见表 5-30、图 5-7。

表5-30 土壤有效铁不同等级在和田地区的分布

县市	二级 (15~20mg/kg)		三级 (10~15mg/kg)		四级 (5~10mg/kg)		五级 (≤5mg/kg)		合计	
	面积 (khm²)	占比 (%)	面积 (khm²)	占比 (%)	面积 (khm²)	占比 (%)	面积 (khm²)	占比 (%)	面积 (khm²)	占比 (%)
策勒县	—	—	12.83	31.22	11.26	6.22	—	—	24.09	10.64
和田市	—	—	0.26	0.63	14.54	8.03	—	—	14.80	6.53
和田县	—	—	3.95	9.62	26.39	14.58	—	—	30.34	13.40
洛浦县	—	—	3.34	8.13	24.27	13.41	0.71	18.49	28.32	12.50
民丰县	—	—	—	—	6.95	3.84	—	—	6.95	3.07
墨玉县	—	—	1.34	3.27	48.29	26.67	0.16	4.08	49.79	21.99
皮山县	—	—	6.81	16.58	30.37	16.77	—	—	37.18	16.42
于田县	0.50	100.00	12.56	30.54	18.98	10.48	2.95	77.43	34.99	15.45
总计	0.50	0.22	41.09	18.15	181.05	79.94	3.82	1.68	226.46	100.00

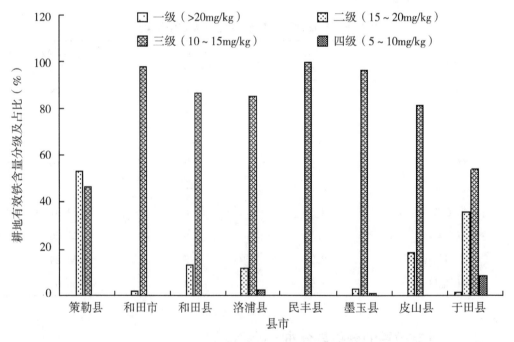

图5-7 耕层有效铁含量在各县市的分布

(一) 二级

和田地区二级地面积0.50khm²，占和田地区总耕地面积的0.22%。均分布在于田县，其他县市无二级地面积分布。

（二）三级

和田地区三级地面积 41.09 km^2，占和田地区总耕地面积的 18.15%。策勒县和于田县三级地面积最大，分别为 12.83 km^2 和 12.56 km^2，分别占三级地面积的 31.22% 和 30.55%；其次为皮山县和和田县，分别占三级地面积的 16.58% 和 9.62%；和田市和墨玉县三级地面积最小，分别占三级地面积的 0.63% 和 3.27%。

（三）四级

和田地区四级地面积 181.05 km^2，占和田地区总耕地面积的 79.94%。墨玉县四级地面积最大，为 48.29 km^2，占和田地区四级地面积的 26.67%；其次为皮山县和和田县，分别占四级地面积的 16.77% 和 14.58%；民丰县和策勒县四级地面积最小，分别占四级地面积的 3.84% 和 6.22%。

（四）五级

和田地区五级地面积 3.82 km^2，占和田地区总耕地面积的 1.68%。于田县五级地面积最大，为 2.95 km^2，占和田地区五级地面积的 77.43%；其次为洛浦县，占五级地面积的 18.49%；墨玉县五级地面积最小，占五级地面积的 4.08%。策勒县、和田市、和田县、民丰县和皮山县无五级地面积分布。

三、土壤有效铁调控

（一）作物缺铁状况

作物产量大幅提高、微肥投入不足以及石灰性土壤自身碱性反应及氧化作用，使铁形成难溶性化合物而降低其有效性，致使植物缺铁现象连年发生，涉及的植物品种较为广泛。植物这种缺铁病害，不但影响作物的生长发育、产量及品质，更重要的是影响人体健康，如缺铁营养病、缺铁性贫血病等。而合理施用铁肥有助于提高植物性产品的铁含量，改善人类的铁营养。另外，高位泥炭土、砂质土、通气性不良的土壤、富含磷或大量施用磷肥的土壤、全氮含量低的酸性土壤、过酸的土壤上也易发生缺铁。通过合理施铁肥调控改善土壤缺铁状况。

作物缺铁常出现在游离碳酸钙含量高的碱性土壤上，一些落叶果树（桃、苹果、山楂等）在高温多雨季节叶片缺铁失绿现象十分明显。对缺铁敏感的有花生、大豆、草莓、苹果、梨和桃等。单子叶植物如玉米、小麦等很少缺铁，其原因是它们的根可分泌一种能螯合铁的有机物——麦根酸，可活化土壤中的铁，增加对铁的吸收利用。由于铁在植物体内很难移动，又是叶绿素形成的必需元素，所以缺铁常见的症状是幼叶的失绿症。开始时叶色变淡，进而叶脉间失绿黄化，叶脉仍保持绿色。缺铁严重时整个叶片变白，并出现坏死的斑点。

（二）铁肥类型及合理使用技术

1. 铁肥类型

铁肥可分为无机铁肥、有机铁肥两大类。硫酸亚铁和硫酸铁是常用的无机铁肥。有机铁肥包括络合、螯合、复合有机铁肥，如乙二胺四乙酸（EDTA）、二乙酰三胺五醋酸铁（DTPA）、羟乙基乙二胺三乙酸铁（HEEDTA）等，这类铁肥可适用的 pH、土壤类型范围广，肥效高，可混性强。但其成本昂贵、售价极高，多用作叶面喷施。柠檬酸铁、葡萄糖酸铁十分有效。柠檬酸铁土施可提高土壤铁的溶解吸收，可促进土壤钙、磷、铁、锰、锌的释放，提高铁的有效性。

2. 铁肥施用方法及注意问题

（1）铁肥在土壤中易转化为无效铁，其后效弱。因此，每年都应向缺铁土壤施用铁肥，土施铁肥应以无机铁肥为主，即七水硫酸亚铁，价格非常低廉，约 2 元/kg。施铁量一般为 22.5~45kg/hm²。

（2）根外施铁肥，以有机铁肥为主，其用量小，效果好。螯合铁肥、柠檬酸铁类有机铁肥价格极为昂贵，12 元/kg 以上，土壤施用成本非常高，其主要用于根外施肥，即叶面喷施或茎秆钻孔施用。果树类可采用叶片喷施，吊针输液，及树干钉铁钉或钻孔置药法。

（3）叶面喷施是最常用的校正植物缺铁黄化病的高效方法，也就是采用均匀喷雾的方法将含铁营养液喷到叶面上，其可与酸性农药混合喷施。叶面喷施铁肥的时间一般选在晴朗无风的下午 4 点以后，喷施后遇雨应在天晴后再补喷 1 次。无机铁肥随喷随配，肥液不宜久置，以防止氧化失效。叶面喷施铁肥的浓度一般为 5~30g/kg，可与酸性农药混合喷施。单喷铁肥时，可在肥液中加入尿素或表面活性剂（非离子型洗衣粉），以促进肥液在叶面的附着及铁素的吸收。由于叶面肥喷施肥料持效期短，因此，果树或作物生育期缺铁矫正时，一般每半月左右喷施 1 次，连喷 2~3 次，可起到良好的效果。

吊针输液与人体输液一样，向树皮输含铁营养液。树干钉铁钉是将铁钉直接钉入树干，其缓慢释放供铁，效果较差。钻孔置药法是在茎秆较为粗大的果树茎秆上钻孔置入颗粒状或片状有机铁肥。

（4）土施铁肥与生理酸性肥料混合施用能起到较好的效果，如硫酸亚铁和硫酸钾造粒合施的肥效明显高于各自单独施用的肥效之和。

（5）浸种和种子包衣。对于易缺铁作物种子或缺铁土壤上播种，用铁肥浸种或包衣可矫正缺铁症。浸种溶液浓度为 1g/kg 硫酸亚铁，包衣剂铁含量为 100g/kg。

（6）喷灌铁肥。对于具有喷灌或滴灌设备的农田缺铁防治或矫正，可将铁肥加入到灌溉水中，效果良好。

第八节　土壤有效锰

锰（Mn）在地壳中是一个分布很广的元素，至少能在大多数岩石中，特别是铁镁物质中找到微量锰的存在。土壤中全锰含量比较丰富，一般在 100~5 000mg/kg。土壤中锰的含量因母质的种类、质地、成土过程以及土壤的酸度、全氮的积累程度等而异，其中母质的影响尤为明显。锰在植株中的正常浓度一般是 20~500mg/kg。土壤中的有效锰主要包括水溶态锰、交换态锰和一部分易还原态锰。土壤 pH 愈低，锰有效性愈高，在碱性或石灰性土壤中锰易形成 MnO 沉淀，有效性降低。大多数中性或碱性土壤有可能缺锰。石灰性土壤，尤其是排水不良和全氮含量高的土壤易缺锰。

对锰较敏感的作物有麦类、水稻、玉米、马铃薯、甘薯、甜菜、豆类、棉花、烟草、油菜和果树等。作物施用锰肥对种子发芽、苗期生长及生殖器官的形成、促进根茎的发育等都有良好作用。

一、土壤有效锰含量及其空间差异

通过对和田地区耕层土壤样品有效锰含量测定结果分析，和田地区耕层土壤有效锰平均值为 3.4mg/kg，标准差为 1.4mg/kg。平均含量以皮山县含量最高，为 4.4mg/kg，其次分别为墨玉县 4.0mg/kg、和田县 3.4mg/kg、策勒县 3.2mg/kg、洛浦县 2.9mg/kg、民丰县和和田市 2.8mg/kg，于田县含量最低，为 2.3mg/kg。

和田地区土壤有效锰平均变异系数为 41.76%，最小值出现在和田市，为 18.00%；最大值出现在民丰县，为 54.84%。详见表 5-31。

表 5-31　和田地区土壤有效锰含量及其空间差异

县市	平均值 （mg/kg）	标准差 （mg/kg）	变异系数 （%）
策勒县	3.2	1.0	29.85
和田市	2.8	0.5	18.00
和田县	3.4	0.9	26.91
洛浦县	2.9	1.0	33.98
民丰县	2.8	—	—
墨玉县	4.0	2.2	54.84
皮山县	4.4	1.0	22.39
于田县	2.3	0.8	33.68
和田地区	3.4	1.4	41.76

二、土壤有效锰的分级与分布

从和田地区耕层土壤有效锰分级面积统计数据看，和田地区耕地土壤有效锰多数在四级和五级。按等级分，三级占 3.97%，四级占 61.64%，五级占 34.39%，无一级和二级地面积分布。提升空间较大。详见表 5-32、图 5-8。

表 5-32　土壤有效锰不同等级在和田地区的分布

县市	三级 （5~10mg/kg）		四级 （3~5mg/kg）		五级 （≤3mg/kg）		合计	
	面积 （khm²）	占比 （%）	面积 （khm²）	占比 （%）	面积 （khm²）	占比 （%）	面积 （khm²）	占比 （%）
策勒县	—	—	13.95	9.99	10.14	13.03	24.09	10.64

（续表）

县市	三级 (5~10mg/kg)		四级 (3~5mg/kg)		五级 (≤3mg/kg)		合计	
	面积 (khm²)	占比 (%)	面积 (khm²)	占比 (%)	面积 (khm²)	占比 (%)	面积 (khm²)	占比 (%)
和田市	—	—	10.14	7.27	4.66	5.97	14.80	6.53
和田县	—	—	27.92	20.00	2.42	3.12	30.34	13.40
洛浦县	—	—	10.68	7.65	17.63	22.64	28.32	12.50
民丰县	—	—	—	—	6.95	8.92	6.95	3.07
墨玉县	4.82	53.55	41.62	29.82	3.35	4.31	49.79	21.99
皮山县	4.17	46.45	33.01	23.64	—	—	37.18	16.42
于田县	—	—	2.28	1.63	32.71	42.01	34.99	15.45
总计	8.99	3.97	139.60	61.64	77.87	34.39	226.46	100.00

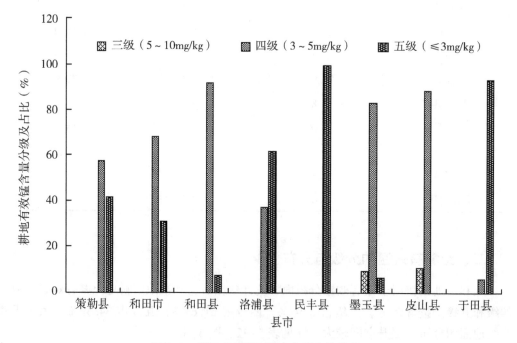

图 5-8 耕层有效锰含量在各县市的分布

（一）三级

和田地区三级地面积 8.99khm²，占和田地区总耕地面积的 3.97%。墨玉县三级地面积最大，为 4.82khm²，占三级地面积的 53.55%；其次为皮山县，占三级地面积的 46.45%。其他县市均无三级地面积分布。

（二）四级

和田地区四级地面积 139.60khm²，占和田地区总耕地面积的 61.64%。墨玉县四级地面积最大，为 41.62khm²，占和田地区四级地面积的 29.82%；其次为皮山县和和田县，分别占四级地面积的 23.64% 和 20.00%；于田县和和田市四级地面积最小，分别占四级地面积的 1.63% 和 7.27%。民丰县无四级地面积分布。

（三）五级

和田地区五级地面积 77.87khm²，占和田地区总耕地面积的 34.39%。于田县五级地面积最大，为 32.71khm²，占和田地区五级地面积的 42.01%；其次为洛浦县和策勒县，分别占五级地面积的 22.64% 和 13.03%；和田县和墨玉县五级地面积最小，分别占五级地面积的 3.12% 和 4.31%。皮山县无五级地面积分布。

三、土壤有效锰调控

土壤中锰的有效性与土壤 pH、通气性和碳酸盐含量有一定关系，在 pH 4~9 的范围内，随着土壤 pH 的提高，锰的有效性降低，在酸性土壤中，全锰和交换性锰（有效锰）含量都较高。一般来说，有些土壤锰的全量比较高，但它的有效态含量却很低，生长在这种土壤中的农作物，依然会因缺锰而出现缺素的生理症状。另外，随着作物产量的增加和复种指数的提高，从土壤中带走的锰也越来越多，而且氮磷化肥的施用量越来越大，有机肥料施用不足，致使锰大面积的缺乏，有的地块明显表现出缺锰症状。

和田地区大部分为中性或碱性土壤，较易出现缺锰现象，尤其是排水不良和石灰性含量高的土壤极易缺锰。针对土壤缺锰状况，一般是通过施用含锰的肥料（锰肥）的方式进行补充。常用的锰肥有硫酸锰、氯化锰、碳酸锰、氧化锰等。在实际施用锰肥时，应注意以下原则。

（一）根据土壤锰丰缺情况和作物种类确定施用

一般情况下，在土壤锰有效含量低时易产生缺素症，所以应采取缺什么补什么的原则，才能达到理想的效果。不同的作物种类，对锰肥的敏感程度不同，其需要量也不一样。如对锰敏感的作物有豆科作物、小麦、马铃薯、洋葱、菠菜、苹果、草莓等，需求量大；其次是大麦、甜菜、三叶草、芹菜、萝卜、番茄、棉花等，需求量一般；对锰不敏感的作物有玉米、黑麦、牧草等，需求量则较小。

（二）注意施用量及浓度

只有在土壤严重缺乏锰元素时，才向土壤施用锰肥，因为一般作物对微量元素的需要量都很少，而且从适量到过量的范围很窄，因此要防止锰肥用量过大。土壤施用时必须施得均匀，否则会引起植物中毒，污染土壤与环境。锰肥可用作基肥和种肥。在播种前结合整地施入土中，或者与氮、磷、钾等化肥混合在一起均匀施入，施用量要根据作物和锰肥种类而定，一般不宜过大。土壤施用锰肥有后效，一般可每隔 3~4 年施用一次。

（三）注意改善土壤环境条件

微量元素锰的缺乏，往往不是因为土壤中锰含量低，而是其有效性低，通过调节土壤条件，如土壤酸碱度、土壤质地、全氮含量、土壤含水量等，可以有效改善土壤的锰营养条件。

（四）注意与大量元素肥料配合施用

注意与大量元素肥料配合施用。微量元素和氮、磷、钾等营养元素都是同等重要、不可代替的，只有在满足了植物对大量元素需要的前提下，施用微量元素肥料才能充分发挥肥效，表现出明显的增产效果。

第九节　土壤有效铜

土壤铜含量常常与其母质来源和抗风化能力有关，与土壤质地间接相关。土壤中的铜大部分来自含铜矿物。一般情况下，基性岩发育的土壤，其含铜量多于酸性岩发育的土壤，沉积岩中以砂岩含铜最低。

一、土壤有效铜含量及其空间差异

通过对和田地区耕层土壤样品有效铜含量测定结果分析，和田地区耕层土壤有效铜含量平均值为 0.61mg/kg，标准差为 0.22mg/kg。平均含量以和田市含量最高，为0.95mg/kg，其次分别为民丰县 0.90mg/kg、策勒县 0.77mg/kg、洛浦县和皮山县0.66mg/kg、和田县 0.58mg/kg、于田县 0.52mg/kg，墨玉县含量最低，为 0.46mg/kg。

和田地区土壤有效铜平均变异系数为 35.40%，最小值出现在墨玉县，为 16.09%；最大值出现在皮山县，为 44.95%。详见表 5-33。

表 5-33　和田地区土壤有效铜含量及其空间差异

县市	平均值（mg/kg）	标准差（mg/kg）	变异系数（%）
策勒县	0.77	0.21	27.15
和田市	0.95	0.21	22.33
和田县	0.58	0.11	18.89
洛浦县	0.66	0.19	29.54
民丰县	0.90	—	—
墨玉县	0.46	0.07	16.09
皮山县	0.66	0.30	44.95
于田县	0.52	0.23	43.85
和田地区	0.61	0.22	35.40

二、土壤有效铜的分级与分布

从和田地区耕层土壤有效铜分级面积统计数据看，和田地区耕地土壤有效铜多数在四级。按等级分，三级占 0.35%，四级占 78.90%，五级占 20.75%，无一级和二级地面积分布。提升空间较大。详见表5-34、图5-9。

表5-34　土壤有效铜不同等级在和田地区的分布

县市	三级 （1.00~1.50mg/kg）		四级 （0.50~1.00mg/kg）		五级 （≤0.50mg/kg）		合计	
	面积 （khm²）	占比 （%）	面积 （khm²）	占比 （%）	面积 （khm²）	占比 （%）	面积 （khm²）	占比 （%）
策勒县	—	—	24.09	13.48	—	—	24.09	10.64
和田市	0.68	85.92	14.12	7.90	—	—	14.80	6.53
和田县	0.11	14.08	30.18	16.89	0.05	0.11	30.34	13.40
洛浦县	—	—	27.38	15.33	0.94	1.99	28.32	12.50
民丰县	—	—	6.95	3.89	—	—	6.95	3.07
墨玉县	—	—	26.84	15.02	22.95	48.83	49.79	21.99
皮山县	—	—	21.36	11.96	15.82	33.66	37.18	16.42
于田县	—	—	27.75	15.53	7.24	15.41	34.99	15.45
总计	0.79	0.35	178.67	78.90	47.00	20.75	226.46	100.00

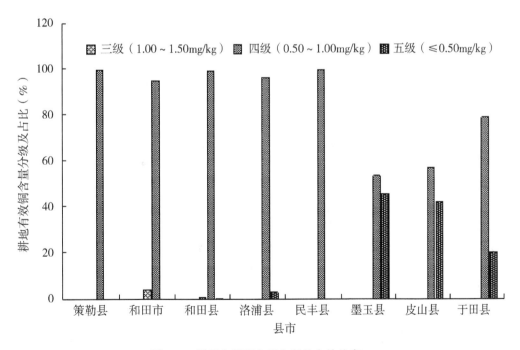

图5-9　耕层有效铜含量在各县市的分布

（一）三级

和田地区三级地面积0.79khm²，占和田地区总耕地面积的0.35%。和田市三级地面积最大，面积分布为 0.68khm²，占三级地面积的 85.92%；其次为和田市，占三级地面积的 14.08%；其他县市均无三级地面积分布。

（二）四级

和田地区四级地面积 178.67khm²，占和田地区总耕地面积的 78.90%。和田县四级地面积最大，为 30.18khm²，占和田地区四级地面积的 16.89%；其次为于田县和洛浦县，分别占四级地面积的 15.53% 和 15.33%；民丰县和和田市四级地面积最小，分别占四级地面积的 3.89% 和 7.90%。

（三）五级

和田地区五级地面积 47.00khm²，占和田地区总耕地面积的 20.75%。墨玉县五级地面积最大，为 22.95khm²，占和田地区五级地面积的 48.83%；其次为皮山县和于田县，分别占五级地面积的 33.66% 和 15.41%；和田县和洛浦县五级地面积最小，分别占五级地面积的 0.11% 和 1.99%；策勒县、和田市和民丰县无五级地面积分布。

三、土壤有效铜调控

一般认为，土壤缺铜的临界含量为 0.5mg/kg，土壤有效铜低于 0.5mg/kg 时，属于缺铜；低于 0.2mg/kg 时，属于严重缺铜。针对土壤缺铜的情况，一般通过施用铜肥进行调控。

（一）铜的生理作用

铜参与植物的光合作用，以 Cu^{2+} 的形式被植物吸收，它可以畅通无阻地催化植物的氧化还原反应，从而促进碳水化合物和蛋白质的代谢与合成，使植物抗寒、抗旱能力大为增强；铜还参与植物的呼吸作用，影响到作物对铁的利用，在叶绿体中含有较多的铜，因此铜与叶绿素形成有关；铜具有提高叶绿素稳定性的能力，避免叶绿素过早遭受破坏，这有利于叶片更好地进行光合作用。缺铜时，叶绿素减少，叶片出现失绿现象，幼叶的叶尖因缺绿而黄化并干枯，最后叶片脱落；还会使繁殖器官的发育受到破坏。植物需铜量很小，植物一般不会缺铜。

（二）土壤铜的变化特性

不同作物种植区土壤铜含量变化不一。土壤中铜的形态包括水溶态铜、有机态铜、离子态铜。水溶态铜在土壤全铜中所占比例较低，土壤中水溶性铜占全铜的比例仅为 1.2%~2.8%，离子态铜占全铜及水溶态铜的比例分别为 0.0003%~0.018% 和 0.01%~1.4%。使用有机肥会降低活性态铜含量，增加有机结合态铜含量，在铜缺乏土壤上应该避免过量使用有机肥。

（三）铜肥类型及合理施用技术

铜肥的主要品种有硫酸铜、氧化铜、氧化亚铜、碱式硫酸铜、铜矿渣等。

1. 硫酸铜

分子式为 $CuSO_4 \cdot 5H_2O$，含铜量为 25.5%，或失水成为 $CuSO_4 \cdot H_2O$，含铜量为 35.0%，能溶于水、醇、甘油及氨液，水溶液呈酸性。适用于各种施肥方法，但要注意在磷肥施用量较大的土壤上，最好采用种子处理或叶面肥喷施，以防止磷与铜结合成难溶的盐，降低铜的有效性。基施和拌种可促进玉米对铜的吸收，增产 6%～15%。

2. 氧化铜

分子式为 CuO，含铜量 78.3%，不溶于水和醇，但可在氨溶液中缓慢溶解。只能用作基肥，一般施入酸性土壤为好，每亩施用量为 0.4～0.6kg，每隔 3～5 年施用 1 次。

3. 氧化亚铜

分子式为 Cu_2O，含铜量为 84.4%。不溶于水、醇；溶于盐酸、浓氨水、浓碱。在干燥空气中稳定，在湿润空气中逐渐氧化成黑色氧化铜。由于难溶于水，只能作基肥，每亩施 0.3～0.5kg，每隔 3～5 年施 1 次。

4. 碱式硫酸铜

分子式为 $CuSO_4 \cdot 3Cu(OH)_2 \cdot H_2O$，含铜量为 13%～53%。只溶于无机酸，不溶于水，只适用于基肥，用于酸性土壤，每亩施 0.5～1kg。

5. 铜矿渣

含铜（Cu）、铁（Fe）、氧化硅（SiO_2）、氧化镁（MgO）等，含铜量为 0.3%～1.0%，该产品为矿山生产副产品，难溶于水，也可作铜肥使用，亩施 30～40kg，于秋耕或春耕时施入。对改良泥炭土和腐殖质湿土效果显著。但若含有大量镉、铅、汞等元素，应先加工处理，去掉镉、铅、汞有害物质后再进行施用。

第十节　土壤有效锌

锌（Zn）是一种浅灰色的过渡金属，是第四种"常见"的金属，仅次于铁、铝及铜。土壤锌含量因土壤类型而异，并受成土母质的影响。锌是一些酶的重要组成成分，这些酶在缺锌的情况下活性大大降低。绿色植物的光合作用，必须要有含锌的碳酸酐酶的参与，它主要存在于植株的叶绿体中，催化二氧化碳的水合作用，提高光合强度，促进碳水化合物的转化。锌能促进氮素代谢。缺锌植株体内的氮素代谢会发生紊乱，造成氨的大量累积，抑制了蛋白质的合成。植株的失绿现象，在很大程度上与蛋白质的合成受阻有关。施锌促进植株生长发育的效应显著，并能增强抗病、抗寒能力，对防治玉米花叶白苗病、柑橘小叶病，减轻小麦条锈病、大麦和冬黑麦的坚黑穗病、冬黑麦的秆黑粉病、向日葵的白腐和灰腐病的为害，增强玉米植株的耐寒性。

锌作为作物生长必需的微量元素，其在土壤中的含量及变化状况直接影响作物产量和产品品质，影响农业的高产高效生产，因此进行微量元素锌的调查分析具有重要意义。

一、土壤有效锌含量及其空间差异

通过对和田地区耕层土壤样品有效锌含量测定结果分析，和田地区耕层土壤有效锌平均值为 0.70mg/kg，标准差为 0.44mg/kg。平均含量以和田县含量最高，为 0.96mg/kg，其次分别为墨玉县 0.86mg/kg、洛浦县 0.70mg/kg、皮山县 0.66mg/kg、策勒县 0.63mg/kg、和田市 0.50mg/kg、于田县 0.42mg/kg，民丰县含量最低，为 0.40mg/kg。

和田地区土壤有效锌平均变异系数为 62.11%，最小值出现在洛浦县，为 26.73%；最大值出现在墨玉县，为 78.86%。详见表 5-35。

表 5-35 和田地区土壤有效锌含量及其空间差异

县市	平均值（mg/kg）	标准差（mg/kg）	变异系数（%）
策勒县	0.63	0.25	39.74
和田市	0.50	—	—
和田县	0.96	0.49	50.82
洛浦县	0.70	0.19	26.73
民丰县	0.40	—	—
墨玉县	0.86	0.68	78.86
皮山县	0.66	0.30	44.95
于田县	0.42	0.29	70.23
和田地区	0.70	0.44	62.11

二、土壤有效锌的分级与分布

从和田地区耕层土壤有效锌分级面积统计数据看，和田地区耕地土壤有效锌多数在四级和五级。按等级分，一级占 0.09%，二级占 0.90%，三级占 10.82%，四级占 63.79%，五级占 24.40%。提升空间较大。详见表 5-36、图 5-10。

表 5-36 土壤有效锌不同等级在和田地区的分布

县市	一级（>2.00mg/kg）		二级（1.50~2.00mg/kg）		三级（1.00~1.50mg/kg）		四级（0.50~1.00mg/kg）		五级（≤0.50mg/kg）		合计	
	面积（khm²）	占比（%）	面积（khm²）	占比（%）	面积（khm²）	占比（%）	面积（khm²）	占比（%）	面积（khm²）	占比（%）	面积（khm²）	占比（%）
策勒县	—	—	—	—	—	—	16.24	11.24	7.85	14.20	24.09	10.64
和田市	—	—	—	—	0.31	1.28	14.49	10.03	—	—	14.80	6.53
和田县	—	—	0.06	2.87	7.70	31.42	22.58	15.63	—	—	30.34	13.40
洛浦县	—	—	—	—	—	—	27.12	18.77	1.20	2.18	28.32	12.50
民丰县	—	—	—	—	—	—	—	—	6.95	12.58	6.95	3.07
墨玉县	0.20	100.00	1.98	97.13	16.49	67.30	22.23	15.39	8.89	16.08	49.79	21.99
皮山县	—	—	—	—	—	—	22.92	15.87	14.26	25.81	37.18	16.42
于田县	—	—	—	—	—	—	18.88	13.07	16.11	29.15	34.99	15.45
总计	0.20	0.09	2.04	0.90	24.50	10.82	144.46	63.79	55.26	24.40	226.46	100.00

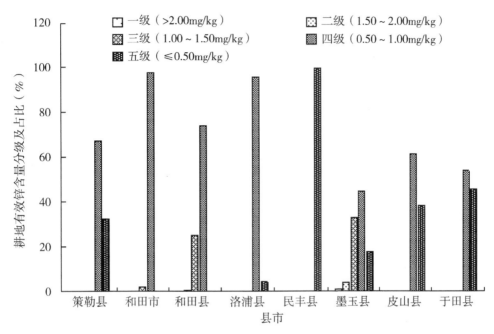

图 5-10 耕层有效锌含量在各县市的分布

（一）一级

和田地区一级地面积 0.20khm²，占和田地区总耕地面积的 0.09%。有效锌一级地面积主要分布在墨玉县，其他县市均无一级地面积分布。

（二）二级

和田地区二级地面积 2.04khm²，占和田地区总耕地面积的 0.90%。墨玉县二级地面积最大，为 1.98khm²，占二级地面积的 97.13%；其次为和田县，占二级地面积的 2.87%；其他县市均无二级地面积分布。

（三）三级

和田地区三级地面积 24.50khm²，占和田地区总耕地面积的 10.82%。墨玉县三级地面积最大，面积为 16.49khm²，占三级地面积的 67.30%；其次为和田县，占三级地面积的 31.42%；和田市三级地面积最小，占三级地面积的 1.28%；其他县市均无二级地面积分布。

（四）四级

和田地区四级地面积 144.46khm²，占和田地区总耕地面积的 63.79%。洛浦县四级地面积最大，面积为 27.12khm²，占四级地面积的 18.77%；其次为皮山县和和田县，分别占四级地面积的 15.87% 和 15.63%；和田市和策勒县四级地面积最小，分别占四级地面积的 10.03% 和 11.24%；民丰县无四级地面积分布。

（五）五级

和田地区五级地面积 55.26khm²，占和田地区总耕地面积的 24.40%。于田县五级地面积最大，为 16.11khm²，占和田地区五级地面积的 29.15%；其次为皮山县和墨玉县，分别占和田地区五级地面积的 25.81% 和 16.08%；洛浦县五级地面积最小，占五级地面积的 2.18%。和田市和和田县无五级地面积分布。

三、土壤有效锌调控

一般认为，土壤缺锌的临界含量为 0.5mg/kg，有效锌含量低于 0.5mg/kg 时，属于缺锌；低于 0.3mg/kg 时，属于严重缺锌。针对土壤缺锌的情况，一般通过施用锌肥进行调控。

（一）锌肥类型

常见的锌肥包括硫酸锌、氯化锌、氧化锌等。硫酸锌（$ZnSO_4 \cdot 7H_2O$）含锌量为 23%~24%，白色或橘红色结晶，易溶于水。氯化锌（$ZnCl_2$）含锌量为 40%~48%，白色结晶，易溶于水。氧化锌（ZnO）含锌量为 70%~80%，白色粉末，难溶于水。

（二）施用方法

锌肥可以基施、追施、浸种、拌种、喷施，一般以叶面肥喷施效果最好。

（三）锌肥施用注意事项

（1）锌肥施用在对锌过敏感作物上：像玉米、花生、大豆、甜菜、菜豆、果树、番茄等施用锌肥效果较好。

（2）施在缺锌的土壤上：在缺锌的土壤上施用锌肥较好，在不缺锌的土壤上不用施锌肥。如果植株早期表现出缺锌症状，可能是早春气温低，微生物活动弱，肥没有完全溶解，秧苗根系活动弱，吸收能力差；磷-锌的拮抗作用，土壤环境影响可能缺锌。但到后期气温升高，此症状就消失了。

（3）作基肥隔年施用：锌肥作基肥每公顷用硫酸锌 20~25kg，要均匀施用，同时要隔年施用，因为锌肥在土壤中的残效期较长。

（4）不要与农药一起拌种：拌种用硫酸锌 2g/kg 左右，以少量水溶解，喷于种子上或浸种，待种子干后，再进行农药处理，否则影响效果。

（5）不要与磷肥混用：因为锌-磷有拮抗作用，锌肥要与干细土或酸性肥料混合施用，撒于地表，随耕地翻入土中，否则将影响锌肥的效果。

（6）不要表施，要埋入土中：追施硫酸锌时，施硫酸锌 1.0kg/亩左右，开沟施用后覆土，表施效果较差。

（7）浸秧根不要时间过长，浓度不宜过大，以 1% 的浓度为宜，浸半分钟即可，时间过长会发生药害。

（8）叶面肥喷施效果好：用浓度为 0.1%~0.2% 硫酸锌或锌宝溶液进行叶面肥喷雾，每隔 6~7 天喷 1 次，喷 2~3 次，但注意不要把溶液灌进心叶，以免灼伤植株。

第十一节　土壤有效硫

有效硫是指土壤中能被植物直接吸收利用的硫，通常包括易溶硫、吸附性硫和部分有机硫。有效硫主要是无机硫酸根 SCT，它以溶解状态存在于土壤溶液中，或被吸附在土壤胶体上，在浓度较大的土壤中则因过饱和而沉淀为硫酸盐固体。这些形态的硫酸盐大多是水溶性、酸溶性或代换性的，易于被植物吸收。

一、土壤有效硫含量及其空间差异

通过对和田地区耕层土壤样品有效硫含量测定结果分析，和田地区耕层土壤有效硫平均值为40.69mg/kg，标准差为19.07mg/kg。平均含量以洛浦县含量最高，为50.58mg/kg，其次分别为民丰县47.90mg/kg、策勒县42.93mg/kg、于田县42.10mg/kg、皮山县40.74mg/kg、墨玉县39.89mg/kg、和田县32.68mg/kg，和田市含量较低，为28.50mg/kg。

和田地区土壤有效硫平均变异系数为46.87%，最小值出现在和田县，为14.89%；最大值出现在洛浦县，为83.78%。详见表5-37。

表5-37 和田地区土壤有效硫含量及其空间差异

县市	平均值（mg/kg）	标准差（mg/kg）	变异系数（%）
策勒县	42.93	6.71	15.63
和田市	28.50	—	—
和田县	32.68	4.87	14.89
洛浦县	50.58	42.37	83.78
民丰县	47.90	—	—
墨玉县	39.89	18.01	45.16
皮山县	40.74	12.48	30.64
于田县	42.10	11.70	27.79
和田地区	40.69	19.07	46.87

二、土壤有效硫的分级与分布

从和田地区耕层土壤有效硫分级面积统计数据看，和田地区耕地土壤有效硫多数在二级。按等级分，一级占11.80%，二级占86.62%，三级占1.59%，无四级和五级地面积分布。详见表5-38、图5-11。

（一）一级

和田地区一级地面积26.71khm²，占和田地区总耕地面积的11.80%。皮山县有效硫一级地面积最大，为6.99khm²，占一级地面积的26.18%；其次为洛浦县和墨玉县，分别占一级地面积的23.72%和21.72%。策勒县、和田县和民丰县无一级地面积分布。

表 5-38 土壤有效硫不同等级在和田地区的分布

县市	一级 （>250mg/kg）		二级 （150~250mg/kg）		三级 （100~150mg/kg）		合计	
	面积 （khm²）	占比 （%）	面积 （khm²）	占比 （%）	面积 （khm²）	占比 （%）	面积 （khm²）	占比 （%）
策勒县	—	—	24.09	12.28	—	—	24.09	10.64
和田市	2.56	9.60	11.26	5.74	0.98	27.13	14.80	6.53
和田县	—	—	29.99	15.30	0.35	9.61	30.34	13.40
洛浦县	6.34	23.72	21.32	10.87	0.66	18.41	28.32	12.50
民丰县	—	—	6.95	3.54	—	—	6.95	3.07
墨玉县	5.80	21.72	42.38	21.60	1.61	44.85	49.79	21.99
皮山县	6.99	26.18	30.19	15.39	—	—	37.18	16.42
于田县	5.02	18.78	29.97	15.28	—	—	34.99	15.45
总计	26.71	11.80	196.15	86.62	3.60	1.59	226.46	100.00

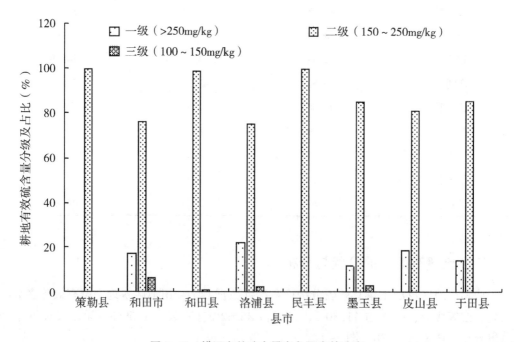

图 5-11 耕层有效硫含量在各县市的分布

（二）二级

和田地区二级地面积 196.15khm²，占和田地区总耕地面积的 86.62%。墨玉县二级地面积最大，为 42.38khm²，占二级地面积的 21.60%；其次为皮山县、和田县和于田县，分别占二级地面积的 15.39%、15.30% 和 15.28%；民丰县和和田市二级地面积最小，分别占二级地面积的 3.54% 和 5.74%。

（三）三级

和田地区三级地面积 3.60km², 占和田地区总耕地面积的 1.59%。墨玉县三级地面积最大，为 1.61km², 占三级地面积的 44.85%；其次为和田市和洛浦县，分别占三级地面积的 27.13% 和 18.41%；和田县三级地面积最小，占三级地面积的 9.61%。策勒县、民丰县和于田县无三级地面积分布。

三、土壤有效硫调控

（一）控制硫肥用量

小麦上适宜的施硫量为 60kg/hm², 水稻上为 80~190kg/hm²。具体用量视土壤有效硫水平而定。就一般作物而言，土壤有效硫低于 16mg/kg 时，施硫才会有增产效果，若有效硫大于 20mg/kg，除喜硫作物外，施硫一般无增产效果。在不缺硫的土壤上施用硫肥不仅不会增产，甚至会导致土壤酸化和减产。十字花科、豆科作物以及葱蒜、韭菜等都是需硫较多的作物，对施肥的反应敏感。而谷类作物则比较耐缺硫胁迫。硫肥用量的确定除了应考虑土壤、作物硫供需状况外，还要考虑到各元素间营养平衡问题，尤其是氮、硫的平衡。一些试验表明，只有在氮硫比接近 7 时，氮、硫才能都得到有效的利用。当然，这一比值应随不同土壤氮、硫基础含量的不同而做相应调整。

（二）选择适宜的硫肥品种

硫酸铵、硫酸钾及金属微量元素的硫酸盐中的硫酸根都是易于被作物吸收利用的硫形态。过磷酸钙中的石膏肥效要慢些。施用硫酸盐肥料的同时不应忽视由此带入的其他元素的平衡问题。施用硫黄虽然元素单纯，但需经微生物转化后才能有效，其肥效与土壤环境条件及肥料本身的细度有密切关系，而且其后效也比硫酸盐肥料大得多，甚至可以隔年施用。

（三）确定合理的施硫时期

硫肥的施用时间也直接影响着硫肥的效果。在温带地区，硫酸盐类等可溶性硫肥春季使用效果比秋季好。在热带、亚热带地区则宜夏季施用。硫肥一般可以作基肥，于播种或移栽前耕地时施入，通过耕耙使之与土壤混合。根外喷施硫肥仅可作为补硫的辅助性措施。使用微溶或不溶于水的石膏或硫黄的悬液进行蘸根处理是经济用硫的有效方法。

第十二节 土壤有效硅

一般作物不会缺硅（Si），但个别作物却对硅敏感，如水稻、果树等。硅主要存在地壳中，自然界中硅的主要来源是含硅矿物。土壤中的硅主要是以硅酸盐的形式存在，土壤中的有效硅一般在每千克几十至几百毫克。

施用硅肥后，可使植物表皮细胞硅质化，茎秆挺立，增强叶片的光合作用。硅化细胞还可增加细胞壁的厚度，形成一个坚固的保护壳，病菌难以入侵，病虫害一旦为害即遭抵制。作物吸收硅肥后，导管刚性加强，有防止倒伏和促进根系生长的作用，是维持植物正常生命的一个重要组成部分。

此外，缺硅会使瓜果畸形，色泽灰暗，糖度减少，口感变差，影响商品性。增施硅肥则能大大提高这些性状。从植物生理学上的解释：植物在硅肥的调节下，能抑制作物对氮肥的过量吸收，相应地促进了同化产物向多糖物质转化的结果，所以，农业中既要保证高产，又要保证优质，就要施用硅肥。但硅的性质稳定，会在土壤中以化合物的形态被固定，移动性差，所以，我们就要以施用硅肥的方法来补充，这在肥料应用日益减少的现在显得更为必要。

一、土壤有效硅含量及其空间差异

通过对和田地区耕层土壤样品有效硅含量测定结果分析，和田地区耕层土壤有效硅平均值为 94.55mg/kg，标准差为 31.76mg/kg。平均含量以洛浦县含量最高，为123.24mg/kg，其次分别为和田市 106.25mg/kg、墨玉县 97.84mg/kg、于田县 89.02mg/kg、和田县 88.10mg/kg、策勒县 84.53mg/kg、皮山县 78.56mg/kg，民丰县含量最低，为71.30mg/kg。

和田地区土壤有效硅平均变异系数为 33.59%，最小值出现在皮山县，为 5.74%；最大值出现在洛浦县，为 48.36%。详见表 5-39。

表 5-39　和田地区土壤有效硅含量及其空间差异

县市	平均值 （mg/kg）	标准差 （mg/kg）	变异系数 （%）
策勒县	84.53	5.88	6.95
和田市	106.25	38.40	36.14
和田县	88.10	8.68	9.85
洛浦县	123.24	59.60	48.36
民丰县	71.30	—	—
墨玉县	97.84	35.28	36.06
皮山县	78.56	4.51	5.74
于田县	89.02	19.30	21.68
和田地区	94.55	31.76	33.59

二、土壤有效硅的分级与分布

从和田地区耕层土壤有效硅分级面积统计数据看，和田地区耕地土壤有效硅多数在三级和四级。按等级分，二级占 1.21%，三级占 35.79%，四级占 63.00%，无一级和五级地面积分布。详见表 5-40、图 5-12。

表 5-40　土壤有效硅不同等级在和田地区的分布

县市	二级 （150~250mg/kg）		三级 （100~150mg/kg）		四级 （50~100mg/kg）		合计	
	面积 （khm²）	占比 （%）	面积 （khm²）	占比 （%）	面积 （khm²）	占比 （%）	面积 （khm²）	占比 （%）
策勒县	—	—	—	—	24.09	16.89	24.09	10.64
和田市	—	—	10.77	13.29	4.03	2.82	14.80	6.53
和田县	—	—	20.33	25.08	10.01	7.02	30.34	13.40
洛浦县	2.73	100.00	18.36	22.65	7.23	5.06	28.32	12.50
民丰县	—	—	—	—	6.95	4.87	6.95	3.07
墨玉县	—	—	21.89	27.00	27.90	19.56	49.79	21.99
皮山县	—	—	—	—	37.18	26.06	37.18	16.42
于田县	—	—	9.71	11.98	25.28	17.72	34.99	15.45
总计	2.73	1.21	81.06	35.79	142.67	63.00	226.46	100.00

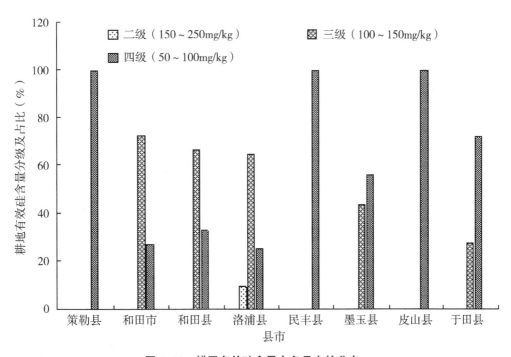

图 5-12　耕层有效硅含量在各县市的分布

（一）二级

和田地区二级地面积 2.73km²，占和田地区总耕地面积的 1.21%。均分布在洛浦县，其他县市无二级地面积分布。

（二）三级

和田地区三级地面积 81.06km²，占和田地区总耕地面积的 35.79%。墨玉县三级地面积最大，为 21.89km²，占三级地面积的 27.00%；其次为和田县和洛浦县，分别占三级地面积的 25.08% 和 22.65%；策勒县、民丰县和皮山县无三级地面积分布。

（三）四级

和田地区四级地面积 142.67km²，占和田地区总耕地面积的 63.00%。皮山县四级地面积最大，为 37.18km²，占和田地区四级地面积的 26.06%；其次为墨玉县和于田县，分别占四级地面积的 19.56% 和 17.72%；和田市和民丰县四级地面积最小，分别占四级地面积的 2.82% 和 4.87%。

三、土壤有效硅调控

缺硅与作物种类密切有关，以水稻最为敏感，此外硅对果树、蔬菜也有一定效果。作物施用硅肥可以有效提高作物的抗病虫害能力，特别是对病虫害的抗性加强，针对土壤缺硅的不同类型及作物对硅肥的需求不同，通过合理施用硅肥进行调控。

（一）根据作物种类

各种作物需硅的情况不一样，对硅肥也有不同的反应。在各种作物中，以水稻对硅肥的反应最好，其次为水果、蔬菜。

（二）根据肥料种类

硅肥主要有硅酸铵、硅酸钠、二氧化硅和含硅矿渣，可作基肥、种肥和追肥施用。

目前，硅肥的品种主要有枸溶性硅肥、水溶性硅肥两大类，枸溶性硅肥是指不溶于水而溶于酸后可以被植物吸收的硅肥；水溶性硅肥是指溶于水后可以被植物直接吸收的硅肥，农作物对其吸收利用率较高，为高温化学合成，生产工艺较复杂，成本较高，但施用量较小，一般常用于叶面肥喷施、冲施和滴灌，也可进行基施和追施，具体用量可根据作物品种喜硅情况、当地土壤的缺硅情况以及硅肥的具体含量而定。

（三）根据土壤情况

硅是第四大矿物元素，是理想的土壤调理剂，硅肥缓释长效，保证作物对硅元素的吸收达到最优水平，根据其原料生产产品养分全面、含量高、活性强、吸收利用率高。

第十三节　土壤有效钼

土壤中钼（Mo）的含量主要与成土母质、土壤质地、土壤类型、气候条件及全氮含量等有关。钼主要存在地壳中，自然界中钼的主要来源是含钼矿藏。钼对动植物的营养及代谢具有重要作用，土壤中的钼来自含钼矿物（主要含钼矿物是辉钼矿）。含钼矿物经过风化后，钼则以钼酸离子（MoO_4^{2-} 或 $HMoO_4^-$）的形态进入溶液。

土壤中的钼可区分成四部分。①水溶态钼，包括可溶态的钼酸盐。②代换态钼，MoO_4^{2-} 离子被黏土矿物或铁锰的氧化物所吸附。以上两部分称为有效态钼，是植物能够吸收的。③难溶态钼，包括原生矿物、次生矿物、铁锰结核中所包被的钼。④有机结合态的钼。需注意探明土壤有效钼含量的高低，为合理施肥、促进作物高产奠定基础。同时，也要防止钼过量带来的危害。

一、土壤有效钼含量及其空间差异

通过对和田地区耕层土壤样品有效钼含量测定结果分析，和田地区耕层土壤有效钼平均值为 0.16mg/kg，标准差为 0.07mg/kg。平均含量以和田县含量较高，为 0.20mg/kg，其次分别为民丰县 0.18mg/kg、于田县 0.18mg/kg、策勒县和洛浦县 0.17mg/kg、墨玉县 0.16mg/kg、皮山县 0.13mg/kg，和田市含量最低，为 0.11mg/kg。

和田地区土壤有效钼平均变异系数为 42.80%，最小值出现在和田市，为 12.86%；最大值出现在墨玉县，为 58.36%。详见表 5-41。

表 5-41　和田地区土壤有效钼含量及其空间差异

县市	平均值 （mg/kg）	标准差 （mg/kg）	变异系数 （%）
策勒县	0.17	0.06	33.05
和田市	0.11	0.01	12.86
和田县	0.20	0.10	48.97
洛浦县	0.17	0.04	23.56
民丰县	0.18	—	—
墨玉县	0.16	0.10	58.36
皮山县	0.13	0.04	32.04
于田县	0.18	0.07	37.77
和田地区	0.16	0.07	42.80

二、土壤有效钼的分级与分布

从和田地区耕层土壤有效钼分级面积统计数据看，和田地区耕地土壤有效钼多数在二级和三级。按等级分，一级占 9.58%，二级占 47.47%，三级占 41.94%，四级占 1.01%，无五级地面积分布。提升空间很大。详见表 5-42、图 5-13。

表 5-42　土壤有效钼不同等级在和田地区的分布

县市	一级 (>0.20mg/kg)		二级 (0.15~0.20mg/kg)		三级 (0.10~0.15mg/kg)		四级 (0.05~0.10mg/kg)		合计	
	面积 (khm²)	占比 (%)	面积 (khm²)	占比 (%)	面积 (khm²)	占比 (%)	面积 (khm²)	占比 (%)	面积 (khm²)	占比 (%)
策勒县	7.45	34.36	8.68	8.08	7.96	8.38	—	—	24.09	10.64
和田市	—	—	5.80	5.40	9.00	9.47	—	—	14.80	6.53
和田县	3.41	15.72	11.78	10.96	14.75	15.54	0.40	17.35	30.34	13.40
洛浦县	1.47	6.79	18.82	17.50	8.03	8.46	—	—	28.32	12.50
民丰县	—	—	6.95	6.46	—	—	—	—	6.95	3.07
墨玉县	5.21	24.01	24.71	22.98	19.87	20.93	—	—	49.79	21.99
皮山县	—	—	15.37	14.30	19.91	20.96	1.90	82.65	37.18	16.42
于田县	4.15	19.12	15.40	14.32	15.44	16.26	—	—	34.99	15.45
总计	21.69	9.58	107.51	47.47	94.96	41.94	2.30	1.01	226.46	100.00

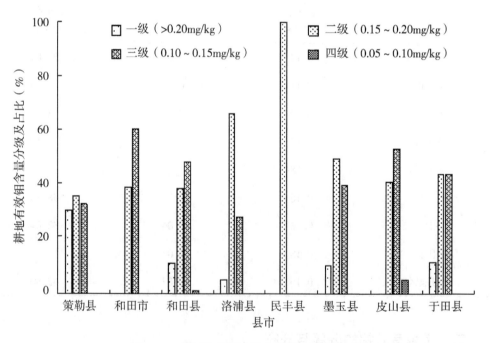

图 5-13　耕层有效钼含量在各县市的分布

（一）一级

和田地区一级地面积 21.69khm²，占和田地区总耕地面积的 9.58%。有效钼一级地面积最大的主要分布在策勒县，面积为 7.45khm²，占一级地面积的 34.36%，其次为墨玉县、于田县和和田县，分别占一级地面积的24.01%、19.12%和15.72%。和田市、民丰县和皮山县无一级地面积分布。

（二）二级

和田地区二级地面积107.51khm²，占和田地区总耕地面积的47.47%。有效钼二级地面积最大分布在墨玉县，面积为24.71khm²，占二级地面积的22.98%；其次为洛浦县、于田县和皮山县，分别占二级地面积的17.50%、14.32%和14.30%；和田市和民丰县二级地面积最小，分别占二级地面积的5.40%和6.46%。

（三）三级

和田地区三级地面积94.96khm²，占和田地区总耕地面积的41.94%。有效钼三级地面积前两位为皮山县和墨玉县，面积为19.91khm²和19.87khm²，分别占三级地面积的20.96%和20.93%；其次为于田县和和田县，分别占三级地面积的16.26%和15.54%。民丰县无三级地面积分布。

（四）四级

和田地区四级地面积2.30khm²，占和田地区总耕地面积的1.01%。有效钼四级地面积最大的主要在皮山县，面积为1.90khm²，占四级地面积的82.65%；其次为和田县，占四级地面积的17.35%。其他县市均无四级地面积分布。

三、土壤有效钼调控

缺钼与作物种类密切有关，以豆科作物最为敏感，如紫云英、苕子、苜蓿、大豆、花生等。高含量钼对植物有不良影响。针对土壤缺钼的不同类型，通过合理施用钼肥进行调控。

（一）根据作物种类

各种作物需钼的情况不一样，对钼肥也有不同的反应。在各种作物中，豆科和十字花科作物对钼肥的反应最好。由于钼与固氮作用有密切关系，豆科作物对钼肥有特殊的需要，所以钼肥应当首先集中施用在豆科作物上。

1. 大豆

施用钼肥使大豆苗壮早发，根系发达，根瘤多而大，色泽鲜艳，株高、叶宽、总节数、分枝数、荚数、三粒荚数、蛋白质含量等都增加，因而能提高产量。

2. 花生

施用钼肥能使花生的单株荚果数、百果重和百仁重提高，空秕率降低，产量提高。

3. 其他

玉米用钼肥拌种，平均增产8.7%；小麦施用钼肥，平均增产13%～16%；谷子施用钼肥，增产4.5%～18%。

（二）根据肥料种类

钼肥主要有钼酸铵、钼酸钠、三氧化钼和含钼矿渣，可作基肥、种肥和追肥施用。

1. 基肥

含钼矿渣难溶解，以作基肥施用为好。钼肥可以单独施用，也可和其他常用化肥或有机肥混合施用，如单独施用，用量少，不易施匀，可拌干细土 5kg，搅拌均匀后施用。施用时可以撒施后犁入土中或耙入耕层内。钼肥的价格高，为节约用肥，可采取沟施、穴施的办法。

2. 种肥

种肥是一种常用的施肥方法，既省工，又省肥，操作方便，效果很好。①浸种，用0.05%~0.1%的钼酸铵溶液浸种 12h 左右，肥液用量要淹没种子。用浸种方法，要考虑当时的土壤墒情，如果墒情不好，浸种处理过的种子中的水分反被土壤吸走，造成芽干而不能出苗。②拌种，每千克种子用钼酸铵 2g，先用少量的热水溶解，再兑水配成2%~3%的溶液，用喷雾器在种子上喷一层薄薄的肥液，边喷边搅拌，溶液不要用得过多，以免种皮起皱，造成烂种。拌好后，将种子阴干即可播种。如果种子还要进行农药处理，一定要等种子阴干后进行。浸过或拌过钼肥的种子，人畜不能食用，以免引起钼中毒。

3. 追肥

多采用根外追肥的办法。叶面肥喷施要求肥液溶解彻底，不可有残渣。一般要连续喷施 2 次为好，大豆需钼量多，拌种时可用 3%的钼酸铵溶液，均匀地喷在豆种上，阴干即可播种。

钼与磷有相互促进的作用，磷能增强钼肥的效果。可将钼肥与磷肥配合施用，也可再配合氮肥。每公顷磷酸钙加水 1 125kg，搅拌溶解放置过夜，第二天将沉淀的渣滓滤去，加入钼肥及尿素即可进行喷雾。另外，硫能抑制作物对钼的吸收，含硫多的土壤或施用硫肥过量会降低钼肥作用。

总体来说，作物对钼的需求总量还是相对较少的；有效钼的供应过多，可能会对作物产生毒害，因此在钼肥的施用上，要严格控制用量，避免过量。由于钼肥用量较少，作为基肥施用时，要力求达到均匀施用，可与土或其他肥料充分混合后施用；根外追肥也要浓度适宜，不可随意增加用量或浓度，避免局部浓度过高。

第十四节　土壤有效硼

硼（B）是作物生长必需的营养元素之一，虽然需求总量不高，但硼所起的作用不可忽视。土壤中的硼大部分存在于土壤矿物中，小部分存在于有机物中。受成土母质、土壤质地、土壤 pH、土壤类型、气候条件等因素的影响，盐土全硼含量通常高于其他土壤。

土壤中的硼通常分为酸不溶态、酸溶态和水溶态三种形式，其中水溶性硼对作物是有效的，属有效硼。土壤有效硼含量与盐渍化程度密切相关，盐化土壤和盐土有效硼含量高，盐渍化程度越高，有效硼含量也越高，碱土和碱化土则低。影响土壤硼有效性的因素有气候条件、土壤全氮含量、土壤质地、土壤 pH 等。降水量影响有效硼的含量，硼是一种比较容易淋失的元素，降水量大，有效硼淋失多。在降水量小的情况下，全氮的分解受到影响，硼的供应减少；同时由于土壤干旱增加硼的固定，硼的有效性降低。所以，降水过多或过少都降低硼的有效性。有效硼含量与全氮含量呈正相关，一般土壤中的硼含量随全氮含量的增加有增加的趋势。土壤全氮含量高，有效硼含量也高。这是因为土壤全氮与硼结合，防止了硼的淋失；在全氮被矿化后，其中的硼即被释放出来。由于种植结构、施肥习惯的不同，各地土壤硼含量差异很大。

一、土壤有效硼含量及其空间差异

通过对和田地区耕层土壤样品有效硼含量测定结果分析，和田地区耕层土壤有效硼平均值为 2.1mg/kg，标准差为 5.4mg/kg。平均含量以洛浦县含量最高，为 8.2mg/kg，其次分别为民丰县 2.0mg/kg、于田县 1.3mg/kg、墨玉县 1.2mg/kg、和田县 1.1mg/kg、策勒县 0.9mg/kg、和田市 0.8mg/kg，皮山县含量最低，为 0.6mg/kg。

和田地区土壤有效硼平均变异系数为 253.63%，最小值出现在策勒县，为 16.37%；最大值出现在洛浦县，为 165.26%。详见表 5-43。

表 5-43 和田地区土壤有效硼含量及其空间差异

县市	平均值（mg/kg）	标准差（mg/kg）	变异系数（%）
策勒县	0.9	0.2	16.37
和田市	0.8	0.4	53.03
和田县	1.1	0.4	38.03
洛浦县	8.2	13.6	165.26
民丰县	2.0	—	—
墨玉县	1.2	0.7	57.86
皮山县	0.6	0.2	30.46
于田县	1.3	0.8	58.04
和田地区	2.1	5.4	253.63

二、土壤有效硼的分级与分布

从和田地区耕层土壤有效硼分级面积统计数据看，和田地区耕地土壤有效硼多数在一级、三级和四级。按等级分，一级占 31.12%，二级占 11.74%，三级占 31.45%，四级占 24.72%，五级占 0.97%。需要合理施用硼肥。详见表 5-44、图 5-14。

（一）一级

和田地区一级地面积 70.47khm²，占和田地区总耕地面积的 31.12%。有效硼一级地面积主要分布在洛浦县，面积为 27.93khm²，占一级地面积的 39.63%；其次为和田县和和田市，分别占一级地面积的 23.43% 和 13.45%；于田县和策勒县一级地面积最小，分别占一级地面积的 4.38% 和 4.47%。皮山县无一级地面积分布。

·177·

表 5-44 土壤有效硼不同等级在和田地区的分布

县市	一级 (>2.00mg/kg)		二级 (1.50~2.00mg/kg)		三级 (1.00~1.50mg/kg)		四级 (0.50~1.00mg/kg)		五级 (≤0.50mg/kg)		合计	
	面积 (khm²)	占比 (%)	面积 (khm²)	占比 (%)	面积 (khm²)	占比 (%)	面积 (khm²)	占比 (%)	面积 (khm²)	占比 (%)	面积 (khm²)	占比 (%)
策勒县	3.15	4.47	4.70	17.67	13.57	19.05	2.67	4.77	—	—	24.09	10.64
和田市	9.48	13.45	2.23	8.38	2.39	3.36	0.70	1.25	—	—	14.80	6.53
和田县	16.51	23.43	0.26	1.00	10.88	15.27	2.58	4.61	0.11	5.11	30.34	13.40
洛浦县	27.93	39.63	0.39	1.45	—	—	—	—	—	—	28.32	12.50
民丰县	6.92	9.82	0.03	0.12	—	—	—	—	—	—	6.95	3.07
墨玉县	3.40	4.82	3.76	14.13	32.13	45.11	10.40	18.58	0.10	4.52	49.79	21.99
皮山县	—	—	—	—	1.80	2.53	33.39	59.66	1.99	90.37	37.18	16.42
于田县	3.08	4.38	15.22	57.25	10.46	14.68	6.23	11.13	—	—	34.99	15.45
总计	70.47	31.12	26.59	11.74	71.23	31.45	55.97	24.72	2.20	0.97	226.46	100.00

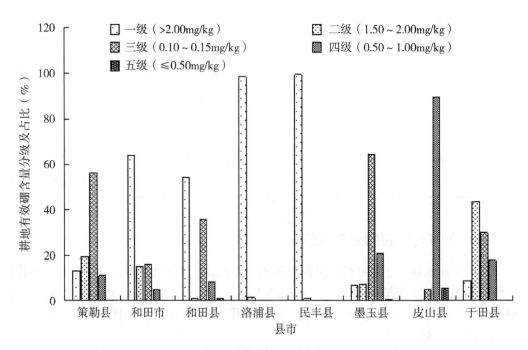

图 5-14 耕层有效硼含量在各县市的分布

(二) 二级

和田地区二级地面积 26.59khm²，占和田地区总耕地面积的 11.74%。于田县二级地面积最大，为 15.22khm²，占和田地区二级地面积的 57.25%；其次为策勒县和墨玉县，分别占和田地区二级地面积的 17.67% 和 14.13%；民丰县和和田县二级地面积最小，分别占二级地面积的 0.12% 和 1.00%。皮山县无二级地面积分布。

（三）三级

和田地区三级地面积 71.23khm²，占和田地区总耕地面积的 31.45%。墨玉县三级地面积最大，为 32.13khm²，占和田地区三级地面积的 45.11%；其次为策勒县、和田县和于田县，分别占和田地区三级地面积的 19.05%、15.27% 和 14.68%；皮山县和和田市三级地面积最小，分别占三级地面积的 2.53% 和 3.36%。洛浦县和民丰县无三级地面积分布。

（四）四级

和田地区四级地面积 55.97khm²，占和田地区总耕地面积的 24.72%。皮山县四级地面积最大，为 33.39khm²，占和田地区四级地面积的 59.66%；其次为墨玉县和于田县，分别占四级地面积的 18.58% 和 11.13%；和田市、和田县和策勒县四级地面积最小，分别占四级地面积的 1.25%、4.61% 和 4.77%。洛浦县和民丰县无四级地面积分布。

（五）五级

和田地区五级地面积 2.20khm²，占和田地区总耕地面积的 0.97%。皮山县五级地面积最大，为 1.99khm²，占和田地区五级地面积的 90.37%；其次为和田县和墨玉县，分别占五级地面积的 5.11% 和 4.52%；策勒县、和田市、洛浦县、民丰县和于田县无五级地面积分布。

三、土壤有效硼调控

一般认为，土壤缺硼的临界含量为 0.5mg/kg，水溶性硼低于 0.5mg/kg 时，属于缺硼；低于 0.25mg/kg 时，属于严重缺硼。针对土壤缺硼的情况，一般通过施用硼肥进行调控。在硼含量较高的地区，可以采取适当施用石灰的方法，防止硼的毒害。硼肥在棉花、苹果、花生、蔬菜等作物上已经得到大面积的推广应用。硼肥对于防止苹果、梨、山楂、桃等果树的落花落果和花而不实，效果显著，还能增加产量，改善果品品质。

（一）针对土壤和作物情况施用硼肥

土壤缺硼时，施硼肥能明显增产。不同土壤和作物，临界指标也有所差别。一般来说，双子叶植物的需硼量比单子叶植物高，多年生植物需硼量比一年生植物高，谷类作物一般需硼较少。甜菜是敏感性最强的作物之一；各种十字花科作物，如萝卜、油菜、甘蓝、花椰菜等需硼量高，对缺硼敏感；果树中的苹果对缺硼也特别敏感。硼肥的施用要因土壤、因作物而异，根据土壤硼含量和作物种类确定是否施用硼肥以及施用量。

（二）因硼肥种类选择适宜的施肥方式

硼酸易溶于水，硼砂易溶于热水，而硼泥则部分溶于水。因此，硼酸适宜根外追肥；硼砂可以作为根外追肥，也可以作为基肥；硼泥适宜作基肥。

（三）因土壤酸碱性施用硼肥

硼在石灰性土壤或碱性土壤上有效性较低，在酸性土壤中有效性较高，但易淋失。因此，为了提高肥料的有效性，在石灰性土壤或碱性土壤上，硼肥适宜作为根外追肥进行蘸根、喷施（不适宜拌种）；而酸性土壤上，则可以作为基肥直接施入土壤中，同时注意尽量避免淋溶损失。

（四）控制用量，均匀施用

总体来说，作物对硼的需求总量还是相对较少的；硼的供应过多，可能会对作物产生毒害，因此在硼肥的施用上，要严格控制用量，避免过量。由于硼肥用量较少，作为基肥施用时，要力求达到均匀施用，可与氮肥和磷肥混合施用，也可单独施用；单独施用时必须均匀，最好与干土混匀后施入土壤。

由于作物对硼肥的适宜量和过量之间的差异较小，因此对硼肥的用量和施用技术应特别注意，以免施用过量造成中毒。在缓冲性较小的沙质土壤上，用量宜适当减小。如果引起作物毒害，可适当施用石灰以减轻毒害。

（五）合理使用不同硼含量等级的灌溉水

灌溉水的硼含量，会影响土壤的硼含量，也会影响作物的生长发育。因此对于不同的作物，在灌溉时要考虑灌溉水中的硼含量对作物生长发育的影响。

第六章　其他指标

第一节　土壤 pH

土壤酸碱性是土壤的重要性质，是土壤一系列化学性状，特别是盐基状况的综合反映，对土壤微生物的活性、元素的溶解性及其存在形态等均具有显著影响，制约着土壤矿质元素的释放、固定、迁移及其有效性等，对土壤肥力、植物吸收养分及其生长发育均具有显著影响。

一、土壤分布情况

（一）土壤 pH 的空间分布

和田地区耕地土壤 pH 统计分析见表 6-1。在各县市中，以于田县的土壤 pH 平均值最高，为 8.47，其次为墨玉县 8.46；以皮山县的土壤 pH 平均值最低，为 8.33，其次为策勒县 8.34。从 pH 分级情况来看，和田地区耕地土壤 pH 平均值处于碱性水平（7.5~8.5）。

从土壤 pH 空间差异性来看，各县市变异系数均小于 5.00%，属于弱变异性，这说明和田地区耕地土壤 pH 空间差异均不显著。其中于田县土壤 pH 变异系数最小，为3.01%；墨玉县土壤 pH 变异系数最大，为 4.49%。

表 6-1　和田地区土壤 pH 及其空间变异

县市	点位数（个）	平均值	标准差	变异系数（%）
策勒县	41	8.34	0.27	3.26
和田市	22	8.39	0.31	3.69
和田县	55	8.43	0.26	3.06
洛浦县	47	8.35	0.35	4.25
民丰县	16	8.45	0.37	4.40
墨玉县	80	8.46	0.38	4.49
皮山县	56	8.33	0.26	3.11
于田县	54	8.47	0.25	3.01
和田地区	371	8.41	0.31	3.72

（二）不同土壤类型土壤 pH 分布

和田地区不同土壤类型 pH 统计分析见表 6-2。林灌草甸土的 pH 平均值最高，为 8.67，其次为风沙土 8.63；沼泽土和灌淤土 pH 平均值最低，分别为 7.96 和 8.35。从土壤 pH 空间差异性来看，各土类变异系数均小于 5.00%，属于弱变异性，这说明和田地区耕地土壤 pH 空间差异均不显著。其中水稻土 pH 变异系数最小，为 1.56%；草甸土 pH 变异系数最大，为 4.39%。

表 6-2　和田地区不同土壤类型 pH 及其空间变异

土类	点位数（个）	平均值	标准差	变异系数（%）
草甸土	45	8.45	0.37	4.39
潮土	14	8.47	0.30	3.54
风沙土	18	8.63	0.31	3.56
灌淤土	194	8.35	0.27	3.27
林灌草甸土	8	8.67	0.20	2.33
水稻土	4	8.46	0.13	1.56
盐土	9	8.35	0.32	3.78
新积土	2	8.59	0.23	2.63
沼泽土	1	7.96	—	—
棕钙土	5	8.57	0.15	1.75
棕漠土	71	8.42	0.36	4.24

二、土壤 pH 分级与变化

（一）土壤 pH 分级的空间分布

和田地区土壤 pH 呈微碱性（7.5~8.5）的耕地面积共 159.93khm^2，占和田地区耕地面积的 70.62%，在各县市均有分布。其中，策勒县 20.89khm^2，占该和田地区微碱性耕地面积的 13.06%，占该县耕地面积的 86.71%；和田市 11.12khm^2，占和田地区微碱性耕地面积的 6.95%，占该市评价区耕地面积的 75.16%；和田县 21.53khm^2，占和田地区微碱性耕地面积的 13.46%，占该县评价区耕地面积的 70.95%；洛浦县 19.92khm^2，占和田地区微碱性耕地面积的 12.46%，占该县评价区耕地面积的 70.35%；民丰县 3.34khm^2，占和田地区微碱性耕地面积的 2.09%，占该县评价区耕地面积的 48.02%；墨玉县 31.78khm^2，占和田地区微碱性耕地面积的 19.87%，占该县评价区耕地面积的 63.83%；皮山县 33.17khm^2，占和田地区微碱性耕地面积的 20.74%，占该县评价区耕地面积的 89.21%；于田县 18.18khm^2，占和田地区微碱性耕地面积的 11.37%，占该县评价区耕地面积的 51.97%。

和田地区土壤pH呈碱性（8.5~9.5）的耕地面积共66.48khm²，占和田地区耕地面积的29.36%，在各县市均有分布。其中，策勒县3.20khm²，占和田地区碱性耕地面积的4.82%，占该县耕地面积的13.29%；和田市3.68khm²，占和田地区碱性耕地面积的5.53%，占该市评价区耕地面积的24.84%；和田县8.81khm²，占和田地区碱性耕地面积的13.26%，占该县评价区耕地面积的29.05%；洛浦县8.35khm²，占和田地区碱性耕地面积的12.56%，占该县评价区耕地面积的29.48%；民丰县3.61khm²，占和田地区碱性耕地面积的5.43%，占该县评价区耕地面积的51.98%；墨玉县18.01khm²，占和田地区碱性耕地面积的27.09%，占该县评价区耕地面积的36.17%；皮山县4.01khm²，占和田地区碱性耕地面积的6.03%，占该县评价区耕地面积的10.79%；于田县16.81khm²，占和田地区碱性耕地面积的25.28%，占该县评价区耕地面积的48.03%。

和田地区土壤pH呈强碱性（≥9.5）的耕地面积共0.05khm²，占和田地区耕地面积的0.02%，均分布在洛浦县，占该县评价区耕地面积的0.17%。详见表6-3。

表6-3 和田地区土壤pH分级面积统计 (khm²)

县市	微碱性（7.5~8.5）	碱性（8.5~9.5）	强碱性（≥9.5）
策勒县	20.89	3.20	—
和田市	11.12	3.68	—
和田县	21.53	8.81	—
洛浦县	19.92	8.35	0.05
民丰县	3.34	3.61	—
墨玉县	31.78	18.01	—
皮山县	33.17	4.01	—
于田县	18.18	16.81	—
和田地区	159.93	66.48	0.05

（二）土壤类型pH分级的空间分布

和田地区耕地土壤类型以灌淤土和棕漠土为主，见表6-4。其中，灌淤土pH分级值以微碱性（7.5~8.5）水平为主，面积为74.32khm²，占和田地区灌淤土面积的77.69%；棕漠土pH分级值以微碱性（7.5~8.5）水平为主，面积为36.08khm²，占和田地区棕漠土面积的77.39%。

从土壤pH分级情况来看，土壤pH呈微碱性（7.5~8.5）耕地土壤类型主要有灌淤土、棕漠土和草甸土等，面积为128.43khm²，占微碱性耕地土壤面积的80.30%；pH呈碱性（8.5~9.5）耕地土壤类型主要有灌淤土、草甸土、棕漠土和风沙土等，面积为57.12khm²，占碱性耕地土壤面积的85.80%；pH呈强碱性（≥9.5）的耕地土壤类型主要有草甸土和潮土等，合计面积 0.05khm²，占强碱性耕地土壤面积的 92.62%。

表 6-4　和田地区主要土壤类型 pH 分级面积统计　（khm²）

土类	微碱性（7.5~8.5）	碱性（8.5~9.5）	强碱性（≥9.5）
草甸土	18.03	15.69	0.03
潮土	6.19	1.72	0.02
风沙土	13.09	9.55	—
灌淤土	74.32	21.34	0.003
灰棕漠土	0.002	—	—
林灌草甸土	1.46	3.37	—
水稻土	2.21	1.05	—
新积土	0.99	0.71	—
盐土	6.19	1.87	—
沼泽土	0.54	0.40	—
棕钙土	0.84	0.24	—
棕漠土	36.08	10.54	—
总计	159.93	66.48	0.05

三、土壤 pH 与土壤有机质及耕地质量等级

（一）土壤 pH 与土壤有机质

从表 6-5 可知，和田地区耕地土壤有机质含量为 20~25g/kg 的耕地面积为 4.00khm²，占和田地区耕地面积的 1.77%，该土壤有机质含量等级 pH 分级呈微碱性（7.5~8.5）的耕地面积为 3.85khm²，占此土壤有机质含量等级土壤面积的 96.34%，pH 分级呈碱性（8.5~9.5）面积为 0.15khm²，占此土壤有机质含量等级土壤面积的 3.66%；土壤有机质含量为 15~20g/kg 的耕地面积为 60.56khm²，占和田地区耕地面积的 26.74%，其中 pH 分级呈微碱性（7.5~8.5）面积为 57.53khm²，占此土壤有机质含量等级土壤面积的 94.99%，pH 分级呈碱性（8.5~9.5）面积为 3.03khm²，占此土壤有机质含量等级土壤面积的 5.01%；土壤有机质含量为 10~15g/kg 的耕地面积为 65.24khm²，占和田地区耕地面积的 28.81%，其中 pH 分级呈微碱性（7.5~8.5）面积为 51.98khm²，占此土壤有机质含量等级土壤面积的 79.67%，pH 分级呈碱性（8.5~9.5）面积为 13.26khm²，占此土壤有机质含量等级土壤面积的 20.33%；土壤有机质含量≤10.0g/kg 的耕地面积为 96.66khm²，占和田地区耕地面积的 42.68%，其中 pH 分级呈微碱性（7.5~8.5）面积为 46.57khm²，占此土壤有机质含量等级土壤面积的

48.18%，pH 分级呈碱性（8.5~9.5）面积为 50.04khm²，占此土壤有机质含量等级土壤面积的 51.77%，pH 分级呈强碱性（≥9.5）面积为 0.05khm²，占此土壤有机质含量等级土壤面积的 0.05%。

表 6-5　和田地区土壤有机质含量 pH 分级面积统计

土壤有机质含量等级（g/kg）	土壤 pH 分级面积（khm²）		
	微碱性（7.5~8.5）	碱性（8.5~9.5）	强碱性（≥9.5）
>25.0	—	—	—
20.0~25.0	3.85	0.15	—
15.0~20.0	57.53	3.03	—
10.0~15.0	51.98	13.26	—
≤10.0	46.57	50.04	0.05

（二）土壤 pH 与耕地质量等级

从表 6-6 可知，和田地区高产（一等、二等、三等地为高产耕地，下文同）耕地合计面积 59.04khm²，占和田地区耕地面积的 26.07%，其 pH 分级值以微碱性（7.5~8.5）水平为主，面积为 48.12khm²，占和田地区高产耕地面积的 81.51%。和田地区中产（四等、五等、六等地为中产耕地，下文同）耕地合计面积 76.86khm²，占和田地区耕地面积的 33.94%，其 pH 分级值以微碱性（7.5~8.5）水平为主，面积为 54.00khm²，占和田地区中产耕地面积的 70.26%。和田地区低产（七等、八等、九等、十等地为低产耕地，下文同）耕地合计面积 90.56khm²，占和田地区耕地面积的 39.99%，其 pH 分级值以微碱性（7.5~8.5）水平为主，合计面积 57.81khm²，占和田地区低产耕地面积的 63.84%。

从 10 个等级的耕地 pH 分级值面积分布情况来看，和田地区一等地 pH 分级值以微碱性（7.5~8.5）水平为主，面积 16.52khm²，占和田地区一等地面积的 88.77%，pH 分级值呈碱性（8.5~9.0）的一等地占和田地区一等地面积比例为 11.23%；和田地区二等地 pH 分级值以微碱性（7.5~8.5）水平为主，面积 17.77khm²，占和田地区二等地面积的 84.38%，pH 分级值呈碱性（8.5~9.5）的二等地占和田地区二等地面积比例为 15.62%；和田地区三等地 pH 分级值以微碱性（7.5~8.5）水平为主，面积 13.83khm²，占和田地区三等地面积的 71.41%，pH 分级值呈碱性（8.5~9.5）的三等地占和田地区三等地面积比例为 28.57%，pH 分级值呈强碱性（≥9.5）的三等地占和田地区三等地面积比例为 0.02%；和田地区四等地 pH 分级值以微碱性（7.5~8.5）水平为主，面积 17.31khm²，占和田地区四等地面积的 64.95%，pH 分级值呈碱性（8.5~9.5）的四等地占和田地区四等地面积比例为 34.90%，pH 分级值呈强碱性（≥9.5）的四等地占和田地区四等地面积比例为 0.15%；和田地区五等地 pH 分级值以微碱性（7.5~8.5）水平为主，面积 27.34khm²，占和田地区五等地面积的 72.51%，pH 分级值呈碱性（8.5~9.5）的五等地占和田地区五等地面积比例为 27.48%，pH 分级值呈强碱性（≥9.5）的五等地占和田地区五等地面积比例为0.01%；和田地区六等地pH分级值以微碱性（7.5~8.5）水平为主，面积9.35khm²，占和田地区六等地面积的74.80%，pH分级值呈碱性（8.5~9.5）的六等地占和田地区六等地面积比例为25.20%；和田地区七等地pH分级值以微碱性（7.5~8.5）水平为主，面积21.86khm²，占和田地区七等地面积的79.18%，pH分级值呈碱性（8.5~9.5）的七等地占和田地区七等地面积比例为20.82%；和田地区八等地pH分级值以微碱性（7.5~8.5）水平为主，面积14.98khm²，占和田地区八等地面积的67.79%，pH分级值呈碱性（8.5~9.5）的八等地占和田地区八等地面积比例为32.21%；和田地区九等地pH分级值以微碱性（7.5~8.5）和碱性（8.5~9.5）水平为主，pH分级值呈微碱性（7.5~8.5）面积5.52khm²，占和田地区九等地面积的53.81%，pH分级值呈碱性（8.5~9.5）的九等地占和田地区九等地面积比例为46.19%；和田地区十等地pH分级值以微碱性（7.5~8.5）和碱性（8.5~9.5）水平为主，pH分级值呈微碱性（7.5~8.5）面积15.45khm²，占和田地区十等地面积的50.49%，pH分级值呈碱性（8.5~9.5）的十等地占和田地区十等地面积比例为49.51%。

根据表6-6，和田地区pH分级值呈微碱性（7.5~8.5）的耕地集中在五等、七等和二等之间，面积最大的是微碱性五等地，面积为27.34khm²，占和田地区微碱性（7.5~8.5）耕地面积的17.09%。pH分级值呈碱性（8.5~9.5）的耕地集中在十等、五等和四等，面积最大的是碱性十等地，面积为15.15khm²，占和田地区碱性（8.5~9.5）耕地面积的22.79%。pH分级值呈强碱性（≥9.5）的耕地集中在四等地，面积为0.04khm²，占和田地区强碱性（≥9.5）耕地面积的85.01%。

表6-6　和田地区耕地质量等级pH分级面积统计　　　　　　（khm²）

耕地质量等级	微碱性（7.5~8.5）	碱性（8.5~9.5）	强碱性（≥9.5）
一等地	16.52	2.09	—
二等地	17.77	3.29	—
三等地	13.83	5.54	0.004
四等地	17.31	9.30	0.04
五等地	27.34	10.36	0.004
六等地	9.35	3.15	—
七等地	21.86	5.75	—
八等地	14.98	7.12	—
九等地	5.52	4.73	—
十等地	15.45	15.15	—

第二节　灌排能力

灌排能力包括灌溉能力和排涝能力，涉及灌排设施、灌排技术和灌排方式等。新疆是绿洲灌溉农业，降水量少，灌溉保证率与水源条件、灌溉方式有关。排水能力是排出农田多余的地表水和地下水的能力，排水能力可控制地表径流以消除内涝，压盐洗盐治理盐碱，控制地下水以防治土壤次生盐渍化，排水能力在盐碱化区域非常重要，排水能力直接影响着土壤盐渍化程度。

一、灌排能力分布情况

和田地区灌溉能力和排水能力充分满足的耕地面积分别为 54.83khm² 和 39.89khm²，满足的耕地面积分别为 86.88khm² 和 119.01khm²，基本满足的耕地面积分别为 55.11khm² 和 55.95khm²，不满足的耕地面积均分别为 29.64khm² 和 11.61khm²（表 6-7、表 6-8）。

（一）和田地区灌溉能力

和田地区灌溉能力充分满足的耕地面积共 54.83khm²，占和田地区耕地面积的 24.21%，主要分布在策勒县、洛浦县和墨玉县，面积分别为 13.41khm²、13.38khm² 和 12.65khm²，分别占和田地区灌溉能力充分满足耕地面积的 24.46%、24.40% 和 23.07%（表 6-7）。策勒县灌溉能力充分满足耕地面积共计 13.41khm²，占该评价区耕地面积的 55.64%；和田市灌溉能力充分满足耕地面积共计 5.49khm²，占该评价区耕地面积的 37.08%；和田县灌溉能力充分满足耕地面积共计 1.35khm²，占该评价区耕地面积的 4.46%；洛浦县灌溉能力充分满足耕地面积共计 13.38khm²，占该评价区耕地面积的 47.24%；民丰县灌溉能力充分满足耕地面积共计 2.02khm²，占该评价区耕地面积的 29.13%；墨玉县灌溉能力充分满足耕地面积共计 12.65khm²，占该评价区耕地面积的 25.41%；皮山县灌溉能力充分满足耕地面积共计 1.41khm²，占该评价区耕地面积的 3.80%；于田县灌溉能力充分满足耕地面积共计 5.12khm²，占该评价区耕地面积的 14.62%。

和田地区灌溉能力满足的耕地面积共计 86.88khm²，占和田地区耕地面积的 38.36%，主要分布在于田县、墨玉县和皮山县，面积分别为 21.22khm²、21.03khm² 和 16.64khm²，占和田地区灌溉能力满足耕地面积的 24.42%、24.21% 和 19.15%（表 6-7）。策勒县灌溉能力满足耕地面积共计 5.03khm²，占该评价区耕地面积的 20.87%；和田市灌溉能力满足耕地面积共计 4.54khm²，占该评价区耕地面积的 30.68%；和田县灌溉能力满足耕地面积共计 14.14khm²，占该评价区耕地面积的 46.60%；洛浦县灌溉能力满足耕地面积共计 1.97khm²，占该评价区耕地面积的 6.97%；民丰县灌溉能力满足耕地面积共计 2.31khm²，占该评价区耕地面积的 33.25%；墨玉县灌溉能力满足耕地面积共计 21.03khm²，占该评价区耕地面积的 42.24%；皮山县灌溉能力满足耕地面积共计 16.64khm²，占该评价区耕地面积的 44.75%；于田县灌溉能力满足耕地面积共计 21.22khm²，占该评价区耕地面积的 60.65%。

和田地区灌溉能力基本满足的耕地面积共计 55. 11km², 占和田地区耕地面积的 24. 34%, 主要分布在洛浦县和墨玉县, 面积分别为 12. 86km² 和 11. 91km², 占和田地区灌溉能力基本满足耕地面积的 23. 33% 和 21. 61% (表 6-7)。策勒县灌溉能力基本满足耕地面积共计 4. 11km², 占该评价区耕地面积的 17. 08%; 和田市灌溉能力基本满足耕地面积共计 2. 97km², 占该评价区耕地面积的 20. 05%; 和田县灌溉能力基本满足耕地面积共计 6. 72km², 占该评价区耕地面积的 22. 15%; 洛浦县灌溉能力基本满足耕地面积共计 12. 86km², 占该评价区耕地面积的 45. 41%; 民丰县灌溉能力基本满足耕地面积共计 0. 86km², 占该评价区耕地面积的 12. 35%; 墨玉县灌溉能力基本满足耕地面积共计 11. 91km², 占该评价区耕地面积的 23. 92%; 皮山县灌溉能力基本满足耕地面积共计 8. 74km², 占该评价区耕地面积的 23. 50%; 于田县灌溉能力基本满足耕地面积共计 6. 94km², 占该评价区耕地面积的 19. 85%。

和田地区灌溉能力不满足的耕地面积共计 29. 64km², 占和田地区耕地面积的 13. 09%, 主要分布在皮山县和和田县, 面积分别为 10. 39km² 和 8. 13km², 占和田地区灌溉能力基本满足耕地面积的 35. 06% 和 27. 43% (表 6-7)。策勒县灌溉能力不满足耕地面积共计 1. 54km², 占该评价区耕地面积的 6. 41%; 和田市灌溉能力不满足耕地面积共计 1. 80km², 占该评价区耕地面积的 12. 19%; 和田县灌溉能力不满足耕地面积共计 8. 13km², 占该评价区耕地面积的 26. 79%; 洛浦县灌溉能力不满足耕地面积共计 0. 11km², 占该评价区耕地面积的 0. 38%; 民丰县灌溉能力不满足耕地面积共计 1. 76km², 占该评价区耕地面积的 25. 27%; 墨玉县灌溉能力不满足耕地面积共计 4. 20km², 占该评价区耕地面积的 8. 43%; 皮山县灌溉能力不满足耕地面积共计 10. 39km², 占该评价区耕地面积的 27. 95%; 于田县灌溉能力不满足耕地面积共计 1. 71km², 占该评价区耕地面积的 4. 88%。

表 6-7　和田地区耕地灌溉能力面积分布

县市	充分满足		满足		基本满足		不满足	
	面积 (khm²)	占比 (%)	面积 (khm²)	占比 (%)	面积 (khm²)	占比 (%)	面积 (khm²)	占比 (%)
策勒县	13. 41	55. 64	5. 03	20. 87	4. 11	17. 08	1. 54	6. 41
和田市	5. 49	37. 08	4. 54	30. 68	2. 97	20. 05	1. 80	12. 19
和田县	1. 35	4. 46	14. 14	46. 60	6. 72	22. 15	8. 13	26. 79
洛浦县	13. 38	47. 24	1. 97	6. 97	12. 86	45. 41	0. 11	0. 38
民丰县	2. 02	29. 13	2. 31	33. 25	0. 86	12. 35	1. 76	25. 27
墨玉县	12. 65	25. 41	21. 03	42. 24	11. 91	23. 92	4. 20	8. 43
皮山县	1. 41	3. 80	16. 64	44. 75	8. 74	23. 50	10. 39	27. 95
于田县	5. 12	14. 62	21. 22	60. 65	6. 94	19. 85	1. 71	4. 88
总计	54. 83	24. 21	86. 88	38. 36	55. 11	24. 34	29. 64	13. 09

（二）和田地区排水能力

和田地区排水能力充分满足的耕地面积共计 39.89km²，占和田地区耕地面积的 17.61%，主要分布在洛浦县、和田县和策勒县，面积分别为 12.33km²、10.22km² 和 9.32km²，分别占和田地区排水能力充分满足耕地面积的 30.90%、25.61% 和 23.37%（表6-8）。策勒县排水能力充分满足耕地面积共计 9.32km²，占该评价区耕地面积的 38.69%；和田市排水能力充分满足耕地面积共计 0.28km²，占该评价区耕地面积的 1.88%；和田县排水能力充分满足耕地面积共计 10.22km²，占该评价区耕地面积的 33.67%；洛浦县排水能力充分满足耕地面积共计 12.33km²，占该评价区耕地面积的 43.53%；民丰县排水能力充分满足耕地面积共计 0.37km²，占该评价区耕地面积的 5.31%；墨玉县排水能力充分满足耕地面积共计 0.66km²，占该评价区耕地面积的 1.32%；皮山县排水能力充分满足耕地面积共计 6.71km²，占该评价区耕地面积的 18.07%。

和田地区排水能力满足的耕地面积共计 119.01km²，占和田地区耕地面积的 52.55%，主要分布在墨玉县、皮山县和于田县，面积分别为 35.61km²、23.08km² 和 19.70km²，占和田地区排水能力满足耕地面积的 29.92%、19.39% 和 16.56%（表6-8），策勒县排水能力满足耕地面积共计 11.51km²，占该评价区耕地面积的 47.78%；和田市排水能力满足耕地面积共计 7.09km²，占该评价区耕地面积的 47.89%；和田县排水能力满足耕地面积共计 14.18km²，占该评价区耕地面积的 46.74%；洛浦县排水能力满足耕地面积共计 3.02km²，占该评价区耕地面积的 10.67%；民丰县排水能力满足耕地面积共计 4.82km²，占该评价区耕地面积的 69.36%；墨玉县排水能力满足耕地面积共计 35.61km²，占该评价区耕地面积的 71.52%；皮山县排水能力满足耕地面积共计 23.08km²，占该评价区耕地面积的 62.06%；于田县排水能力满足耕地面积共计 19.70km²，占该评价区耕地面积的 56.32%。

和田地区排水能力基本满足的耕地面积共计 55.95km²，占和田地区耕地面积的 24.71%，主要分布在于田县、洛浦县和墨玉县，面积分别为 13.16km²、12.91km² 和 12.34km²，占和田地区排水能力基本满足耕地面积的 23.52%、23.07% 和 22.06%（表6-8）。策勒县排水能力基本满足耕地面积共计 1.72km²，占该评价区耕地面积的 7.12%；和田市排水能力基本满足耕地面积共计 6.36km²，占该评价区耕地面积的 42.97%；和田县排水能力基本满足耕地面积共计 2.41km²，占该评价区耕地面积的 7.96%；洛浦县排水能力基本满足耕地面积共计 12.91km²，占该评价区耕地面积的 45.58%；墨玉县排水能力基本满足耕地面积共计 12.34km²，占该评价区耕地面积的 24.79%；皮山县排水能力基本满足耕地面积共计 7.05km²，占该评价区耕地面积的 18.95%；于田县排水能力基本满足耕地面积共计 13.16km²，占该评价区耕地面积的 37.62%。

和田地区排水能力不满足的耕地面积共计 11.61km²，占和田地区耕地面积的 5.13%，主要分布在和田县和于田县，面积分别为 3.53km² 和 2.13km²，占和田地区排水能力基本满足耕地面积的 30.38% 和 18.27%（表6-8）。策勒县排水能力不满足耕地面积共计 1.54khm²，占该评价区耕地面积的 6.41%；和田市排水能力不满足耕地面积共计 1.07khm²，占该评价区耕地面积的 7.26%；和田县排水能力不满足耕地面积共计 3.53khm²，占该评价区耕地面积的 11.63%；洛浦县排水能力不满足耕地面积共计 0.06khm²，占该评价区耕地面积的 0.22%；民丰县排水能力不满足耕地面积共计 1.76khm²，占该评价区耕地面积的 25.33%；墨玉县排水能力不满足耕地面积共计 1.18khm²，占该评价区耕地面积的 2.37%；皮山县排水能力不满足耕地面积共计 0.34khm²，占该评价区耕地面积的 0.92%；于田县排水能力不满足耕地面积共计 2.13khm²，占该评价区耕地面积的 6.06%。

表 6-8　和田地区耕地排水能力面积分布

县市	充分满足		满足		基本满足		不满足	
	面积（khm²）	占比（%）	面积（khm²）	占比（%）	面积（khm²）	占比（%）	面积（khm²）	占比（%）
策勒县	9.32	38.69	11.51	47.78	1.72	7.12	1.54	6.41
和田市	0.28	1.88	7.09	47.89	6.36	42.97	1.07	7.26
和田县	10.22	33.67	14.18	46.74	2.41	7.96	3.53	11.63
洛浦县	12.33	43.53	3.02	10.67	12.91	45.58	0.06	0.22
民丰县	0.37	5.31	4.82	69.36	—	—	1.76	25.33
墨玉县	0.66	1.32	35.61	71.52	12.34	24.79	1.18	2.37
皮山县	6.71	18.07	23.08	62.06	7.05	18.95	0.34	0.92
于田县	—	—	19.70	56.32	13.16	37.62	2.13	6.06
总计	39.89	17.61	119.01	52.55	55.95	24.71	11.61	5.13

二、耕地主要土壤类型灌排能力

和田地区灌溉能力处于充分满足水平的耕地面积最大为灌淤土，面积为 36.36khm²，占灌淤土面积的 38.01%；另外还有部分土类灌溉能力处于充分满足水平，如草甸土、潮土、风沙土、林灌草甸土、水稻土、新积土、盐土、沼泽土和棕漠土，分别占各自土类面积的 17.84%、54.16%、1.94%、9.80%、41.53%、3.72%、0.21%、0.25% 和 12.47%。灌溉能力处于满足水平的耕地面积最大为灌淤土，面积为 37.87khm²，占灌淤土面积的 39.58%；另外还有部分土类灌溉能力处于满足水平，如草甸土、潮土、风沙土、林灌草甸土、水稻土、新积土、盐土、沼泽土、棕钙土和棕漠土，分别占各自土类面积的 35.20%、24.22%、36.07%、38.45%、35.14%、22.03%、22.16%、51.36%、26.26% 和 45.31%。灌溉能力处于基本满足水平的耕地面积最大为灌淤土，面积为 17.49khm²，占灌淤土面积的 18.28%；另外还有部分土类灌溉能力处于基本满足水平，如草甸土、潮土、风沙土、灰棕漠土、林灌草甸土、水稻土、新积土、盐土、沼泽土、棕钙土和棕漠土，分别占各自土类面积的 39.82%、7.08%、

24.77%、100.00%、30.57%、21.76%、43.07%、44.19%、48.39%、25.66% 和
23.21%。灌溉能力处于不满足水平的耕地面积前两位为棕漠土和风沙土，面积分别为
8.87km² 和 8.43km²，分别占各土类面积的 19.01% 和 37.22%；另外还有部分土类灌
溉能力处于不满足水平，如草甸土、潮土、灌淤土、林灌草甸土、水稻土、新积土、盐
土和棕钙土，分别占各自土类面积的 7.14%、14.54%、4.13%、21.18%、1.57%、
31.18%、33.44% 和 48.08%。详见表6-9。

表6-9　和田地区耕地主要土壤类型灌溉能力面积分布

土类	充分满足		满足		基本满足		不满足	
	面积（khm²）	占比（%）	面积（khm²）	占比（%）	面积（khm²）	占比（%）	面积（khm²）	占比（%）
草甸土	6.00	17.84	11.85	35.20	13.40	39.82	2.40	7.14
潮土	4.30	54.16	1.92	24.22	0.56	7.08	1.15	14.54
风沙土	0.44	1.94	8.16	36.07	5.61	24.77	8.43	37.22
灌淤土	36.36	38.01	37.87	39.58	17.49	18.28	3.95	4.13
灰棕漠土	—	—	—	—	0.002	100.00		
林灌草甸土	0.48	9.80	1.89	38.45	1.50	30.57	1.04	21.18
水稻土	1.35	41.53	1.15	35.14	0.71	21.76	0.05	1.57
新积土	0.07	3.72	0.37	22.03	0.73	43.07	0.53	31.18
盐土	0.02	0.21	1.78	22.16	3.56	44.19	2.70	33.44
沼泽土	0.002	0.25	0.49	51.36	0.45	48.39	—	—
棕钙土	—	—	0.28	26.26	0.28	25.66	0.52	48.08
棕漠土	5.81	12.47	21.12	45.31	10.82	23.21	8.87	19.01
总计	54.83	24.21	86.88	38.36	55.11	24.34	29.64	13.09

和田地区排水能力处于充分满足水平的耕地面积最大为灌淤土，面积为
16.14km²，占灌淤土面积的 16.87%；另外还有部分土类排水能力处于充分满足水平，
如草甸土、潮土、风沙土、林灌草甸土、水稻土、新积土、沼泽土和棕漠土，分别占各自
土类面积的17.84%、23.21%、59.64%、0.80%、2.84%、0.47%、0.24%和4.84%。排水
能力处于满足水平的耕地面积最大为灌淤土，面积为 52.31km²，占灌淤土面积的
54.68%；另外还有部分土类排水能力处于满足水平，如草甸土、潮土、风沙土、林灌
草甸土、水稻土、新积土、盐土、沼泽土和棕漠土，分别占各自土类面积的 32.58%、
68.63%、14.76%、58.39%、75.12%、93.55%、65.32%、48.46%和73.64%。排水能
力处于基本满足水平的耕地面积最大为灌淤土，面积为 25.91km²，占灌淤土面积的
27.08%；另外还有部分土类排水能力处于基本满足水平，如草甸土、潮土、风沙土、
灰棕漠土、林灌草甸土、水稻土、新积土、盐土、沼泽土、棕钙土和棕漠土，分别占各

自土类面积的 43.54%、4.79%、25.60%、100.00%、13.31%、21.23%、5.56%、1.24%、24.66%、31.70%和15.22%。排水能力处于不满足水平的耕地面积最大为棕漠土，面积为 2.94km²，占棕漠土面积的 6.30%；另外还有部分土类排水能力处于不满足水平，如草甸土、潮土、灌淤土、林灌草甸土、水稻土、新积土、盐土、沼泽土和棕钙土，分别占各自土类面积的 6.04%、3.37%、1.37%、27.50%、0.81%、0.42%、33.44%、26.64%和68.30%。详见表 6-10。

表 6-10 和田地区耕地主要土壤类型排水能力面积分布

土类	充分满足		满足		基本满足		不满足	
	面积（khm²）	占比（%）	面积（khm²）	占比（%）	面积（khm²）	占比（%）	面积（khm²）	占比（%）
草甸土	6.01	17.84	10.96	32.58	14.65	43.54	2.03	6.04
潮土	1.84	23.21	5.44	68.63	0.38	4.79	0.27	3.37
风沙土	13.51	59.64	3.34	14.76	5.79	25.60	—	—
灌淤土	16.14	16.87	52.31	54.68	25.91	27.08	1.31	1.37
灰棕漠土	—	—	—	—	0.002	100.00		
林灌草甸土	0.04	0.80	2.87	58.39	0.65	13.31	1.35	27.50
水稻土	0.09	2.84	2.45	75.12	0.69	21.23	0.03	0.81
新积土	0.01	0.47	1.59	93.55	0.10	5.56	0.01	0.42
盐土	—	—	5.26	65.32	0.10	1.24	2.69	33.44
沼泽土	0.002	0.24	0.46	48.46	0.23	24.66	0.25	26.64
棕钙土	—	—	—	—	0.35	31.70	0.73	68.30
棕漠土	2.25	4.84	34.33	73.64	7.10	15.22	2.94	6.30
总计	39.89	17.61	119.01	52.55	55.95	24.71	11.61	5.13

三、灌排能力与地形部位

从耕地灌溉能力的满足程度来看，灌溉能力处于充分满足状态的耕地主要分布在平原低阶和平原中阶，合计面积49.20km²，占该状态耕地面积的 89.74%；灌溉能力处于满足状态的耕地主要分布在平原低阶和平原中阶，合计面积60.13km²，占该状态耕地面积的 69.21%；灌溉能力处于满足状态的耕地主要分布在平原低阶和沙漠边缘，合计面积27.68km²，占该状态耕地面积的 50.22%；灌溉能力处于不满足状态的耕地主要分布在平原低阶和沙漠边缘，面积22.65km²，占该状态耕地面积的 76.42%。从地形部位上看，平原高阶耕地灌溉能力主要处于满足状态和基本满足状态，其灌溉能力处于充分满足、满足、基本满足和不满足状态耕地面积占该地形部位面积比例分别为 3.84%、40.53%、49.91%和5.72%；平原中阶耕地灌溉能力主要处于充分满足和满足状态，其灌溉能力处于充分满足、满足、基本满足和不满足状态耕地面积占该地形部位面积比例分别为 44.43%、39.21%、11.83% 和 4.53%；平原低阶耕地灌溉能力主要处于满足和基本满足状态，其灌溉能力处于充分满足、满足、基本满足、不满足状态耕地面积占该地形部位面积比例分别为 19.71%、41.52%、24.05% 和 14.72%；沙漠边缘耕地灌溉能力主要处于不满足状态和基本满足状态，其灌溉能力处于充分满足、满足、基本满足和不满足状态耕地面积占该地形部位面积比例分别为 2.83%、26.73%、33.07% 和 37.37%；山地坡下耕地灌溉能力主要处于满足和基本满足状态，其灌溉能力处于充分满足、满足、基本满足和不满足状态耕地面积占该地形部位面积比例分别为 10.50%、45.00%、36.11% 和 8.39%；山间盆地耕地灌溉能力均处于不基本满足状态；河滩地耕地灌溉能力主要处于充分满足状态，其灌溉能力处于充分满足、满足、基本满足状态耕地面积占该地形部位面积比例分别为 77.09%、2.59%、20.32%。详见表 6-11。

表 6-11　和田地区不同地形部位耕地灌溉能力面积分布

地形部位	充分满足		满足		基本满足		不满足	
	面积（khm²）	占比（%）	面积（khm²）	占比（%）	面积（khm²）	占比（%）	面积（khm²）	占比（%）
平原高阶	0.72	3.84	7.64	40.53	9.40	49.91	1.08	5.72
平原中阶	35.54	44.43	31.38	39.21	9.47	11.83	3.62	4.53
平原低阶	13.66	19.71	28.75	41.52	16.66	24.05	10.20	14.72
沙漠边缘	0.95	2.83	8.91	26.73	11.02	33.07	12.45	37.37
山地坡下	2.37	10.50	10.15	45.00	8.14	36.11	1.90	8.39
山间盆地	—	—	—	—	—	—	0.39	100.00
河滩地	1.59	77.09	0.05	2.59	0.42	20.32	—	—

从耕地排水能力的满足程度来看，排水能力处于充分满足状态的耕地主要分布在沙漠边缘和平原中阶，合计面积 33.33khm²，占该状态耕地面积的 83.55%；排水能力处于满足状态的耕地主要分布在平原低阶和平原中阶，合计面积 93.39khm²，占该状态耕地面积的 78.47%；排水能力处于基本满足状态的耕地主要分布在平原中阶、平原低阶和平原高阶，合计面积 39.07khm²，占该状态耕地面积的 69.83%；排水能力处于不满足状态的耕地主要分布在平原低阶，面积 6.16khm²，占该状态耕地面积的 53.03%。从地形部位上看，平原高阶耕地排水能力主要处于满足状态和基本满足状态，其排水能力处于充分满足、满足、基本满足和不满足状态耕地面积占该地形部位面积比例分别为 0.44%、32.54%、65.13% 和 1.89%；平原中阶耕地排水能力主要处于满足状态，其排水能力处于充分满足、满足、基本满足和不满足状态耕地面积占该地形部位面积比例分别为 18.37%、61.31%、17.78% 和 2.54%；平原低阶耕地排水能力主要处于满足状态，其排水能力处于充分满足、满足、基本满足、不满足状态耕地面积占该地形部位面积比

例分别为 8.95%、64.01%、18.15% 和 8.89%；沙漠边缘耕地排水能力主要处于充分满足状态，其排水能力处于充分满足、满足、基本满足和不满足状态耕地面积占该地形部位面积比例分别为 55.90%、15.74%、26.28% 和 2.08%；山地坡下耕地排水能力主要处于满足和基本满足状态，其排水能力处于满足、基本满足和不满足状态耕地面积占该地形部位面积比例分别为 56.76%、34.85% 和 8.39；山间盆地耕地排水能力均处于不满足状态；河滩地耕地排水能力主要处于满足状态，其排水能力处于充分满足、满足、基本满足和不满足状态耕地面积占该地形部位面积比例分别为 13.34%、69.97%、12.50% 和 4.19%。详见表 6-12。

表 6-12　和田地区不同地形部位耕地排水能力面积分布

地形部位	充分满足		满足		基本满足		不满足	
	面积（khm²）	占比（%）	面积（khm²）	占比（%）	面积（khm²）	占比（%）	面积（khm²）	占比（%）
平原高阶	0.08	0.44	6.13	32.54	12.27	65.13	0.36	1.89
平原中阶	14.70	18.37	49.05	61.31	14.23	17.78	2.03	2.54
平原低阶	6.20	8.95	44.34	64.01	12.57	18.15	6.16	8.89
沙漠边缘	18.63	55.90	5.25	15.74	8.76	26.28	0.69	2.08
山地坡下	—	—	12.80	56.76	7.86	34.85	1.90	8.39
山间盆地	—	—	—	—	—	—	0.39	100.00
河滩地	0.28	13.34	1.44	69.97	0.26	12.50	0.08	4.19

第三节　有效土层厚度

一、有效土层厚度分布情况

和田地区平均有效土层厚度为 106.0cm，最厚为 150cm，最薄为 20cm，数值差异大。

和田地区不同县市来看，墨玉县有效土层厚度最厚，平均为 120.3cm，变动范围 25~150cm；于田县、民丰县耕地有效土层厚度较厚，平均分别为 113.1cm、108.1cm；其下依次是洛浦县、和田市和和田县，平均在 102.0~106.2cm，策勒县和皮山县平均有效土层厚度较薄，分别为 93.4cm 和 90.9cm（图 6-1）。

二、土壤有效土层厚度分级

和田地区有效土层厚度>100cm 的耕地面积共 169.72khm²，占和田地区耕地面积的 74.94%，在各县市均有分布。其中，策勒县评价区 13.08khm²，占该评价区耕地面积的 54.31%；和田市评价区 13.95khm²，占该评价区耕地面积的 94.25%；和田县评价区

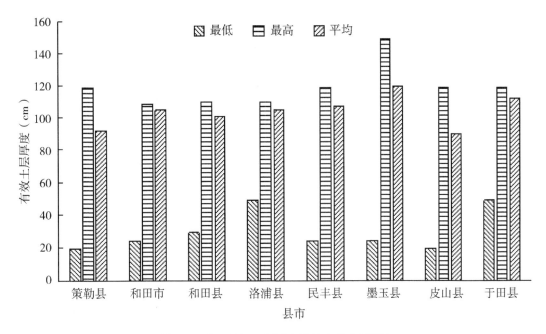

图6-1 和田地区不同县市耕地有效土层厚度

29.29khm²，占该评价区耕地面积的96.55%；洛浦县评价区27.32khm²，占该评价区耕地面积的96.46%；民丰县评价区5.71khm²，占该评价区耕地面积的82.15%；墨玉县评价区23.10khm²，占该评价区耕地面积的46.38%；皮山县评价区28.96khm²，占该评价区耕地面积的77.87%；于田县评价区28.31khm²，占该评价区耕地面积的80.90%。

和田地区有效土层厚度在60~100cm的耕地面积共12.99khm²，占和田地区耕地面积的5.74%。其中，墨玉县评价区10.62khm²，占该评价区耕地面积的21.33%；皮山县评价区0.10khm²，占该评价区耕地面积的0.27%；于田县评价区2.27khm²，占该评价区耕地面积的6.49%。策勒县、和田市、和田县、洛浦县和民丰县无该有效土层的耕地面积分布。

和田地区有效土层厚度在30~60cm的耕地面积共28.17khm²，占和田地区耕地面积的12.44%。其中，策勒县评价区4.68khm²，占该评价区耕地面积的19.43%；和田县评价区0.11khm²，占该评价区耕地面积的0.36%；洛浦县评价区0.80khm²，占该评价区耕地面积的2.82%；墨玉县评价区14.72khm²，占该评价区耕地面积的29.57%；皮山县评价区3.66khm²，占该评价区耕地面积的9.85%；于田县评价区4.20khm²，占该评价区耕地面积的12.01%。和田市和民丰县无该有效土层的耕地面积分布。

和田地区有效土层厚度在<30cm的耕地面积共15.58khm²，占和田地区耕地面积的6.88%，在各县市均有分布。其中，策勒县评价区6.33khm²，占该评价区耕地面积的26.26%；和田市评价区0.85khm²，占该评价区耕地面积的5.75%；和田县评价区0.94khm²，占该评价区耕地面积的3.09%；洛浦县评价区0.20khm²，占该评价区耕地

面积的 0.72%；民丰县评价区 1.24khm²，占该评价区耕地面积的 17.85%；墨玉县评价区 1.35khm²，占该评价区耕地面积的 2.72%；皮山县评价区 4.46khm²，占该评价区耕地面积的 12.01%；于田县评价区 0.21khm²，占该评价区耕地面积的 0.60%。详见表 6-13。

表 6-13　和田地区土壤有效土层厚度分级面积统计　　　　（khm²）

县市	>100cm	60~100cm	30~60cm	<30cm
策勒县	13.08	—	4.68	6.33
和田市	13.95	—	—	0.85
和田县	29.29	—	0.11	0.94
洛浦县	27.32	—	0.80	0.20
民丰县	5.71	—	—	1.24
墨玉县	23.10	10.62	14.72	1.35
皮山县	28.96	0.10	3.66	4.46
于田县	28.31	2.27	4.20	0.21
总计	169.72	12.99	28.17	15.58

三、耕地主要土壤类型有效土层厚度

根据表 6-14 可知，和田地区有效土层厚度>100cm 的耕地土壤类型主要有灌淤土、草甸土、风沙土和棕漠土等，合计面积 148.35khm²，分别占和田地区在该厚度耕地面积的 45.35%、16.24%、13.01%和 12.81%；和田地区有效土层厚度在 60~100cm 的耕地土壤类型主要有棕漠土等，合计面积 8.56khm²，占和田地区在该厚度耕地面积的 65.90%；和田地区有效土层厚度在 30~60cm 的耕地土壤类型主要为灌淤土、棕漠土和草甸土，合计面积 25.97khm²，分别占和田地区在该厚度耕地面积的 63.57%、16.25%和 12.36%；和田地区有效土层厚度在<30cm 的耕地土壤类型主要为棕漠土和草甸土，面积 14.34khm²，分别占和田地区在该厚度耕地面积的 75.28%和 16.73%。

表 6-14　和田地区耕地主要土壤类型有效土层厚度面积分布　　　　（khm²）

土类	>100cm	60~100cm	30~60cm	<30cm
草甸土	27.56	—	3.48	2.61
潮土	5.61	0.68	1.64	—
风沙土	22.08	0.56	—	—
灌淤土	76.96	0.80	17.91	—
灰棕漠土	—	—	—	0.002
林灌草甸土	4.91	—	—	—

（续表）

土类	>100cm	60~100cm	30~60cm	<30cm
水稻土	2.18	0.91	—	0.17
新积土	1.48	0.22	—	—
盐土	6.80	1.26	—	—
沼泽土	0.06	—	0.56	0.32
棕钙土	0.33	—	—	0.75
棕漠土	21.75	8.56	4.58	11.73
总计	169.72	12.99	28.17	15.58

四、有效土层厚度与地形部位

从土壤有效土层厚度分级来看，有效土层厚度>100cm 的耕地主要分布在平原中阶和平原低阶，合计面积 126.66khm²，占该状态耕地面积的 74.63%；有效土层厚度在 60~100cm 的耕地主要分布在平原中阶和平原低阶，合计面积 9.31khm²，占该状态耕地面积的 71.66%；有效土层厚度在 30~60cm 的耕地主要分布在山地坡下和平原中阶，合计面积 20.54khm²，占该状态耕地面积的 72.89%；有效土层厚度在<30cm 的耕地主要分布在平原高阶和山地坡下，合计面积 11.96khm²，占该状态耕地面积的 76.74%。

从地形部位上看，平原高阶有效土层厚度主要在>100cm 和<30cm，其>100cm、60~100cm、30~60cm 和<30cm 有效土层厚度的耕地面积占该地形部位面积比例分别为 52.99%、2.61%、7.21% 和 37.19%；平原中阶有效土层厚度主要在>100cm，其>100cm、60~100cm、30~60cm 和<30cm 有效土层厚度的耕地面积占该地形部位面积比例分别为 79.90%、8.66%、7.67% 和 3.77%；平原低阶有效土层厚度主要在>100cm，其>100cm、60~100cm、30~60cm 和<30cm 有效土层厚度的耕地面积占该地形部位面积比例分别为 90.55%、3.43%、5.72% 和 0.30%；沙漠边缘有效土层厚度主要在>100cm，其>100cm、60~100cm、30~60cm 和<30cm 有效土层厚度的各耕地面积占该地形部位面积比例分别为 87.55%、5.48%、6.95% 和 0.02%；山地坡下有效土层厚度主要在 30~60cm，其>100cm、30~60cm 和<30cm 有效土层厚度的耕地面积占该地形部位面积比例分别为 14.22%、63.82% 和 21.96%；山间盆地有效土层厚度均分布在<30cm 的耕地；河滩地有效土层厚度主要在 60~100cm，其>100cm、60~100cm 和<30cm 有效土层厚度的耕地面积占该地形部位面积比例分别为 33.42%、66.07% 和 0.51%。详见表 6-15。

表 6-15 和田地区耕地不同地形部位有效土层厚度面积分布 （khm²）

地形部位	>100cm	60~100cm	30~60cm	<30cm
平原高阶	9.98	0.49	1.36	7.01

（续表）

地形部位	>100cm	60~100cm	30~60cm	<30cm
平原中阶	63.93	6.93	6.14	3.01
平原低阶	62.73	2.38	3.96	0.20
沙漠边缘	29.18	1.83	2.31	0.01
山地坡下	3.21	—	14.40	4.95
山间盆地	—	—	—	0.39
河滩地	0.69	1.36	—	0.01
总计	169.72	12.99	28.17	15.58

第四节　剖面质地构型

一、剖面质地构型分布情况

和田地区薄层型耕地面积共 39.95km²，占和田地区耕地面积的 17.64%，主要分布在墨玉县，占和田地区薄层型耕地面积的 36.50%（表6-16）。策勒县评价区薄层型耕地面积共计 8.31km²，占该评价区耕地面积的 34.49%；和田市评价区薄层型耕地面积共计 0.85km²，占该评价区耕地面积的 5.75%；和田县评价区薄层型耕地面积共计 1.04km²，占该评价区耕地面积的 3.45%；洛浦县评价区薄层型耕地面积共计 0.27km²，占该评价区耕地面积的 0.94%；民丰县评价区薄层型耕地面积共计 1.16km²，占该评价区耕地面积的 16.65%；墨玉县评价区薄层型耕地面积共计 14.58km²，占该评价区耕地面积的 29.29%；皮山县评价区薄层型耕地面积共计 7.06km²，占该评价区耕地面积的 18.98%；于田县评价区薄层型耕地面积共计 6.68km²，占该评价区耕地面积的 19.10%。

和田地区海绵型耕地面积共 65.79km²，占和田地区耕地面积的 29.05%，主要分布在洛浦县，占和田地区海绵型耕地面积的 22.82%。策勒县评价区海绵型耕地面积共计 3.94km²，占该评价区耕地面积的 16.38%；和田市评价区海绵型耕地面积共计 1.65km²，占该评价区耕地面积的 11.13%；和田县评价区海绵型耕地面积共计 10.52km²，占该评价区耕地面积的 34.67%；洛浦县评价区海绵型耕地面积共计 15.01km²，占该评价区耕地面积的 53.03%；民丰县评价区海绵型耕地面积共计 4.79km²，占该评价区耕地面积的 68.86%；墨玉县评价区海绵型耕地面积共计 10.24km²，占该评价区耕地面积的 20.57%；皮山县评价区海绵型耕地面积共计 7.53km²，占该评价区耕地面积的 20.25%；于田县评价区海绵型耕地面积共计 12.11km²，占该评价区耕地面积的 34.60%。

和田地区夹层型耕地面积共计 0.09km²，占和田地区耕地面积的 0.04%，主要分布在墨玉县，占和田地区夹层型耕地面积的 71.83%。洛浦县评价区夹层型耕地面积共计 0.03km²，占该评价区耕地面积的 0.09%；墨玉县评价区夹层型耕地面积共计 0.06km²，占该评价区耕地面积的 0.13%。其他县市均无夹层型的耕地面积分布。

和田地区紧实型耕地面积共计 0.86km²，占和田地区耕地面积的 0.38%，主要分布在和田市，占和田地区紧实型耕地面积的 70.29%（表6-16）。和田市评价区紧实型耕地面积共计 0.60km²，占该评价区耕地面积的 4.07%；和田县评价区紧实型耕地面积共计 0.19km²，占该评价区耕地面积的 0.61%；洛浦县评价区紧实型耕地面积共计 0.03km²，占该评价区耕地面积的 0.11%；墨玉县评价区紧实型耕地面积共计 0.04km²，占该评价区耕地面积的 0.08%。策勒县、民丰县、皮山县和于田县无紧实型的耕地面积分布。

和田地区上紧下松耕地面积共计 19.09km²，占和田地区耕地面积的 8.43%，主要分布在于田县，占和田地区上紧下松耕地面积的 61.09%（表6-16）。策勒县评价区上紧下松耕地面积共计 1.53km²，占该评价区耕地面积的 6.34%；和田市评价区上紧下松耕地面积共计 2.24km²，占该评价区耕地面积的 15.14%；和田县评价区上紧下松耕地面积共计 0.50km²，占该评价区耕地面积的 1.66%；洛浦县评价区上紧下松耕地面积共计 1.00km²，占该评价区耕地面积的 3.53%；墨玉县评价区上紧下松耕地面积共计 1.43km²，占该评价区耕地面积的 2.86%；皮山县评价区上紧下松耕地面积共计 0.73km²，占该评价区耕地面积的 1.96%；于田县评价区上紧下松耕地面积共计 11.66km²，占该评价区耕地面积的 33.34%。民丰县无上紧下松的耕地面积分布。

和田地区上松下紧耕地面积共计 14.73km²，占和田地区耕地面积的 6.51%，主要分布在皮山县，占和田地区上松下紧型耕地面积的 47.93%（表6-16）。策勒县评价区上松下紧耕地面积共计 2.78km²，占该评价区耕地面积的 11.54%；洛浦县评价区上松下紧耕地面积共计 1.12km²，占该评价区耕地面积的 3.96%；墨玉县评价区上松下紧耕地面积共计 1.38km²，占该评价区耕地面积的 2.78%；皮山县评价区上松下紧耕地面积共计 7.06km²，占该评价区耕地面积的 19.00%；于田县评价区上松下紧耕地面积共计 2.39km²，占该评价区耕地面积的 6.83%。和田市、和田县和民丰县无上松下紧的耕地面积分布。

和田地区松散型耕地面积共计 85.95km²，占和田地区耕地面积的 37.95%，主要分布在墨玉县，占该评价区耕地面积的 25.66%（表6-16）。策勒县评价区松散型耕地面积共计 7.53km²，占该评价区耕地面积的 31.25%；和田市评价区松散型耕地面积共计 9.46km²，占该评价区耕地面积的 63.91%；和田县评价区松散型耕地面积共计 18.09km²，占该评价区耕地面积的 59.61%；洛浦县评价区松散型耕地面积共计 10.86km²，占该评价区耕地面积的 38.34%；民丰县评价区松散型耕地面积共计 1.00km²，占该评价区耕地面积的 14.49%；墨玉县评价区松散型耕地面积共计 22.06km²，占该评价区耕地面积的 44.29%；皮山县评价区松散型耕地面积共计 14.80km²，占该评价区耕地面积的 39.81%；于田县评价区松散型耕地面积共计 2.15km²，占该评价区耕地面积的 6.13%。

表 6-16　和田地区耕地剖面质地构型面积分布　　　　　　　（khm²）

县市	薄层型	海绵型	夹层型	紧实型	上紧下松	上松下紧	松散型
策勒县	8.31	3.94	—	—	1.53	2.78	7.53
和田市	0.85	1.65	—	0.60	2.24	—	9.46
和田县	1.04	10.52	—	0.19	0.50	—	18.09
洛浦县	0.27	15.01	0.03	0.03	1.00	1.12	10.86
民丰县	1.16	4.79	—	—	—	—	1.00
墨玉县	14.58	10.24	0.06	0.04	1.43	1.38	22.06
皮山县	7.06	7.53	—	—	0.73	7.06	14.80
于田县	6.68	12.11	—	—	11.66	2.39	2.15
总计	39.95	65.79	0.09	0.86	19.09	14.73	85.95

二、耕地主要土壤类型剖面质地构型

和田地区耕层剖面质地构型为薄层型的面积最大土类为灌淤土，面积为 16.14km²，占薄层型耕地面积的 40.39%，另外还有草甸土、潮土、水稻土、沼泽土、棕钙土和棕漠土，分别占薄层型面积的 15.04%、1.70%、0.43%、2.18%、1.89% 和 38.37%。

和田地区耕层剖面质地构型为海绵型的面积最大土类为棕漠土，面积为 19.58km²，占海绵型耕地面积的 29.75%，另外土壤类型为海绵型的还有草甸土、潮土、灌淤土、林灌草甸土、水稻土、新积土、盐土、沼泽土和棕钙土，分别占海绵型面积的 20.70%、9.10%、21.62%、3.91%、3.58%、0.48%、10.33%、0.03% 和 0.50%。

和田地区耕层剖面质地构型为夹层型的全部分布在灌淤土上，其他土壤类型均无夹层型的耕地面积分布。

和田地区耕层剖面质地构型为紧实型的全部分布在草甸土上，其他土壤类型均无紧实型的耕地面积分布。

和田地区耕层剖面质地构型为上紧下松的面积最大土类为草甸土，面积为 10.71km²，占上紧下松面积的 56.10%；其次还有潮土、风沙土、灌淤土、林灌草甸土、水稻土和棕漠土上紧下松剖面质地构型，分别占上紧下松面积的 2.75%、2.17%、20.39%、10.97%、3.83% 和 3.79%。

和田地区耕层剖面质地构型为上松下紧的面积最大土类为棕漠土，面积为 5.90km²，占上松下紧面积的 40.02%；其次还有草甸土、潮土、风沙土、灌淤土和盐土上松下紧剖面质地构型，分别占上松下紧面积的 6.42%、0.03%、25.73%、19.27% 和 8.53%。

和田地区耕层剖面质地构型为松散型的面积最大土类为灌淤土，面积为 58.49km²，占松散型面积的 68.05%；其次草甸土、潮土、风沙土、林灌草甸土、新积土、沼泽土和棕漠土松散型剖面质地构型，分别占松散型面积的 1.76%、0.86%、21.45%、0.28%、1.62%、0.05% 和 5.93%。详见表 6-17。

表 6-17　和田地区耕地主要土壤类型剖面质地构型面积分布　　　　　　（khm²）

土类	薄层型	海绵型	夹层型	紧实型	上紧下松	上松下紧	松散型
草甸土	6.01	13.62	—	0.86	10.71	0.94	1.51
潮土	0.68	5.98	—	—	0.53	0.004	0.74
风沙土	—	—	—	—	0.41	3.79	18.44
灌淤土	16.14	14.22	0.09	—	3.89	2.84	58.49
灰棕漠土	0.002	—	—	—	—	—	—
林灌草甸土	—	2.57	—	—	2.10	—	0.24
水稻土	0.17	2.36	—	—	0.73	—	—
新积土	—	0.31	—	—	—	—	1.39
盐土	—	6.80	—	—	—	1.26	—
沼泽土	0.87	0.02	—	—	—	—	0.05
棕钙土	0.75	0.33	—	—	—	—	—
棕漠土	15.33	19.58	—	—	0.72	5.90	5.09
总计	39.95	65.79	0.09	0.86	19.09	14.73	85.95

第五节　障碍因素

一、障碍因素分类分布

制约和田地区耕地质量障碍因素有盐碱、沙化、障碍层次、瘠薄、干旱灌溉型及复合型等。详见表 6-18。

和田地区干旱灌溉型耕地面积共计 5.48km²，在和田县分布最广，面积为 2.13km²，其次为皮山县，面积为 1.99km²；瘠薄型面积共计 38.12km²，在洛浦县分布最广，面积为 9.08km²，其次为墨玉县，面积为 7.99km²；沙化型面积共计 11.67km²，在和田县分布最广，面积为 3.76km²，其次为和田市，面积为 1.93km²；无障碍因素耕地面积共计 63.83km²，在墨玉县分布最广，面积为 16.61km²，其次为洛浦县和和田县，面积分别为 14.44km² 和 11.27km²；盐碱型面积共计 3.64km²，在皮山县分布最广，面积为 2.50km²，其次为洛浦县，面积为 0.76km²；障碍层次型总面积共计 20.05km²，在于田县分布最广，面积为 8.98km²。

在沙化障碍因素中，沙化 & 干旱灌溉型、沙化 & 干旱灌溉型 & 瘠薄型和沙化 & 干旱灌溉型 & 障碍层次型主要分布在和田县，面积分别为 1.90km²、2.81km² 和

0.11km²；沙化＆干旱灌溉型＆障碍层次＆瘠薄型、沙化＆盐碱＆障碍层次型、沙化＆盐碱＆障碍层次＆瘠薄型、沙化＆障碍层次型和沙化＆障碍层次＆瘠薄型主要分布在墨玉县，面积分别为0.02km²、0.05km²、0.27km²、7.12km²和5.83km²；沙化＆瘠薄型和沙化＆盐碱＆障碍层次型主要分布于策勒县，面积分别为3.17km²和1.27km²；沙化＆盐碱型、沙化＆盐碱＆干旱灌溉型、沙化＆盐碱＆干旱灌溉型＆瘠薄型主要分布在皮山县，面积分别为0.54km²、1.62km²和0.21km²。

盐碱障碍因素中，盐碱＆干旱灌溉型、盐碱＆干旱灌溉＆瘠薄型、盐碱＆瘠薄型主要分布在皮山县，面积分别为0.99km²、0.61km²和1.16km²；盐碱＆瘠薄型、盐碱＆障碍层次型和盐碱＆障碍层次＆瘠薄型主要分布在策勒县，面积分别为1.70km²、2.49km²和1.94km²。

障碍层次因素中，障碍层次型主要分布在于田县，面积为8.98km²，其次分布在和田市、皮山县和策勒县，面积分别为2.70km²、2.60km²和2.48km²；障碍层次＆瘠薄型主要分布在于田县，面积为7.32km²，其次分布在策勒县、民丰县和墨玉县，面积分别为1.48km²、0.72km²和0.64km²。

表6-18　和田地区耕地障碍因素面积分布　　　　　　　　（km²）

障碍因素	策勒县	和田市	和田县	洛浦县	民丰县	墨玉县	皮山县	于田县	总计
干旱灌溉型	0.08	0.05	2.13	0.06	0.46	0.58	1.99	0.13	5.48
瘠薄	3.60	0.34	2.91	9.08	1.46	7.99	6.77	5.97	38.12
沙化	1.37	1.93	3.76	0.44	0.09	1.13	1.39	1.56	11.67
无	2.81	6.98	11.27	14.44	0.36	16.61	5.42	5.94	63.83
盐碱	0.17	—	—	0.76	—	0.20	2.50	0.01	3.64
障碍层次	2.48	2.70	0.47	1.02	—	1.80	2.60	8.98	20.05
干旱灌溉型＆瘠薄	0.01	1.02	1.42	—	2.60	2.70	3.26	0.07	11.08
干旱灌溉型＆障碍层次	1.18	—	0.57	—	—	—	0.96	1.15	3.86
干旱灌溉型＆障碍层次＆瘠薄	0.25	—	0.04	—	0.44	0.23	0.48	0.84	2.28
沙化＆干旱灌溉型	0.05	0.17	1.90	0.03	0.23	0.22	0.61	0.58	3.79
沙化＆干旱灌溉型＆瘠薄	—	0.61	2.81	0.01	0.54	1.10	1.84	0.38	7.29
沙化＆干旱灌溉型＆障碍层次	—	—	0.11	—	—	0.04	—	—	0.15
沙化＆干旱灌溉型＆障碍层次＆瘠薄	—	—	—	—	—	0.02	—	—	0.02
沙化＆瘠薄	3.17	—	2.20	0.45	0.05	1.93	1.10	1.93	10.83
沙化＆盐碱	0.02	—	—	0.09	—	—	0.54	—	0.65
沙化＆盐碱＆干旱灌溉型	—	—	0.01	—	—	—	1.62	—	1.63

（续表）

障碍因素	策勒县	和田市	和田县	洛浦县	民丰县	墨玉县	皮山县	于田县	总计
沙化 & 盐碱 & 干旱灌溉型 & 瘠薄	—	—	—	—	—	0.04	0.21	0.01	0.26
沙化 & 盐碱 & 瘠薄	1.27	—	—	0.56	—	0.11	—	0.07	2.01
沙化 & 盐碱 & 障碍层次	—	—	—	—	—	0.05	—	—	0.05
沙化 & 盐碱 & 障碍层次 & 瘠薄	—	—	—	—	—	0.27	—	—	0.27
沙化 & 障碍层次	—	0.69	0.50	—	—	7.12	—	—	8.31
沙化 & 障碍层次 & 瘠薄	—	0.16	0.03	0.07	—	5.83	—	—	6.09
盐碱 & 干旱灌溉型	—	—	—	—	—	—	0.99	—	0.99
盐碱 & 干旱灌溉型 & 瘠薄	—	—	0.02	—	—	—	0.61	—	0.63
盐碱 & 干旱灌溉型 & 障碍层次 & 瘠薄	0.02	—	0.01	—	—	—	1.16	—	1.19
盐碱 & 瘠薄	1.70	—	0.18	1.07	—	1.07	0.54	—	4.56
盐碱 & 障碍层次	2.49	—	—	0.03	—	—	2.05	0.05	4.62
盐碱 & 障碍层次 & 瘠薄	1.94	—	—	0.11	—	0.11	0.22	—	2.38
障碍层次 & 瘠薄	1.48	0.15	—	0.10	0.72	0.64	0.32	7.32	10.73
总计	24.09	14.80	30.34	28.32	6.95	49.79	37.18	34.99	226.46

二、障碍因素调控措施

（一）盐碱地改良措施

盐碱地改良需以"水、盐、肥"为中心，贯彻统一规划，综合治理；因地制宜，远近结合；利用与改良相结合的原则。

1. 统一规划，综合治理

"盐随水来，盐随水去"，控制与调节土壤中的水盐运动，是防治土壤盐渍化的关键。因此，首先要解决好水的问题，必须从一个流域着手，统一规划，合理布局，满足上、中、下游的需要。

盐分对作物的危害包括盐害、物理化学危害、营养供求失调等方面，从解决盐分危害这个主要矛盾出发，必须采取综合措施。任何单项措施，一般也只能解决某一个具体矛盾，不可能同时达到排水、洗盐、培肥诸多目标。例如，排水（沟排、井排、暗管排、扬排）只能切断盐源，防止和控制地下水位升高；洗盐只能脱盐和压盐；农林措施只能巩固脱盐效果，恢复地力，防止土壤返盐；等。实践证明，上述的诸多措施，必须相互配合，综合应用，环环相扣，才能奏效，提高改良效果。如精耕细作，增强地面覆盖，可减弱返盐速度，降低临界深度，与明沟相结合，更能发挥排水效果；有完善的灌排系统，才能提高种稻洗盐的效果；增施有机肥料可壮苗抗盐，培育耐盐品种，提高作物保苗率，降低洗盐标准。

2. 因地制宜，远近结合

要因地制宜地制定治理方案，才能收到事半功倍的效果。例如，是否需要排水设施，要因地下水位高低而异；条田建设过宽不利于脱盐，易发生盐斑，条田过窄，机耕效率低；排水沟的深度、密度、灌排渠布置方式（并列式或相间式）等都各有其利弊，都要结合当地情况进行合理规划。对不同程度盐渍化也应区别处理。重盐土地区首先冲洗淋盐，深沟排水，降低地下水位。轻盐土地区可深浅沟相组合，井灌井排，浅、密、通来控制地下水位；平整土地，多施有机肥料，加强淋盐、抑盐。次生盐化地区，可采取井、渠结合，以井代渠，减少地下水的补给，加强农林措施，防止返盐。低洼下潮水盐无出路的地区，可采取扬排与渠排相结合。受盐分威胁的地区，应加强灌溉管理，进行渠道防渗，加强地面覆盖，防止返盐。苏打盐化地区采取生物措施，配合施石膏进行化学改良。

3. 除盐培肥，高产稳产

改良利用盐土要与提高土壤肥力相结合，因为除盐就是为了充分发挥土壤的潜在肥力，但是在洗盐过程中，不可避免地伴随着土壤养分的淋失过程。同时，培肥主要依靠农牧结合，合理种植，牧草田轮作，多种绿肥，精耕细作，相互配合，环环相扣，巩固土壤脱盐效果，防止重新返盐，保证作物丰收。

盐碱地改良是一个较为复杂的综合治理系统工程，包括水利工程措施、农业技术措施、生物措施、化学改良等综合治理方法，要针对实际情况准确合理使用每一项措施来改良治理盐碱地。

（二）贫瘠土壤培肥地力的措施

和田地区要以"改、培、保、控"为重点推进耕地质量建设，通过作物秸秆还田，施用有机肥等措施改善过砂或过黏土壤的不良性质，促进土壤中团粒结构的形成，提高土壤的保蓄性和通透性，抑制毛管水的强烈上升，减少土壤蒸发和地表积盐，促进淋盐和脱盐过程，同时提升土壤肥力。具体措施如下。

1. 广辟肥源，增加肥料投入，保持和培肥地力

和田地区土壤肥力属低水平，应该加紧培肥地力，首先必须稳固持续地增加有机肥投入。增加有机肥投入是提高土壤有机质含量、培肥土壤、改善土壤结构最根本的途径之一。增种田闲绿肥，倡导秸秆还田等多方位增加肥料投入。针对风沙土土壤类型瘠薄耕地，配合机械深翻实施秸秆还田，改善土壤结构，抑制土壤盐碱化。

2. 有机、无机相结合是高产优质栽培的保证

将来在具体的农业生产中，在增加有机肥、提高土壤肥力的同时，还应该合理地投入化学肥料。有机、无机肥料相结合，一直是科学施肥所倡导的施肥原则，可以对种植的作物生长起到缓急相济、互补长短、缓解氮磷钾比例失调等功效。虽然实施难度比较大，但仍要宣传和坚持这一原则。

3. 重视测土配方施肥技术的推广应用

测土配方施肥技术的目的就是解决当前施肥工作中存在的盲目施肥、肥料利用率

低、生产效益不高等实际问题。测土配方平衡施肥决不仅仅是指氮、磷、钾三种大量元素之间的平衡，作物生长所必需的中量元素和微量元素之间都必须均衡供应，任何一种营养元素的缺乏和过剩，都会限制作物产量及品质的提高。和田地区在农业生产中，要充分保证氮肥，合理配施磷肥、钾肥和锌、锰等微量元素，才能保证作物高产高效生产的需要。

4. 有针对性地施用微量元素肥料

微量元素肥料同氮磷钾大量元素肥料有着同等重要、不可替代的重要性，因此，微量元素肥料虽然作物需要量少，但如果缺乏，仍会成为作物高产的限制因素。调查区微量元素含量不均衡，在生产中可适量补施，以消除高产障碍因素。

5. 粮豆间作或间套作绿肥

利用豆科作物固氮，使其同粮食作物间作或套作，并利用残枝落叶和根茬还田可增加土壤有机质和氮素。由于豆科作物耐阴，间套种植效果好。梨园间套种植的绿肥饲草作物减少地表裸露和地面蒸腾，改善果林生态环境，提高土壤肥力。

（三）土壤质地的调节措施

土壤质地是土壤比较稳定的物理性质，与土壤肥力密切相关，但是在人为干预条件下，土壤质地是可以改变的。不合理耕种和乱砍乱伐森林可造成水土流失而改变土壤质地。过沙或过黏土壤可通过客土或增施有机肥改善土壤结构而提高土壤肥力。针对和田地区实际特提出以下措施供参考。

1. 因土种植

因土种植是扬长避短通过种植适宜的作物，充分发挥不同质地土壤的生产潜力。农谚有："沙地棉花、土地麦""沙土棉花，胶土瓜，石子地里种芝麻"等，说明根据作物、土特性种植能收到增产的效果。一般认为：薯类、西瓜、棉花、豆类等较适宜于沙质土壤；小麦、玉米、水稻、高粱、苹果等较适宜于黏质土壤。

2. 因土施肥

沙质土、漏沙型土壤保水保肥力差，在施肥时应做到"少吃多餐"，多次施肥，及时保证作物各生育时期对水肥的需求。沙质土往往氮、磷、钾都缺乏，在施肥时应注意氮、磷、钾配合施用。黏质土保水保肥力强，但供肥性能差，为此应重视有机肥的施用和秸秆还田措施，改善土壤结构，增加土壤生产力。施肥时应注意采用"重基肥，追氮肥，补微肥，多次叶面肥"的施肥方法，提高肥料利用率。

3. 客土

过沙或过黏土壤在平整土地推土时，采用客黏改沙或客沙改黏等措施。

4. 生物改良

一是种苜蓿、玉米等牧草饲料作物，发展农区畜牧业，增加有机肥，实行过腹还田。二是种植油葵、草木樨等绿肥作物翻压还田和推广作物秸秆粉碎翻压还田。通过这样长期施用有机肥和种植绿肥，秸秆还田等措施在一定程度上是可以改善土壤不良的质地。

（四）干旱灌溉型耕地的调节措施

由于干旱灌溉型耕地土壤保水保肥力差、季节性缺水等问题引起，应大力加强农田基础设施建设，加强渠道防渗、管道输水、滴灌等节水技术应用。培肥地力，形成良好的土壤结构，改善土壤保水性。改进耕作制度，种植耐寒品种；因地制宜实行农林牧相结合的生态产业结构，植树造林，改善农业生态环境，增强抗旱能力。

第六节　农田林网化程度

农田林网具有涵养水源、保持水土、防风固沙、调节气候等功能，是农村生态建设的一项重要组成部分。近年来，由于农村电网、道路、防渗渠的改造建设施工，致使一部分林带消失；一些林带因管护措施跟不上，导致死亡、滥伐以及正常采伐后更新不及时，造成农田防护林面积减少；一些新开发的土地大部分属于边缘乡场、荒漠地带，水土条件差，林网大部分都未配套；林业工作重点放在营造绿洲外围大型基干林和经济林上，对农田防护林建设和管理有所放松等原因，使农田林网化程度趋于下降。一个以农田防护林、大型防风固沙基干林带和天然荒漠林为主体，多林种、多带式、乔灌草、网片带相结合的绿洲综合防护林体系在和田地区已初步形成。但是，一些地方新开垦的耕地林网配套没有及时跟上，老林带更新改造工作没有全面开展。造成了林网化程度减低，气候、土壤、植被及微生物的修复逐渐变差。因此，建立完善的农田防护林，进而建设高标准农田势在必行。

一、和田地区农田林网化现状

本次和田地区耕地质量汇总评价中农田林网化程度分为高、中、低，见表6-19。其中，林网化程度高的面积为106.38km²，占和田地区耕地面积的46.97%；林网化程度中的面积为45.60km²，占和田地区耕地面积的20.13%；林网化程度低的面积为74.48km²，占和田地区耕地面积的32.90%。

策勒县农田防护林林网化程度高的面积为10.22km²，占策勒县耕地面积的42.40%；林网化程度中的面积为1.16km²，占策勒县耕地面积的4.83%；林网化程度低的面积为12.71km²，占策勒县耕地面积的52.77%。

和田市农田防护林林网化程度高的面积为8.25km²，占和田市耕地面积的55.73%；林网化程度中的面积为1.36km²，占和田市耕地面积的9.16%；林网化程度低的面积为5.19km²，占和田市耕地面积的35.11%。

和田县农田防护林林网化程度高的面积为5.88km²，占和田县耕地面积的19.40%；林网化程度中的面积为15.25km²，占和田县耕地面积的50.25%；林网化程度低的面积为9.21km²，占和田县耕地面积的30.35%。

洛浦县农田防护林林网化程度高的面积为14.49km²，占洛浦县耕地面积的51.16%；林网化程度中的面积为4.10km²，占洛浦县耕地面积的14.47%；林网化程度低的面积为9.73km²，占洛浦县耕地面积的34.37%。

民丰县农田防护林林网化程度高的面积为3.64km²，占民丰县耕地面积的53.32%；林网化程度中的面积为1.37km²，占民丰县耕地面积的19.71%；林网化程度低的面积为1.94km²，占民丰县耕地面积的27.97%。

墨玉县农田防护林林网化程度高的面积为 25.65km²，占墨玉县耕地面积的 51.51%；林网化程度中的面积为 11.10km²，占墨玉县耕地面积的 22.29%；林网化程度低的面积为 13.04km²，占墨玉县耕地面积的 26.20%。

皮山县农田防护林林网化程度高的面积为 14.15km²，占皮山县耕地面积的 38.04%；林网化程度中的面积为 8.11km²，占皮山县耕地面积的 21.82%；林网化程度低的面积为 14.92km²，占皮山县耕地面积的 40.14%。

于田县农田防护林林网化程度高的面积为 24.10km²，占于田县耕地面积的 68.88%；林网化程度中的面积为 3.15km²，占于田县耕地面积的 9.01%；林网化程度低的面积为 7.74km²，占于田县耕地面积的 22.11%。

表6-19　和田地区农田防护林建设情况统计

县市	高		中		低		合计（km²）
	面积（khm²）	比例（%）	面积（khm²）	比例（%）	面积（khm²）	比例（%）	
策勒县	10.22	42.40	1.16	4.83	12.71	52.77	24.09
和田市	8.25	55.73	1.36	9.16	5.19	35.11	14.80
和田县	5.88	19.40	15.25	50.25	9.21	30.35	30.34
洛浦县	14.49	51.16	4.10	14.47	9.73	34.37	28.32
民丰县	3.64	52.32	1.37	19.71	1.94	27.97	6.95
墨玉县	25.65	51.51	11.10	22.29	13.04	26.20	49.79
皮山县	14.15	38.04	8.11	21.82	14.92	40.14	37.18
于田县	24.10	68.88	3.15	9.01	7.74	22.11	34.99
总计	106.38	46.97	45.60	20.13	74.48	32.90	226.46

二、有关建议

（一）加大对农田林网化的资金扶持力度

地方政府配套资金难以到位，对林业项目的实施造成一定的影响。各级政府应将林业生态建设项目纳入财政预算，确保林业生态建设项目的资金落实到位，保证林业各个项目的顺利实施。

（二）多部门统筹合作做好林网化的规划设计

林业部门要对当地的防护林基本情况做个详细调查，并结合农田林网化建设的新要求新特点，进一步完善修订农田防护林建设规划，特别是在实施农田节水灌溉工程时，应综合考虑周边防护林带灌溉用水规划，做到因地制宜、统筹兼顾，运用新技术，采取新措施，建立更高水平的农田生态系统，逐渐形成相对完善的农区内部农田防护林体系和农区周边外围生态防护林体系。尤其在建设农田林网、农林间作形成高标准农田的建设中，应建立以植树造林为主的生态防护林，针对不同的生态区域采用远距离种植乔木、近距离种植灌木的种植方式，采取疏透型结构推进农田林网化，农田林网设计规划本着适地适树、统一安排、因害设防、综合利用的原则，充分发挥林网的作用，做到农林兼顾，协调发展。

（三）做好防护林建设的宣传工作

通过广播、电视等媒介对林业相关的政策、法律法规进行深入广泛的宣传，提高广大人民群众对防护林重要性的认识，使他们认识到没有防护林就没有良好的生活环境，就没有农牧业的稳产丰收。

（四）加强技术服务工作

在防护林的建设过程中，要严格按照植树造林的相关技术要求进行操作，确保植树造林的质量。林业技术人员要做好技术指导工作，同时做好苗木的检疫工作，防止带疫苗木或不合格苗木入地定植，影响建设质量。技术人员也要督促广大造林户做好后期灌水、除草、病虫害防治等工作，防止重栽轻管的现象发生，确保造林质量。

（五）进一步完善防护林的经营体制

要借集体权制度改革的机会，加快林权制度改革的步伐，完善林权制度，使集体林业资源的产权、经营权、收益权和处置权进一步明确。对于个人的防护林，在检查验收合格后，要及时发放林权证，放活经营权，提高林农经营的积极性。

（六）加大新建耕地的林网化程度

严格按照《防沙治沙若干规定》中新垦农田防护林带面积不小于耕地面积的12%。对于以前耕地已经完成林网化的，要加大补植补造和更新的力度，完善防护林体系，提高防护效益。对新开垦的耕地要有林业、土管、农业及水利等部门统一规划，做到开发与造林同步进行，在确保农田林网化工作顺利完成的同时，改善了当地生产和生活条件，促进经济的发展。

第七节　土壤盐渍化程度分析

土地盐碱化的原因是土壤和地下水盐分过高，在强烈的地表蒸发情况下，土壤盐分通过毛细管作用上升并集聚于土壤表层，使农作物生长发育受到抑制。其形成的实质是各种易溶性盐类在土壤剖面水平方向与垂直方向的重新分配。土壤盐碱地不仅涉及农业、土地、水资源问题，还涉及典型的生态环境问题。

一、和田地区盐渍化分布及面积

和田地区土壤盐渍化分级统计见表6-20。和田地区盐渍化面积共计22.87km²，占和田地区面积的10.10%，轻度盐渍化、中度盐渍化、重度盐渍化和盐土的面积分别为18.54km²、3.55km²、0.41km²和0.37km²。

策勒县盐渍化程度主要集中在轻度盐渍化和中度盐渍化，其盐渍化面积共计7.60km²，占全县耕地面积的31.55%。

和田县盐渍化程度主要集中在轻度盐渍化，其盐渍化面积共计0.21km²，占全县耕地面积的 0.69%。

　　洛浦县盐渍化程度主要集中在轻度盐渍化和中度盐渍化，其盐渍化面积共计 2.61km²，占全县耕地面积的 9.22%。

　　墨玉县盐渍化程度主要集中在轻度盐渍化，其盐渍化面积共计 1.86km²，占全县耕地面积的 3.74%。

　　皮山县盐渍化程度主要集中在轻度盐渍化和中度盐渍化，其盐渍化面积共计 10.44km²，占全县耕地面积的 28.08%。

　　于田县盐渍化程度主要集中在轻度盐渍化，其盐渍化面积共计 0.15km²，占全县耕地面积的 0.43%。

　　和田市和民丰县无盐渍化耕地面积分布。

表 6-20　和田地区土壤盐渍化分级统计

| 县市 | 不同盐渍化程度土壤面积（khm²） | | | | | 合计（khm²） | 盐渍化面积（khm²） | 盐渍化面积占比（%） |
	无（≤2.5 g/kg）	轻度（2.5~6.0g/kg）	中度（6.0~12.0g/kg）	重度（12.0~20.0g/kg）	盐土（>20.0 g/kg）			
策勒县	16.49	5.14	1.93	0.27	0.26	24.09	7.60	31.55
和田市	14.80	—	—	—	—	14.80	—	—
和田县	30.13	0.21	—	—	—	30.34	0.21	0.69
洛浦县	25.71	2.50	0.11	—	—	28.32	2.61	9.22
民丰县	6.95	—	—	—	—	6.95	—	—
墨玉县	47.93	1.86	—	—	—	49.79	1.86	3.74
皮山县	26.74	8.68	1.51	0.14	0.11	37.18	10.44	28.08
于田县	34.84	0.15	—	—	—	34.99	0.15	0.43
总计	203.59	18.54	3.55	0.41	0.37	226.46	22.87	10.10

二、土壤盐分含量及其空间差异

　　通过对和田地区 371 个耕层土壤样品盐分含量测定结果分析，和田地区耕层土壤盐分含量平均值为 1.4g/kg，标准差为 4.0g/kg。平均含量以策勒县较高，为 3.1g/kg，其次分别为皮山县 2.3g/kg、洛浦县 1.2g/kg、墨玉县 1.1g/kg、民丰县 1.0g/kg、于田县 0.9g/kg、和田县 0.8g/kg，和田市含量较低，为 0.7g/kg。

　　和田地区土壤盐分平均变异系数为 282.29%，最大值出现在策勒县，为 347.47%；最小值出现在民丰县，为 55.86%。详见表 6-21。

表6-21　和田地区土壤盐分含量及其空间差异

县市	点位数（个）	最小值（g/kg）	最大值（g/kg）	平均值（g/kg）	标准差（g/kg）	变异系数（%）
策勒县	41	0.2	68.2	3.1	10.6	347.47
和田市	22	0.2	2.8	0.7	0.6	80.73
和田县	55	0.1	4.1	0.8	0.7	86.19
洛浦县	47	0.1	12.3	1.2	1.8	147.85
民丰县	16	0.2	2.1	1.0	0.6	55.86
墨玉县	80	0.1	7.5	1.1	1.3	113.46
皮山县	56	0.2	23.5	2.3	4.0	175.06
于田县	54	0.2	5	0.9	0.8	84.14
和田地区	371	0.1	68.2	1.4	4.0	282.29

三、盐渍化土壤的改良和利用

土壤盐碱化防治途径不外乎是排出土壤中过多的盐分，调节盐分在土壤剖面中的分布，防止盐分在土壤中的重新累积。目前，治理盐碱地的措施主要有物理、生物和化学三大技术措施。

物理措施包括水利改良、平整土地、客土改良、压沙改良、种稻改良等。生物措施主要有培肥土壤、增施有机肥、施行秸秆还田和种植耐盐碱植物或绿肥等。化学改良主要是施用石膏（磷石膏、亚硫酸钙等）等改良剂。施用化学改良剂、客土压碱等方法治理盐碱地，投入大，推广困难。农业及耕作措施如培肥土壤、深耕深松、地面覆盖减少土壤水分蒸发等，大面积地推广还存在一定的困难。

排出土壤中过多盐分最有效的方法仍然是排水、洗盐、压盐。洗盐通常在排水的条件下进行，若排水系统不健全，洗盐不但起不到应有的效果，反而会加重盐碱化程度。压盐是一种无排水条件下的缓解土壤盐分危害的措施，即用大定额的灌溉水将盐分压入深层或压入侧区，这样的治理技术需以大水漫灌为前提，不仅浪费了宝贵的水资源，增加土壤盐分输出量，而且容易抬高地下水位，进一步加重土壤次生盐碱化的隐性危害。实践证明，改良盐渍化土壤是一项复杂、难度大、需时间长的工作，应视具体情况因地制宜，综合治理。

（一）水利改良措施

建立完善的排灌系统，使旱能灌、涝能排、灌水量适当、排水及时，是盐碱地农业利用中最基本的要求。降低地下水位是盐碱地改良的主要方法，建立排水沟体系，是降低地下水位的根本，依据地下水的深浅确定排水沟的临界水位深度。在低洼、排水不畅、地下水位浅、矿化度高、土壤含盐量重、受盐涝双重威胁的盐碱地，采用深沟排水；地下水位过浅、土质黏重的封闭重盐碱地，修建沟渠条田，以相对降低地下水位。

通过排水和灌水措施，排出多余的盐分，控制地下水位，达到改良土壤盐渍化的目的。主推大水压盐和滴灌抑制技术。

（二）农业生物措施

1. 整地法

削高垫低，平整土地，可以使从降雨和灌溉过程中获得的水分均匀下渗，提高冲洗土壤中盐分的效果，也可以防止土壤斑状盐渍化，减轻盐碱危害。

2. 深耕深翻法

深耕晒垡能够切断土壤毛细管，减弱土壤水分蒸发，提高土壤活性以及肥力，增强土壤的通透性能，从而能够有效地起到控制土壤返盐的作用。盐碱地深耕深翻的时间最好是在返盐较重的春季和秋季，且深翻时间春宜迟，秋宜早，以保作物全苗，秋季耕翻尤其有利于杀死病虫卵和清除杂草。针对中下层土层存在不透水的黏板层的重度盐碱地，可采用深松到 1.2m 的机械深松设备，进行 80cm 左右条状开沟或"品"字形点状机械深松挖坑破除黏板层，机械深松完成后进行大水灌溉洗盐。

3. 推广耐盐新品种

一般块根作物盐渍能力较差，谷类作物和牧草类较强，水生作物最强。但各类作物都有一定的耐盐渍极限。棉花、花生、甜菜、高粱、向日葵、水稻等都是较耐盐碱作物。和田地区可以引进和推广种植一些耐盐性较高经济植物，如盐生特色蔬菜（耐盐胡萝卜、耐盐黄秋葵、耐盐小豆等）、高附加值产品——植物盐的碱蓬和海蓬子等，以提高土地的产出率，增加效益。

4. 增加有机质和合理控制化肥的施用

盐碱地的特点是低温、土贫、结构差。有机肥经过微生物的分解后，转化形成的腐殖质，不仅提高了土壤的缓冲能力，还能和碳酸钠发生化学反应形成腐殖酸钠，起到降低土壤碱性的作用。形成的腐殖酸钠还可以促进作物生长，增强作物的抗盐能力。腐殖质通过刺激团粒结构的形成，增加孔隙度，增强透水性，使盐分淋洗更容易，进而控制土壤返盐。有机质通过分解作用产生的有机酸，不仅可以中和土壤碱性，还可以加速养分的分解，刺激迟效养分的转化，促进磷的有效利用。因此，增加有机肥料的施用可以提高土壤肥力，改良盐碱地。此外，化肥对土壤盐碱地的改良作用也受到人们的关注，化肥的施用可以增加土壤中的氮、磷、钾，促进作物的生长，提高作物的耐盐能力，通过施用化肥改变土壤盐分组成，抑制盐类对植物的不良影响。无机肥可增加作物产量，多产秸秆，扩大有机肥源，以无机促有机。盐碱地施用化肥时要避免施用碱性肥料，选用酸性和中性肥料较好。硫酸钾复合肥是微酸性肥料，适合在盐碱地上施用，且对盐碱地的改良有良好作用。可通过作物秸秆还田，施用有机肥等措施改善过沙或过黏土壤的不良性质，促进土壤中团粒结构的形成，提高土壤的保蓄性和通透性，抑制毛管水的强烈上升，减少土壤蒸发和地表积盐，促进淋盐和脱盐过程，同时提升土壤肥力。

（三）化学改良技术

针对盐碱重、作物出苗困难的区域，可以施用酸性的腐殖酸类改良剂，对钠、氯等有害离子有很强的吸附作用，能代换碱性土壤上的吸附性钠离子。腐殖酸本身具有两性胶体的特性，可以在耕层局部调整土壤的酸碱度，腐殖酸中的黄腐酸是一种植物调节剂，可以提高植物的耐盐能力，通过施用改良剂可以提高作物的出苗。另外，针对碱化土壤，可以施用工业废弃物制作的石膏类改良剂，如脱硫石膏改良剂、磷石膏改良剂等，通过钙离子、钠离子的置换反应，来降低土壤的碱化度，改善土壤的通透性，进而降低盐碱化程度。